高职高专"十四五"规划教材

化工制图与CAD

主　　编　韩淑芬　董　晔

副主编　于　洁　牛亚尊　刘　洋　张海涛

参编人员　丑晓红　郭　俐

北　京

冶金工业出版社

2024

内 容 提 要

本书以项目形式对化工制图与 CAD 有关知识进行了详细阐述，主要内容包括制图基本知识与应用、AutoCAD 的应用、投影法基础知识及应用、组合体三视图的识读及绘制、机件常用表达方法的应用、标准件和常用件的绘制、化工设备图的识读及绘制、化工工艺图的识读及绘制。

本书可作为高等职业院校化工类及近化工类专业的教材，也可供相关专业继续教育人员及工程技术人员参考。

图书在版编目(CIP)数据

化工制图与 CAD／韩淑芬，董晔主编 .—北京：冶金工业出版社，2024.2

高职高专"十四五"规划教材

ISBN 978-7-5024-9691-3

Ⅰ.①化…　Ⅱ.①韩…　②董…　Ⅲ.①化工机械—机械制图—AutoCAD 软件—高等职业教育—教材　Ⅳ.①TQ050.2-39

中国国家版本馆 CIP 数据核字（2023）第 233106 号

化工制图与 CAD

出版发行	冶金工业出版社	电　话	（010）64027926
地　址	北京市东城区嵩祝院北巷 39 号	邮　编	100009
网　址	www.mip1953.com	电子信箱	service@ mip1953.com

责任编辑　杨　敏　美术编辑　吕欣童　版式设计　郑小利　孙跃红
责任校对　郑　娟　责任印制　禹　蕊
北京印刷集团有限责任公司印刷
2024 年 2 月第 1 版，2024 年 2 月第 1 次印刷
787mm×1092mm　1/16；18.5 印张；446 千字；285 页
定价 49.00 元

投稿电话　（010）64027932　投稿信箱　tougao@cnmip.com.cn
营销中心电话　（010）64044283
冶金工业出版社天猫旗舰店　yjgycbs.tmall.com
（本书如有印装质量问题，本社营销中心负责退换）

前　言

本书是为高职高专院校化工类专业及 CAD 初学者编写的适用性基础教材。编写时充分考虑了时代发展及职业教育教学特点，本着理论联系实际、强化应用、培养技能的原则，以"应用"为目的，以"必需""够用"为度，对画法几何内容进行删减，将 AutoCAD 作为工具融入整个制图过程，以期达到提高学生的整体素质与综合能力的目的。本书的编写大纲是由学校专业教师和企业工程技术人员共同编制的，内容突出职业教育特色。

本书由内蒙古机电职业技术学院韩淑芬、董晔任主编，编写分工为：项目一和各项目的习题由内蒙古机电职业技术学院牛亚尊编写；项目二和项目三由内蒙古机电职业技术学院韩淑芬编写，项目四由内蒙古机电职业技术学院于洁编写；项目五由内蒙古机电职业技术学院刘洋编写；项目六由内蒙古机电职业技术学院张海涛编写；项目七和项目八由内蒙古机电职业技术学院董晔编写；内蒙古机电职业技术学院丑晓红、郭俐参与了部分项目的编写。全书由韩淑芬、董晔统稿和审定。

本书在编写过程中，得到了许多化工企业及兄弟院校同仁的大力支持和热情帮助，在此表示衷心的感谢。同时，对所有为本书提供资料、建议和帮助的有关人士，也表示诚挚的谢意。

由于编者水平所限，书中难免存在不足之处，敬请读者批评指正。

编　者
2023 年 6 月

目　录

项目一 制图基本知识与应用

任务一 制图基本规定的应用

图样是生产过程中的重要资料和主要依据，是工程界交流技术的"语言"。为了便于技术交流，使制图规格和方法统一，国家标准对图样的格式、画法、尺寸标注法等做出统一规定，如图 1-1 所示，本节将介绍国家标准《技术制图》和《机械制图》中的有关内容。工程技术人员必须严格遵守、认真执行。

国家标准简称"国标"，用代号"GB"表示。代号"GB/T"则表示推荐性国家标准。

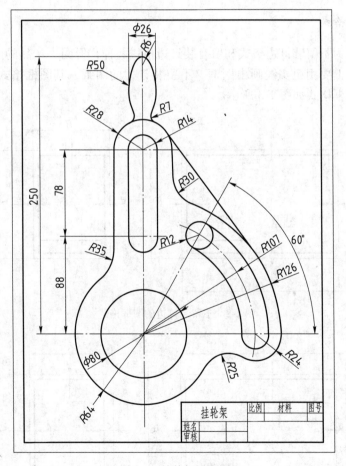

图 1-1 挂轮架平面图

通过分析图 1-1，可知制图基本规定包括图纸幅面、图框、标题栏、比例、字体、尺寸标注等，下面本书将对这些内容进行逐一介绍。

一、图纸幅面及图框格式、标题栏

（一）图纸幅面（GB/T 14689—2008）

绘制技术图样时，应优先采用表 1-1 所规定的基本幅面（幅面尺寸）。必要时允许加长幅面，但加长量必须符合 GB/T 14689—2008 的规定。

表 1-1　图纸幅面及图框尺寸　　　　　　（mm）

幅面代号		A0	A1	A2	A3	A4
幅面尺寸 $B(L)$		841(1189)	594(841)	420(594)	297(420)	210(297)
周边尺寸	a	25				
	c	10			5	
	e	20		10		

（二）图框格式

图框格式分为不留装订边格式和留有装订边格式两种，但同一产品的图样只能采用一种格式。在图纸上要用粗实线画出图框。不留装订边的图纸，其图框格式如图 1-2 所示。留有装订边的图框格式如图 1-3 所示。

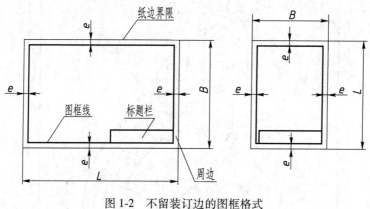

图 1-2　不留装订边的图框格式

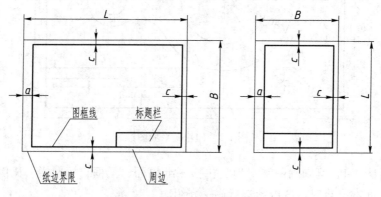

图 1-3　留有装订边的图框格式

（三）标题栏（GB/T 10609.1—2008）

为了使图样便于管理和查阅，每张图必须有标题栏，标题栏一般位于图框的右下角，标题栏内的文字方向应为看图方向。若标题栏的长边置于水平方向并与图纸的长边平行时，构成 X 型图纸，若标题栏的长边与图纸的长边垂直时，则构成 Y 型图纸，如图 1-2 和图 1-3 所示。

国家标准规定的标题栏格式（GB/T 10609.1—2008）如图 1-4 所示，标题栏的外框为粗实线，里边是细实线，其右边线和底边线应与图框线重合。学生绘图时建议采用图 1-5 的格式。

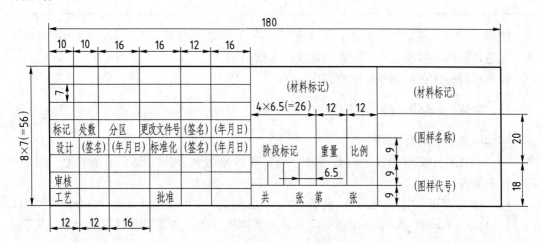

图 1-4 标题栏的尺寸和格式

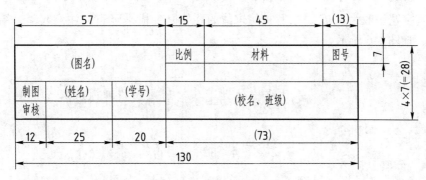

图 1-5 简化的标题栏

二、比例（GB/T 14690—1993）

比例是指图样中图形与其实物相应要素的线性尺寸之比（即图形尺寸比实物尺寸）。绘制图样时，应尽可能按机件的实际大小画出，以方便看图。如果机件太大或太小，常常缩小几分之一或放大几倍来绘制，使图样能清晰地表达机件的结构形状。比例按标准从表 1-2 所示的系列中选取。优先选择第一系列。

表 1-2　绘图的比例

种　　类		比　　例
原值比例		$1 : 1$
放大比例	第一系列	$2 : 1$，$5 : 1$，$1 \times 10^n : 1$，$2 \times 10^n : 1$，$5 \times 10^n : 1$
	第二系列	$2.5 : 1$，$4 : 1$，$2.5 \times 10^n : 1$，$4 \times 10^n : 1$
缩小比例	第一系列	$1 : 2$，$1 : 5$，$1 : 1 \times 10^n$，$1 : 2 \times 10^n$，$1 : 5 \times 10^n$
	第二系列	$1 : 1.5$，$1 : 2.5$，$1 : 3$，$1 : 4$，$1 : 6$，$1 : 1.5 \times 10^n$，$1 : 2.5 \times 10^n$，$1 : 3 \times 10^n$，$1 : 4 \times 10^n$，$1 : 6 \times 10^n$

图样无论放大或缩小，图形上所注尺寸数字必须是实物的实际大小；对于图中的角度，无论该图形放大或缩小，应按物体实际角度绘制。

比例一般标注在标题栏的比例栏内。

三、字体（GB/T 14691—1993）

字体的基本要求有以下几点：

（1）在图样中书写的汉字、数字和字母，要尽量做到字体工整、笔画清楚、间隔均匀、排列整齐。

（2）字体高度（用 h 表示）的公称尺寸系列为：1.8mm、2.5mm、3.5mm、5mm、7mm、10mm、14mm、20mm。字体高度即表示字体的号数。如需要书写更大的字，其字体高度按 $\sqrt{2}$ 比率递增。

（3）汉字应写成长仿宋体，并应采用国家正式公布的简化字，汉字的高度 h 不应小于 3.5mm，其字宽一般为 $h/\sqrt{2}$。书写长仿宋体的要领是：横平竖直，注意起落，结构匀称，填满方格，如图 1-6 所示。

三号字

字体端正、笔画清楚、排列整齐

四号字

字体端正、笔画清楚、排列整齐

五号字

字体端正、笔画清楚、排列整齐

图 1-6　长仿宋体汉字示例

（4）字母和数字分 A 型和 B 型。A 型字体的笔画宽度为字高的 1/14，B 型字体的笔画宽度为字高的 1/10。

在同一张图样上，只允许选用一种形式的字体。

（5）字母和数字可写成斜体或直体。斜体字字头向右倾斜，与水平线成 75°，如图 1-7 所示。

图 1-7　各种类型数字和字母的书写示例

（a）大写斜体字母；（b）小写斜体字母；（c）大写直体字母；（d）小写直体字母；
（e）斜体数字；（f）直体数字；（g）斜体罗马数字；（h）直体罗马数字

四、图线及其画法（GB/T 4457.4—2002）

《机械制图　图样画法　图线》（GB/T 4457.4—2002）中规定了机械图样中采用的各种线型及其应用场合。表 1-3 列出的是机械图样中常采用的 8 种线型及其主要用途，分别是粗实线、细实线、虚线、细点画线、波浪线、双折线、细双点画线、粗点画线，主要应用如图 1-8 所示。

表 1-3　图线的名称、型式、宽度及其用途

名　称	线　型	宽　度	应　用
粗实线	——————————	b	（1）可见轮廓线； （2）可见相贯线
细实线	————————————	约 $b/2$	（1）尺寸线及尺寸界线； （2）剖面线； （3）过渡线、指引线； （4）重合断面的轮廓线等
虚线	- - - - - - - - - - -	约 $b/2$	（1）不可见轮廓线； （2）不可见相贯线
细点画线	—·—·—·—·—·—	约 $b/2$	（1）轴线； （2）对称中心线； （3）孔系分布的中心线； （4）剖切线等

续表1-3

名 称	线 型	宽 度	应 用
波浪线	～～～～	约 $b/2$	(1) 断裂处的边界线； (2) 视图与剖视图的分界线
双折线	～／～	约 $b/2$	(1) 断裂处的边界线； (2) 视图与剖视图的分界线
细双点画线	— · · — · · —	约 $b/2$	(1) 极限位置的轮廓线； (2) 相邻辅助零件的轮廓线等
粗点画线	▬ · ▬ · ▬	b	限定范围的表示线

注：b 约为 $0.5\sim2$mm。

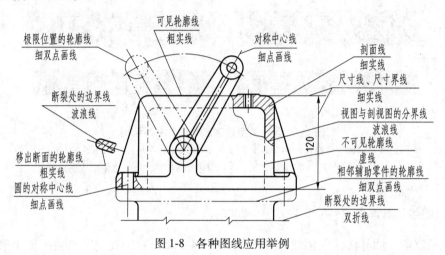

图 1-8 各种图线应用举例

图线分粗细两种。粗线的宽度 b 应按图的大小和复杂程度，在 $0.5\sim2$mm 之间选取，细线的宽度约为 $b/2$。图线宽度的推荐系列为：0.18mm、0.25mm、0.35mm、0.5mm、0.7mm、1mm、1.4mm、2mm。

绘制图线时应该注意的问题：

（1）同一图样中同类图线的宽度应基本一致。虚线、点画线及双点画线的线段长度和间隔应各自大致相等。

（2）两条平行线（包括剖面线）之间的距离应不小于粗实线的两倍宽度。其最小距离不得小于 0.7mm。

（3）点画线和双点画线的首末两端应是线段而不是短划。

（4）点画线应超出相应图形轮廓 $2\sim5$mm。

（5）绘制圆的对称中心线时，圆心应为线段的交点。在较小的图形上绘制点画线或双点画线有困难时，可以用细实线代替。

五、尺寸标注（GB/T 4458.4—2003）

（一）基本规则

尺寸注法的基本规则如下：

（1）机件的真实大小应以图样上所注的尺寸数值为依据，与图形的大小及绘图的准确度无关。

（2）图样中（包括技术要求和其他说明）的尺寸，以毫米为单位时，不需标注计量单位的代号或名称。如采用其他单位，则必须注明相应的计量单位的代号或名称。

（3）图样中所标注的尺寸，为该图样所示机件的最后完工尺寸，否则应另加说明。

（4）机件的每一尺寸，一般只标注一次，并应标注在反映该结构最清晰的图形上。

（二）尺寸组成

一个完整的尺寸由尺寸界线、尺寸线、尺寸线终端和尺寸数字 4 个部分组成，如图1-9 所示。

（1）尺寸界线用细实线绘制，长度要超出尺寸线约 2mm，一般由图形的轮廓线、轴线或对称线引出，如图 1-10 所示的水平方向尺寸。

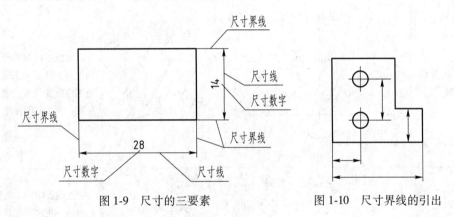

图 1-9　尺寸的三要素　　　　　图 1-10　尺寸界线的引出

尺寸界线也可用轮廓线、轴线或对称中心线代替。

尺寸界线一般应与尺寸线垂直，必要时才允许倾斜。当在光滑过渡处标注尺寸时，必须用细实线将轮廓线延长，从它们的交点处引出尺寸界线，如图 1-11 所示。

（2）尺寸线用细实线绘制，不能用其他图线代替，也不能与其他图线重合或画在其延长线上，尺寸线相互间应尽量避免相交。尺寸线一般应与尺寸界线垂直。标注线性尺寸时，尺寸线必须与所标注的线段平行，尺寸线与轮廓线的距离以及相平行的尺寸线间的距离应尽量保持全图一致。

（3）尺寸线的终端有两种形式，即箭头和斜线。在同一张图样中只能采用一种尺寸线终端形式。工程上较多地使用箭头。尺寸箭头应画成如图 1-12 所示的一个以尺寸线为对称轴的狭长等腰三角形，其尾部向内成弧形，长约 $4b$，宽约 b（b 为粗实线线宽）。箭头尖端应指到尺寸界线上，不应超出或不到尺寸界线，同一图样中的箭头大小应一致。

（4）线性尺寸的数字一般应注写在尺寸线的上方或左方，也允许注写在尺寸线的中断处。在同一图样上，数字的注法应一致。当尺寸线为水平方向时，尺寸数字规定由左向右书写，字头向上；当尺寸线为竖直方向时，尺寸数字由下向上书写，字头朝左；在倾斜的尺寸线上注写尺寸数字时，必须使字头方向有向上的趋势。线性尺寸、角度尺寸、圆、圆弧、小尺寸等尺寸的标注方法如表 1-4 所示。

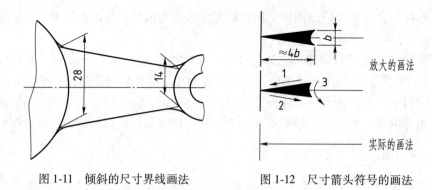

图 1-11　倾斜的尺寸界线画法　　　　　图 1-12　尺寸箭头符号的画法

表 1-4　常见尺寸标注

标 注 内 容	图　　例	说　　明
线性尺寸的数字方向		尺寸数字应按左图中的方向注写，并尽量避免在 30°范围内标注尺寸；当无法避免时，可按右图标注
角度		角度的数字一律写成水平方向，一般注写在尺寸线的中断处。必要时可写在上方或外面，也可引出标注
圆和圆弧		直径、半径的尺寸数字前应加注符号"ϕ"或"R"，尺寸线按图例标出
大圆弧		大圆弧无法标注出圆心位置时，可按图例采用折线标注
小尺寸和小圆弧		在没有足够的位置画箭头和写数字时，可按图例形式标注

标注内容	图　例	说　明
球面		应在"ϕ"或"R"前加注"S"。对于螺钉、铆钉的头部、轴（包括螺杆）端部，以及手柄的端部，在不引起误解的情况下，可省略符号"S"

（三）尺寸简化注法

表1-5列出了尺寸简化注法，摘自《机械制图尺寸注法》（GB 4458.4—2003）。

表1-5　尺寸简化注法

图　例	说　明
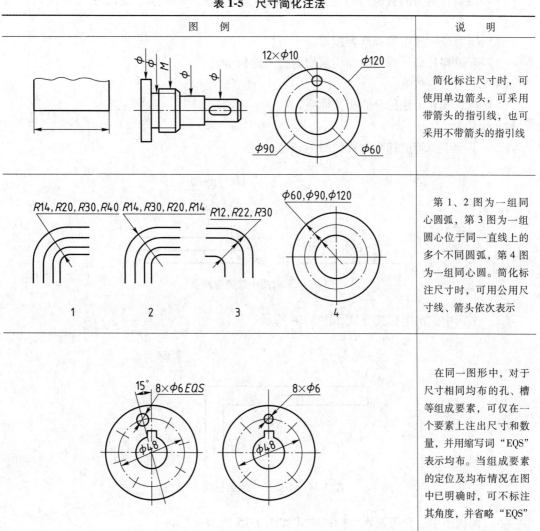	简化标注尺寸时，可使用单边箭头，可采用带箭头的指引线，也可采用不带箭头的指引线
	第1、2图为一组同心圆弧，第3图为一组圆心位于同一直线上的多个不同圆弧，第4图为一组同心圆。简化标注尺寸时，可用公用尺寸线、箭头依次表示
	在同一图形中，对于尺寸相同均布的孔、槽等组成要素，可仅在一个要素上注出尺寸和数量，并用缩写词"EQS"表示均布。当组成要素的定位及均布情况在图中已明确时，可不标注其角度，并省略"EQS"

图　　例	说　　明
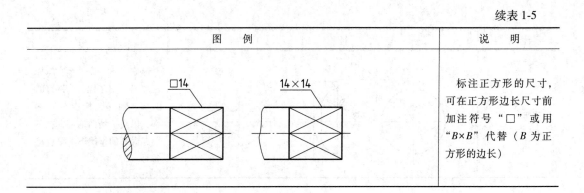	标注正方形的尺寸，可在正方形边长尺寸前加注符号"□"或用"$B×B$"代替（B 为正方形的边长）

（四）标高标注

1. 标高标注位置

（1）沟渠和重力流管道的起讫点、转角点、连接点、变坡点、变尺寸（管径）点及交叉点。

（2）压力流管道中的标高控制点。

（3）管道穿外墙、剪力墙和构筑物的壁及地板等处。

（4）不同水位线处。

（5）构筑物和土建部分的相关标高。

2. 标注方式

（1）平面中，管道标高方式如图 1-13 所示。

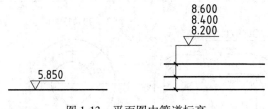

图 1-13　平面图中管道标高

（2）平面中，沟渠标高方式如图 1-14 所示。

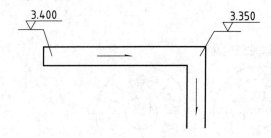

图 1-14　平面图中沟渠标高

（3）剖视图中，管道及水位标高方式如图 1-15 所示。

（4）轴测图中，管道标高方式如图 1-16 所示。

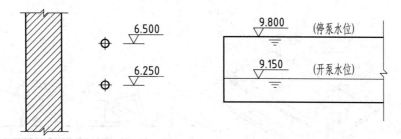

图 1-15　剖面图中管道及水位标高

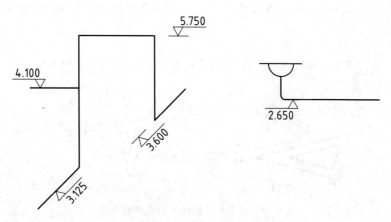

图 1-16　轴测图中管道标高

任务二　常用绘图工具及其使用方法

选择正确的绘图方法和正确使用绘图工具、仪器，是保证绘图质量和加快绘图速度的重要方面。因此，必须养成正确使用绘图工具和绘图仪器的良好习惯。下面将介绍几种常用的绘图工具及其使用方法。

一、图板、丁字尺和三角板

（1）图板。图板用作画图时的垫板以铺放、固定图纸，其板面必须平整、光滑，周边应平直，绘图时用胶带纸将图纸固定在图板上。当图纸较小时，应将图纸铺贴在图板靠近左上方的位置，如图 1-17 所示。

（2）丁字尺。丁字尺由尺头和尺身组成，与图板配合使用，主要用来画水平线。使用时左手握尺头，使内侧边紧靠图板的左边上下滑动，沿尺身工作边由左向右画水平线，用三角板与丁字尺配合画垂直线，铅笔前后方向应与纸面垂直，而与画线前进方向倾斜约30°。如图 1-18 所示。

（3）三角板。一副三角板有两块，一块是45°的等腰直角三角形，另一块是30°和60°的直角三角形。三角板与丁字尺配合使用，可画竖直线和15°、30°、45°、60°、75°的倾斜线，如图 1-14 所示。此外，利用一副三角板，还可以画出已知直线的平行线和垂直线，如图 1-19 所示。

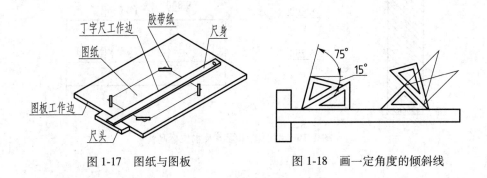

图 1-17　图纸与图板　　　　　　　　图 1-18　画一定角度的倾斜线

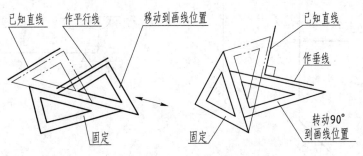

图 1-19　画已知直线的平行线和垂直线

二、圆规和分规

圆规用来画圆和圆弧。画图时应尽量使钢针和铅芯都垂直于纸面，钢针的台阶与铅芯尖应平齐，使用方法如图 1-20 所示。

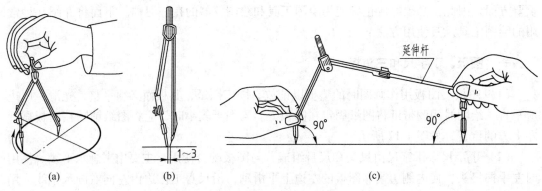

图 1-20　圆规的用法
（a）画一般圆；（b）画小圆；（c）画大圆

分规主要用来量取线段长度或等分已知线段。分规的两个针尖应调整平齐。从尺子上量取长度时，针尖不要正对尺面，应使针尖与尺面保持倾斜。用分规等分线段时，通常要用试分法。分规的用法如图 1-21 所示。

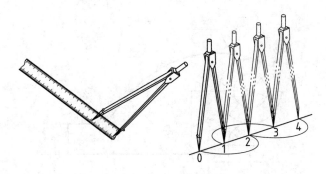

图 1-21　分规的用法

三、绘图铅笔

绘图铅笔一般根据铅芯的软硬不同，分为 H~6H、HB、B~6B 共 13 种规格，H 前的数字越大，表示铅芯越硬；B 前的数字越大，表示铅芯越软；HB 的铅芯软硬适中。一般底稿用 2H、H，加深图线用 B、2B。

铅笔的铅芯可削磨成两种，如图 1-22 所示。锥形适用于画实线和写字，楔形适用于加深粗实线。注意：削铅笔时，一定要从不带标记的一端开始。

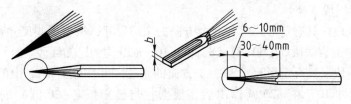

图 1-22　铅芯的形状图

四、其他绘图用品

除了以上介绍的绘图仪器、工具外，手工绘图时还要用到擦图片、点圆规、橡皮、小刀、砂纸、量角器、扫灰屑用的小刷、胶带纸等。

任务三　平面图形的绘制

平面图形是由各种线段连接而成的，这些线段之间的相对位置和连接关系靠给定的尺寸来确定。因此画平面图形首先要对图形进行尺寸分析、线段分析，才能正确安排作图顺序，完成作图。下面详细介绍画平面图形的分析方法和作图步骤。

一、平面图形的尺寸分析

按平面图形中的尺寸的作用，可分为定形尺寸和定位尺寸两类。

（1）定形尺寸。用于确定组成平面图形的各线段的形状和大小的尺寸称为定形尺寸，如图 1-23 中的 $\phi20$、$\phi10$ 和 $R5$ 等。

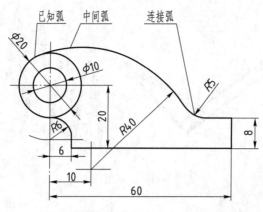

图 1-23　平面图形的尺寸与线段分析

（2）定位尺寸。用于确定线段在整个图形内位置的尺寸称为定位尺寸，如图 1-23 中的尺寸 20、6 和 10 等。

二、平面图形的线段分析

平面图形中的线段（直线或圆弧），根据其定位尺寸的完整与否，可分为已知线段、中间线段、连接线段 3 类。

（1）已知线段。具有定形尺寸和两个方向的定位尺寸，根据这些尺寸直接就能画出线段。如图 1-23 中的直线段 54(60-6)、8，圆 $\phi10$、$\phi20$ 均为已知线段。

（2）中间线段。具有定形尺寸和一个方向的定位尺寸。如图 1-23 中的 R40 圆弧，它只有一个定位尺寸 10，在 $\phi20$ 圆作出后，根据它与已知弧（$\phi20$ 圆）的相切关系（内切），可确定其圆心的位置。

（3）连接线段。只有定形尺寸、没有定位尺寸的线段，称为连接线段。如图 1-23 中的 R5、R6 都是连接线段。连接线段只有在与其相邻的线段作出后，根据两个相切关系才可确定其圆心的位置。

三、平面图形的尺寸标注

图形中标注的尺寸，必须能唯一地确定图形的形状和大小，既不遗漏也不多余。尺寸标注的步骤如下。

（1）先在水平位置及竖直方向各选定尺寸基准。

（2）进行线段分析，即确定已知线段、中间线段和连接线段。

（3）按已知线段、中间线段、连接线段的顺序逐个标注尺寸。

图 1-24 为平面图形的尺寸注法示例。

图 1-25 所示为几种常见平面图形尺寸的注法实例。

四、绘图步骤

（1）分析图形：读懂图形的构成，分析图形中的尺寸，确定线段性质和作图步骤。

（2）画图。

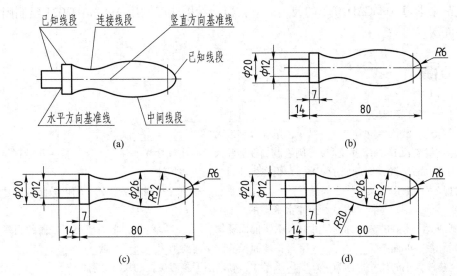

图 1-24 平面图形的尺寸注法示例

（a）进行线段分析；（b）注出已知线段尺寸；（c）注出中间线段尺寸；（d）注出连接线段尺寸

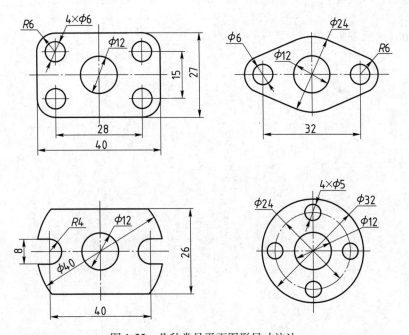

图 1-25 几种常见平面图形尺寸注法

1）画图框和标题栏。

2）画出图中两个方向的作图基准线（常以对称中心线及圆的中心线为基准）。

3）按已知线段、中间线段、连接线段的顺序画出图形。

（3）检查全图、进行局部调整或修改。

（4）进行尺寸标注。

（5）填写标题栏。

接下来学习 AutoCAD2021 的使用，并按以上绘图步骤利用 AutoCAD2021 绘制图 1-1 挂轮架平面图。

 习题

1-1　尺寸标注的四要素为_____、_____、_____和_____。

1-2　尺寸标注的默认单位为_____，角度数字后面要加_____。

1-3　若轮廓线实长 15mm，按 2：1 比例绘制，在标注尺寸时应该标注_____。若一孔径直径实际大小为 ϕ10mm，绘图时画成了 ϕ9mm，则在标注尺寸时应该标注_____。

1-4　线性尺寸的数字与尺寸线之间是_____（平行、垂直、一律水平）的，角度数字与尺寸线之间是_____（平行、垂直、一律水平）的。

1-5　整圆或大于半圆的圆弧标注尺寸时，数字前面要加_____符号，半圆或小于半圆的圆弧标注尺寸时，数字前面要加_____字母，球面尺寸数字前要加_____或_____。

1-6　确定物体大小的尺寸，称为_____尺寸，确定图形相对位置的尺寸，称为_____尺寸。

1-7　只知道定形尺寸的线段是_____线段，知道定形和两个方向定位的线段是_____线段，知道定形和一个定位尺寸的线段是_____线段。

1-8　水平方向的基准线是_____（水平线、垂直线），垂直方向的基准线是_____（水平线、垂直线）。

1-9　平面图形的绘图顺序是_____。

项目二　AutoCAD 的应用

任务一　初识 AutoCAD2021

一、AutoCAD2021 的工作界面及功能

AutoCAD 的操作界面是 AutoCAD 显示、编辑图形的区域。启动 AutoCAD2021 后的默认界面（草图与注释）如图 2-1 所示，这是 AutoCAD2021 版本出现的新界面风格。

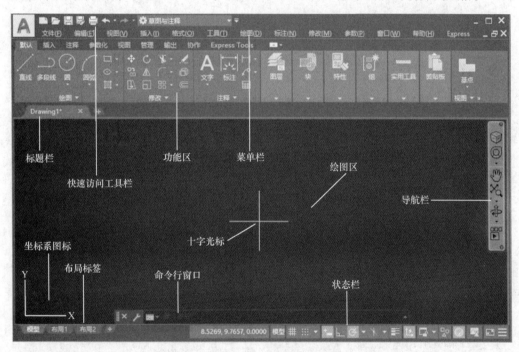

图 2-1　AutoCAD2021 版默认界面

（1）标题栏。在 AutoCAD2021 中文版绘图窗口的最上端及功能区下端是标题栏。标题栏用于显示系统当前运行的程序（AutoCAD2021）和用户正在使用的图形文件。用户第一次启动 AutoCAD 时，AutoCAD2021 绘图窗口的标题栏中将显示 AutoCAD2021 在启动时创建并打开的图形文件的名字 Drawing1. dwg，如图 2-1 所示。如果对文件进行另存，可以进行文件名的修改，此时标题栏显示修改后的名称，如图 2-2 所示。

提示：

打开 CAD 默认界面为黑色，如图 2-1 所示。如若对默认界面进行修改，单击菜单栏里的 工具(T) 按钮，在工具的下拉菜单中单击最下方"选项"命令，打开"选项"对话框，选择

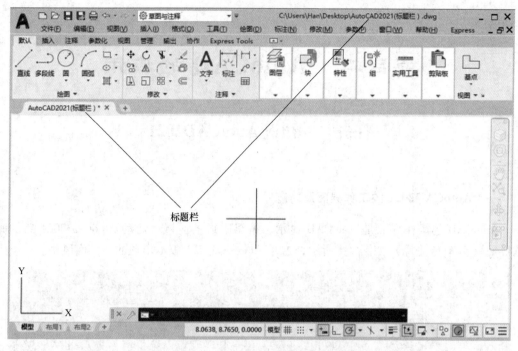

图 2-2　AutoCAD2021 中文版的"明"及绘图区为白色的操作界面

"显示"选项卡，在"窗口元素"区域中将"颜色主题"设置为"明"，如图 2-3 所示。

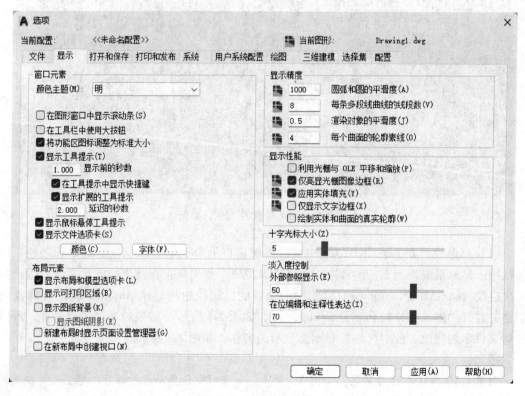

图 2-3　"选项"对话框

（2）快速访问工具栏。快速访问工具栏提供了一些常用的命令，如新建、打开、保存、放弃、重做和打印等，其图标为：![icons]。另外，单击快速访问工具栏右端的下拉按钮 ▼，在弹出的下拉菜单中提供了更多的常用命令，如图 2-4 所示。

（3）菜单栏。在 AutoCAD 快速访问工具栏右端的下拉按钮中单击"显示菜单栏"按钮调出菜单栏，调出后的菜单栏为：

文件(F)　编辑(E)　视图(V)　插入(I)　格式(O)　工具(T)　绘图(D)　标注(N)　修改(M)　参数(P)　窗口(W)　帮助(H)　Express

同大多数 Windows 程序一样，AutoCAD 的菜单也是下拉式的，并在菜单中包含子菜单。

（4）功能区。功能区是一个包含 AutoCAD 各种常用功能的选项板，由名称、面板和选项卡三部分组成，如图 2-5 所示。其中，面板中有多种功能按钮，可以通过单击选择所需要的功能；单击选项卡右侧的下拉按钮，可以使各个选项卡中的隐藏功能得以显示。

（5）绘图区。绘图区是指标题栏下方的大片空白区域。绘图区域是用户使用 AutoCAD 绘制图形的区域。用户完成一幅设计图形所做的主要工作都是在绘图区域中完成的。

在绘图区域中，还有一个十字光标，其交点反映了光标在当前坐标系中的位置。十字光标的十字线方向与当前用户坐标系的 X 轴、Y 轴方向平行，系统将十字线的长度预设为屏幕大小的 5%。

图 2-4　快速访问
工具栏其他常用命令

图 2-5　功能区

在默认情况下，AutoCAD 的绘图窗口是黑色背景、白色线条，用户可根据个人习惯进行修改。修改绘图窗口颜色的步骤如下：

1）选择"工具"下拉菜单中的"选项"命令，打开"选项"对话框，打开图 2-3 所示的"显示"选项卡，单击"窗口元素"区域中的"颜色"按钮，将打开图 2-6 所示的"图形窗口颜色"对话框。

2）点击"图形窗口对话框"中"颜色"字样右侧的下拉箭头，在打开的下拉列表中选择需要的窗口颜色，然后单击"应用并关闭"按钮，此时 AutoCAD 的绘图窗口的颜色就做出了相应的更改，通常按视觉习惯选择白色为窗口颜色，如图 2-2 所示。

（6）坐标系图标。在绘图区域的左下角，有一个箭头指向图标，称之为坐标系图标，表示用户绘图时正使用的坐标系形式。坐标系图标的作用是为点的坐标确定一个参照系，详细情况将在后文介绍。根据工作需要，用户可以选择将其关闭。方法是单击"视图"选项卡"显示"菜单的"UCS 图标"按钮，将其以灰色状态显示。

（7）命令行。命令行窗口是输入命令名和显示命令提示的区域，默认的命令行窗口布置在绘图区下方，是若干文本行，如图 2-7 所示。对命令行窗口，有以下几点需要说明。

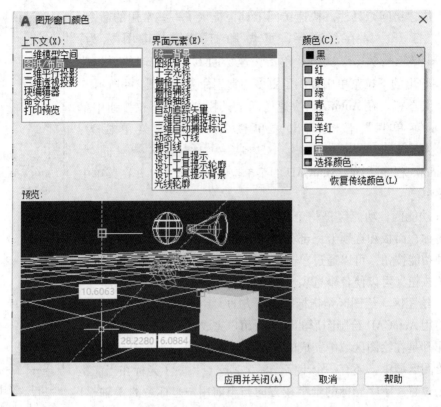

图 2-6　"图形窗口颜色"对话框

1）移动拆分条，可以扩大或缩小命令行窗口。

2）可以拖动命令行窗口，将其布置在屏幕上的其他位置。默认情况下，命令行窗口布置在图形窗口的下方。

3）对当前命令行窗口中输入的内容，可以按 F2 键用文本编辑的方法进行编辑，如图 2-8 所示。AutoCAD 文本窗口和命令窗口相似，它可以显示当前 AutoCAD 进程中命令的输入和执行过程。在执行 AutoCAD 的某些命令时，它会自动切换到文本窗口，列出有关信息。

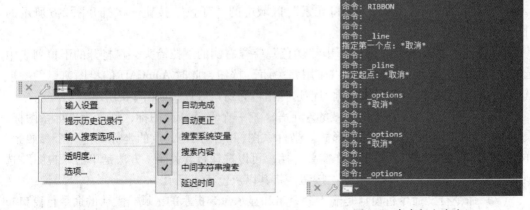

图 2-7　命令行窗口　　　　　　　　　　　　图 2-8　命令行文本窗口

（8）布局标签。

1）布局。布局是系统为绘图设置的一种环境，包括图样大小、尺寸单位、角度设定，数值精确度等。在系统预设的 3 个标签中，这些环境变量都按默认设置。用户可根据实际需要改变这些变量的值，也可以根据需要设置符合自己要求的新标签。

2）模型。AutoCAD 的空间分为模型空间和图纸空间。模型空间是我们通常绘图的环境，而在图纸空间中，用户可以创建叫作"浮动视口"的区域，以不同视图显示所绘图形。用户还可以在图纸空间中调整浮动视口，并决定所包含视图的缩放比例。如果选择图纸空间，则用户可以打印任意布局的多个视图。

AutoCAD 系统默认打开模型空间，用户可以通过单击鼠标左键选择需要的布局。

（9）状态栏。状态栏位于窗口的最下方，有多种功能。其中最左端为图形坐标，显示的是当前十字光标的坐标；其他按钮名称依次如图 2-9 所示。

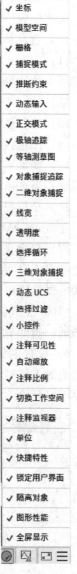

图 2-9 状态栏名称

1）模型空间：在模型空间与布局空间之间进行转换。

2）栅格：栅格是覆盖用户坐标系（UCS）的整个 XY 平面的直线或点的矩形图案。使用栅格类似于在图形下放置一张坐标纸，可以对齐对象并直观显示对象之间的距离。

3）捕捉模式：对象捕捉对于在对象上指定精确位置非常重要。不论何时提示输入点，都可以指定对象捕捉。默认情况下，当光标移到对象的对象捕捉位置时，将显示标记和工具提示。

4）正交限制光标（正交模式）：将光标限制在水平或垂直方向上移动，以便于精确地创建和修改对象。当创建或移动对象时，可以使用"正交模式"将光标限制在相对于用户坐标系（UCS）的水平或垂直方向上。

5）按指定角度限制光标（极轴追踪）：使用极轴追踪，光标将按指定角度进行移动。创建或修改对象时，可以使用"极轴追踪"来显示由指定的极轴角度所定义的临时对齐路径。

6）等轴测草图：通过设定"等轴测捕捉/栅格"，可以很容易地沿 3 个等轴测平面之一对齐对象。尽管等轴测图形看似三维图形，但它实际上是二维表示。因此，不能期望提取三维距离和面积、从不同视点显示对象或自动消除隐藏线。

7）显示捕捉参照线（对象捕捉追踪）：使用对象捕捉追踪，可以沿着基于对象捕捉点的对齐路径进行追踪。已获取的点将显示一个小加号（+）一次最多可以获取 7 个追踪点。获取点之后，当在绘图路径上移动光标时，将显示相对于获取点的水平、垂直或极轴对齐路径。例如，可以基于对象端点、中点或者交点，沿着某个路径选择一点。

8）将光标捕捉到二维参照点（二维对象捕捉）：执行对象捕捉设置可以在对象上的精确位置指定捕捉点。选择多个选项后，将应用选定的捕捉模式，以返回距离靶框中心最近的点。按 Tab 键可以在这些选项之间循环。

9）注释可见性：当图标亮时表示显示所有比例的注释对象，当图标变暗时表示仅显示当前比例的注释对象。

10）自动缩放：注释比例更改时，自动将比例添加到注释性对象。

11）注释比例：单击注释比例右下角的三角符号将弹出注释比例列表，可以根据需要选择适当的注释比例。

12）切换工作空间：进行工作空间转换。

13）注释监视器：打开仅用于所有事件或模型文档事件的注释监视器。

14）图形性能：设定图形卡的驱动程序以及设置硬件加速的选项。

15）隔离对象：当选择隔离对象时，在当前视图中显示选定对象，所有其他对象都暂时隐藏；当选择隐藏对象时，在当前视图中暂时隐藏选定对象，所有其他对象都可见。

16）全屏显示：该选项可以清除 Windows 窗口中的标题栏、功能区和选项板等界面元素，使 AutoCAD 的绘图窗口全屏显示。

17）自定义：状态栏可以提供重要信息，而无须中断工作流。使用 MODEMACRO 系统变量可将应用程序所能识别的大多数数据显示在状态栏中。使用该系统变量的计算、判断和编辑功能可以完全按照用户的要求构造状态栏。

（10）工具栏。工具栏是一组图标型工具的集合，把光标移动到某个图标上稍停片刻，该图标一侧即显示相应的工具提示。此时，单击图标可以启动相应命令。

1）设置工具栏。选择菜单栏中的"工具"→"工具栏"→"AutoCAD"命令，调出所需要的工具栏，如图 2-10 所示。单击某一个未在界面上显示的工具栏名，系统会自动在界面打开该工具栏；反之，关闭工具栏。

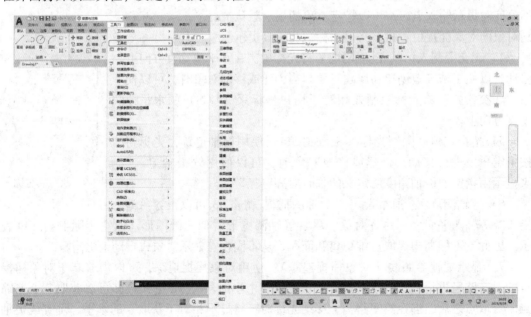

图 2-10　调出工具栏

2）工具栏的"固定""浮动"和"打开"。工具栏可以在绘图区"浮动"，此时显示该工具栏标题，并可关闭该工具栏。可以使用鼠标拖动"浮动"工具栏到图形区边界，使它变为"固定"工具栏，此时工具栏标题隐藏。也可以把"固定"工具栏拖出，使它成为"浮动"工具栏，调出的绘图工具栏及修改工具栏如图 2-11 所示。

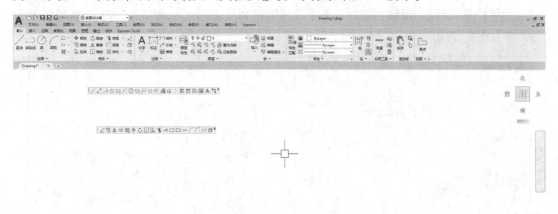

图 2-11　浮动工具栏

（11）滚动条。AutoCAD 2021 的默认界面是不显示滚动条的，需要把滚动条调出来。选择菜单栏中的"工具"→"选项"命令，弹出"选项"对话框，单击"显示"选项卡，勾选"窗口元素"中的"在图形窗口中显示滚动条"复选框。

滚动条包括水平和垂直滚动条，用于左右或上下移动绘图窗口内的图形。按住鼠标左键拖动滚动条中的滑块或单击滚动条两侧的三角按钮，即可移动图形。

二、AutoCAD2021 绘图环境设置

（一）图形单位设置

通常情况下，用户使用 AutoCAD 的默认单位来绘图。AutoCAD 支持用户自定义绘图单位。可以通过以下两种方式来设置绘图单位。

（1）命令行：输入 DDUNITS（或 UNITS）。

（2）菜单：选择"格式"→"单位"命令。

执行上述命令后，将弹出"图形单位"对话框，如图 2-12 所示。该对话框用于定义单位和角度格式。

（1）长度：在"长度"选项组中可以设置图形的长度单位的类型和精度。长度单位的默认类型为"小数"，精度的默认值为小数点之后四位数。

（2）角度：在"角度"选项组中可以设置角度单位的类型和精度。角度单位的默认类型为"十进制度数"，精度默认为小数点之后两位数。

（3）插入时的缩放单位：在该选项组中可以设置用于缩放插入内容的单位，可以选择

的单位有毫米、英寸、码、厘米和米等。

（4）方向：单击"图形单位"对话框中的"方向"按钮，即可弹出图 2-13 所示的"方向控制"对话框，可以在该对话框中设置基准角度方向。AutoCAD 2021 默认的基准角度方向为正东方向。

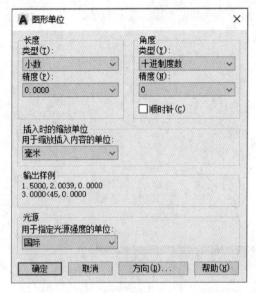

图 2-12　"图形单位"对话框

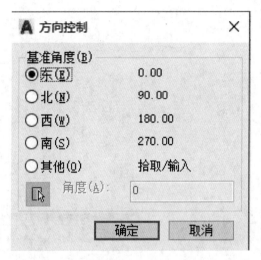

图 2-13　"方向控制"对话框

（二）绘图界限设置

图层界限是指绘图空间中一个假想的矩形绘图区域。如果打开了图形边界检查功能，一旦绘制的图形超出了绘图界限，系统将发出提示。

用户可以通过以下两种方式设置绘图界限。

（1）命令行：输入 LIMITS。

（2）菜单：选择"格式"→"图形界限"命令。

命令行提示如下。

命令:LIMITS↙

重新设置模型空间界限:

指定左下角点或[开(ON)/关(OFF)]<0.0000,0.0000>:(输入图形界限左下角的坐标后按<Enter>键)指定右上角点<12.0000,297.0000>:(输入图形边界右上角点的坐标后按<Enter>键)

（三）选项说明

（1）开（ON）：使图形边界有效。系统在绘图边界以外拾取的点视为无效。

（2）关（OFF）：使图形边界无效。用户可以在绘图边界以外拾取点或实体。

（3）动态输入角点的坐标。可以直接在屏幕上输入角点坐标，输入横坐标值后按","键，接着输入纵坐标值，如图 2-14 所示。也可以按光标位置直接按下鼠标左键确定角点位置。

图 2-14　动态输入

三、图形的缩放和平移

所谓视图就是必须有特定的放大倍数、位置及方向的图形。改变视图的一般方法就是利用缩放和平移命令，可以在绘图区域放大或缩小图像显示，或者改变观察位置。

（一）实时缩放

AutoCAD 2021 为交互式的缩放和平移提供了可能。有了实时缩放，就可以通过垂直向上或向下移动光标来放大或缩小图形。

（1）执行方式。

命令行：Zoom。

菜单栏："视图"→"缩放"→"实时"。

工具栏：标准→实时缩放 ⁺◦。

功能区：单击"视图"选项卡"导航"面板中的"范围"下拉列表的"实时"按钮 ⁺◦。

（2）操作步骤。按住选择钮垂直向上或向下移动。从图形的中点向顶端垂直地移动光标就可以放大图形，向底部垂直地移动光标就可以缩小图形。

在"标准"工具栏的"窗口缩放"下拉工具栏，如图 2-15 所示，"缩放"工具栏如图 2-16 所示。

图 2-15　缩放下拉工具栏

（二）实时平移

利用实时平移，能通过单击和移动光标以
重新放置图形。

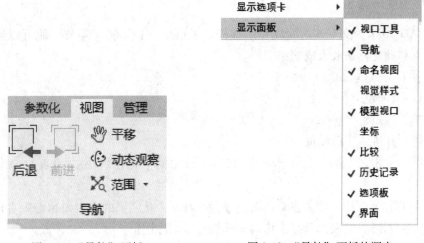

图 2-16　"缩放"工具栏

执行方式如下：

命令行：PAN。

菜单栏："视图"→"平移"→"实时"。

工具栏：标准→实时平移🖐。

快捷菜单：在绘图窗口中单击鼠标右键，选择"平移"命令。

功能区：单击"视图"选项卡"导航"面板中的"平移"按钮🖐，如图 2-17 所示。

提示：

如果单击"视图"选项卡无"导航"面板，则在功能区任一位置单击，出现如图 2-18
所示的菜单，单击选择"导航"命令调出"导航"面板。

图 2-17　"导航"面板　　　　　　　　图 2-18　"导航"面板的调出

四、图形文件管理

本部分内容介绍有关文件管理的一些基本操作方法，包括新建文件、打开文件、保存
文件等，这些都是 AutoCAD 最基础的知识。

（一）新建文件

（1）执行方式。

命令行：NEW 或 QNEW。

菜单栏："文件"→"新建"或"主菜单"→"新建"。

工具栏：标准→新建🗋或快速访问→新建🗋。

快捷键：Ctrl+N。

（2）操作步骤。执行上述命令后，弹出如图 2-19 所示的"选择样板"对话框，在文

件类型下拉列表框中有 3 种格式的图形样板,后缀分别是 dwt、dwg、dws。一般情况下,dwt 文件是标准的样板文件,通常将一些规定的标准性样板文件设成 dwt 文件;dwg 文件是普通的样板文件;而 dws 文件包含标准图层、标注样式、线型和文字样式的样板文件。

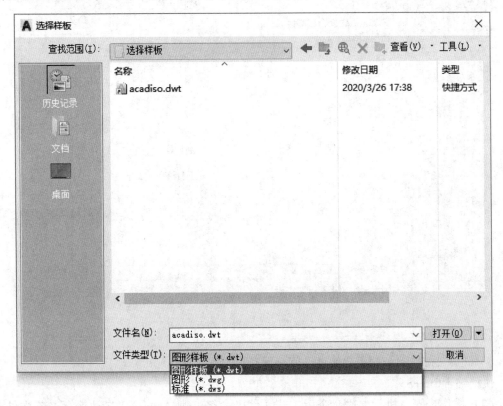

图 2-19 "选择样板"对话框

(二) 打开文件

(1) 执行方式。

命令行:OPEN。

菜单栏:"文件"→"打开"或"主菜单"→"打开"。

工具栏:标准→打开 或快速访问→打开 。

快捷键:Ctrl+O。

(2) 操作步骤。执行上述命令后,弹出"选择文件"对话框,如图 2-20 所示。用户可在"文件类型"列表框中选择 dwg 文件、dwt 文件、dxf 文件和 dws 文件。dxf 文件是以文本形式存储的图形文件,能够被其他程序读取,许多第三方应用软件都支持 dxf 格式。

(三) 保存文件

(1) 执行方式。

命令行:QSAVE 或 SAVE。

菜单栏:"文件"→"保存"或"另存为"。

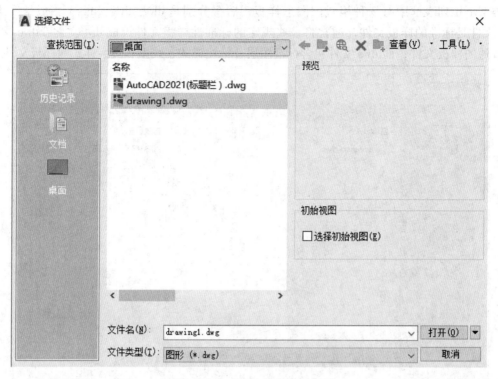

图 2-20 "选择文件"对话框

工具栏：标准→保存 ⊟ 或快速访问→保存 ⊟。

快捷键：Ctrl+S。

（2）操作步骤。执行上述命令后，若文件已命名，则 AutoCAD 自动保存；若文件未命名（即为默认名 drawing1.dwg），则系统弹出"图形另存为"对话框，用户可以命名保存。在"保存于"下拉列表框中可以指定保存文件的路径，在"文件类型"下拉列表框中可以指定保存文件的类型。

五、坐标系

AutoCAD 采用 2 种坐标系：世界坐标系（WCS）与用户坐标系（UCS）。用户刚进入 AutoCAD 时的坐标系统就是世界坐标系，是固定的坐标系统。世界坐标系也是坐标系统中的基准，绘制图形时多数情况下都是在这个坐标系统下进行的。

执行方式：

命令行：UCS。

菜单栏："工具"→"UCS"。

AutoCAD 有 2 种视图显示方式：模型空间和图纸空间。模型空间使用单一视图显示，用户通常采用的都是这种显示方式；图纸空间能够在绘图区创建图形的多视图，用户可以对其中每个视图进行单独操作。在默认情况下，当前 UCS 与 WCS 重合。在图 2-21 中，图 2-21（a）为模型空间下的 UCS 坐标系图标，通常位于绘图区左下角；也可以指定在当前 UCS 的实际坐标原点位置，如图 2-21（b）所示；图 2-21（c）为图纸空间下的坐标系图标。

图 2-21　坐标系图标

六、图层设置

AutoCAD 中的图层工具可以让用户方便地管理图形。图层相当于一层"透明纸"，用户可以在不同的图层上绘制图形，最后相当于把多层绘有不同图形的透明纸叠放在一起，从而组成完整的图形。

用户对图层的管理主要通过"图层特性管理器"来实现，如图 2-22 所示。用户可以通过以下方式打开"图层特性管理器"。

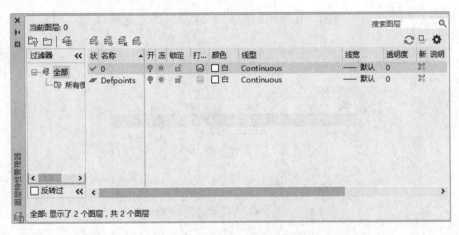

图 2-22　图层特性管理器

（1）功能区："默认"→"图层"→"图层特性"。

（2）菜单：选择"格式"→"图层"命令。

（3）命令行：输入"layer"。

用户对图层的设置如下所示。

（1）新建图层。在"图层特性管理器"里单击"新建图层"按钮，即可创建一个新图层，并可以对该图层进行重命名。

（2）图层颜色设置。为了区分不同的图层，对图层设置颜色是必要的。AutoCAD 默认的图层颜色为白色，用户也可以在"图层特性管理器"中单击口白按钮，在弹出的如图 2-23 所示的"选择颜色"对话框中选择需要的颜色。

（3）图层线型设置。在绘图时会用到不同的线型。不同的图层可以设置不同的线型，也可以设置相同的线型。AutoCAD 中系统默认的线型是 Continuous，也就是连续直线。用

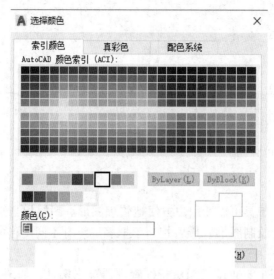

图 2-23 "选择颜色"对话框

户可以单击"Contimous"按钮，在弹出的如图 2-24 所示的"选择线型"对话框中进行线型设置。

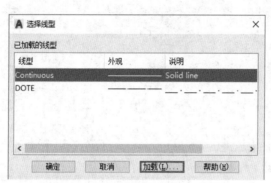

图 2-24 "选择线型"对话框

如果"选择线型"对话框中没有所需要的线型，则可以单击该对话框中的"加载"按钮，在弹出的如图 2-25 所示的"加载或重载线型"对话框中查找所需要的线型，选定之后单击"确定"按钮，便可以将该线加载到"选择线型"对话框中。然后在"选择线型"对话框中。然后在"选择线型"对话框中选择该线型，单击"确定"按钮即可。

（4）图层线宽的设置。在绘图中，常需要用到不同宽度的线条，而 AutoCAD2021 中的默认线宽为 0.15，因此有必要对线宽进行设置。用户可以单击— 默认 按钮，在弹出的如图 2-26 所示的"线宽"对话框中进行线宽的设置。

（5）图层的其他特性。打开/关闭：在"图层特性管理器"中以灯泡的颜色来表示图层的开关。在默认情况下，所有图层都处于打开的状态，此时灯泡颜色为"黄色"，在这种状态下，图层可以使用和输出；单击灯泡可以切换图层到关闭状态，此时灯泡颜色为"蓝色"，在这种状态下，图层不能使用和输出。

图 2-25　"加载或重载线型"对话框

1）冻结/解冻：对于打开的图层，系统默认其状态为解冻，显示的图标为"太阳" ☀，在这种状态下，图层可以显示、打印输出和编辑。单击太阳图标可以将图层转换到冻结状态，显示的图标为"雪花" ❄，在这种状态下，图层不能显示、打印输出和编辑。

2）锁定/解锁：在绘制复杂图形的过程中，为了在绘制其他图层时不影响某一图层，可以将该图层锁定，显示的图标为"锁定" 🔒。锁定不会影响图层的显示。单击"锁定"按钮 🔒 可以将图层切换到解锁状态，此时图标显示为"解锁" 🔓。

3）打印样式：用来确定图层的打印样式。如果是彩色的图层，则无法更改样式。

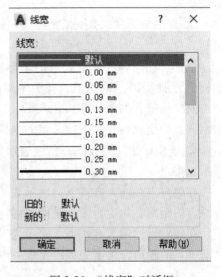

图 2-26　"线宽"对话框

4）打印：用来设定哪些图层可以打印。可以打印的图层以图标 🖨 显示；单击该图标可以将图层设置为不能打印，这时以图标 🖨 显示。打印功能只对可见图层、没有冻结的图层没有锁定的图层和没有关闭的图层有效。

任务二　基本绘图与编辑

一、基本绘图命令

AutoCAD2021 具有强大的绘图功能和编辑功能。用户可以通过功能区命令、"绘图"和"修改"下拉菜单、"绘图"和"修改"工具栏、在命令行直接输入命令 4 种方式来调用命令。

（一）直线（LINE）

（1）功能。其功能可绘制直线段。

（2）执行方式。

1）在功能区中的"绘图"面板中点击直线按钮 。

2）在菜单栏中选择"绘图"→"直线"按钮 。

3）点击绘图工具栏中的"直线"按钮 。

4）输入命令：LINE。

利用以上任意一种方法启用"直线"命令，就可以绘制直线。

（3）绘制方法。

1）使用鼠标点绘制直线 启用绘制"直线"命令，用鼠标在绘图区域内单击一点作为线段的起点，移动鼠标，在用户想要的位置再单击，作为线段的另一点，这样连续可以画出用户所需的直线。

2）通过输入点的坐标绘制直线。点的常用坐标输入有直角坐标和极坐标 2 种输入方法。

① 直角坐标法。用点的 X、Y 坐标值表示的坐标，分为绝对直角坐标和相对直角坐标。

例如，在命令行中输入点的坐标提示下，输入"20，20"，则表示输入一个 X、Y 的坐标值分别为 20、20 的点，此为绝对坐标输入方式，表示该点的坐标是相对于当前坐标原点的坐标值，如图 2-27（a）所示。如果输入"@ 20，10"，则为相对坐标输入方式，表示该点的坐标是相对于前一点的坐标值，如图 2-27（b）所示。

② 极坐标法。用长度和角度表示的坐标，分为绝对极坐标和相对极坐标，只能用来表示二维点。

在绝对坐标输入方式下，表示为"长度< 角度"，如"25<50"，其中长度为该点到坐标原点的距离，角度为该点至原点的连线与 X 轴正向的夹角，如图 2-27（c）所示。

在相对坐标输入方式下，表示为"@ 长度< 角度"，如"@ 15<50"，其中长度为该点到前一点的距离，角度为该点至前一点的连线与 X 轴正向的夹角，如图 2-27（d）所示。

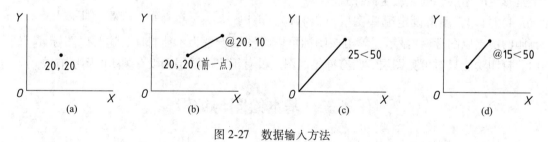

图 2-27　数据输入方法

【例 2-1】　利用"直线"命令，绘制如图 2-28 所示的五角星。

绘图步骤如下：

单击"直线"图标 ，命令行提示为：

LINE 指定第一点：

（在绘图区任意拾取第 1 点）

指定下一点或［放弃（U）］：@ 50<0 按<Enter>键（用相对坐标输入第 2 点）

指定下一点或［放弃（U）］：@ 50<216 按<Enter>键（用相对坐标输入第 3 点）

指定下一点或[闭合(C)/放弃(U)]：@ 50<216 按<Enter>键（用相对坐标输入第 4 点）

指定下一点或[闭合(C)/放弃(U)]：@ 50<216 按<Enter>键（用相对坐标输入第 5 点）

指定下一点或[闭合(C)/放弃(U)]：C 按<Enter>键（注意坐标方向，要与所绘直线方向一致）

图 2-28　用直线命令绘制五角星

（二）构造线（XLINE）

（1）功能。该命令用于绘制两段无限延长的直线，主要用来绘制辅助线。

（2）执行方式。

1）命令行：XLINE 按<Enter>键（快捷命令：XL）。

2）菜单栏："绘图"→"构造线"。

3）工具栏：单击"绘图"工具栏中的"构造线"按钮 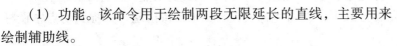。

4）功能区：单击"默认"选项卡"绘图"面板中的"构造线"按钮 。

（三）圆（CIRCLE）

（1）功能。该命令用于绘制圆。

（2）执行方式。

1）命令行：CIRCLE（快捷命令：C）。

2）菜单栏："绘图"→"圆"。

3）工具栏：单击"绘图"工具栏中的"圆"按钮 。

4）功能区：单击"默认"选项卡"绘图"面板中的"圆"按钮 。

选择上述任一方式输入命令，命令行提示为：

CIRCLE 指定圆的圆心或[三点(3P)两点(2P)切点、切点、半径(T)]：

（3）选项说明。

1）指定圆的圆心："指定圆的圆心"选项为该命令的默认选项。

2）三点（3P）：该选项表示用圆上三点确定圆的大小和位置。

3）两点（2P）：该选项表示以给定两点为直径画圆。

4）相切、相切、半径（T）：该选项表示要画的圆与两条线段相切。

5）相切、相切、相切：该选项表示做一个与三条线段均相切的圆。此选项只能通过下拉菜单输入，即单击菜单栏中的"绘图"→"圆"→"相切、相切、相切"。

【例 2-2】　用"圆"和"直线"命令，绘制如图 2-29 所示带轮的平面图。

绘图步骤如下：

（1）单击"圆"图标 ，命令行提示为：

CIRCLE 指定圆的圆心或 [三点(3P)两点(2P)切点、切点、半径(T)]：（任意拾取圆心点）

CIRCLE 指定圆的半径或 [直径 D]：5 按<Enter>键（输入第一个圆的半径，结束命令）

（2）单击"圆"图标 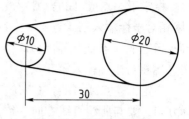，命令行提示为：

图 2-29　带轮的平面图

CIRCLE 指定圆的圆心或［三点（3P）两点（2P）切点、切点、半径（T）］：@30，0 按<Enter>键（用相对坐标输入第二个圆的圆心点）

CIRCLE 指定圆的半径或［直径 D］<5.0000>：10 按<Enter>键（输入第二个圆的半径，结束命令）

（3）单击"直线"图标，命令行提示为：

LINE 指定第一点：（将光标放在小圆上，待出现"捕捉到切点"图标 时单击）

LINE 指定下一点或［放弃（U）］：（将光标放在大圆上，待出现"捕捉到切点"图标 时单击，画出公切线）

LINE 指定下一点或［放弃（U）］：按<Enter>键结束命令

（4）重复上述操作，完成另一条公切线的绘制。

（四）圆弧（ARC）

（1）功能。该命令用于绘制圆弧。

（2）执行方式。

1）命令行：ARC（快捷命令：A）。

2）菜单栏："绘图"→"圆弧"→"…"（如图 2-30 所示）。

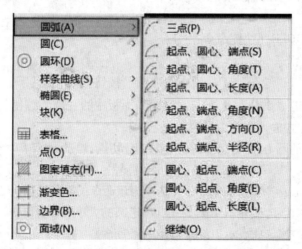

图 2-30　"圆弧"的下拉菜单

3）工具栏：单击"绘图"工具栏中的"圆弧"按钮 。

4）功能区：单击"默认"选项卡"绘图"面板中的"圆弧"按钮 。

（3）绘制圆弧的方法。绘制圆弧的方法有 11 种，常用的有以下 5 种。

1）三点。该选项为默认选项。依次输入圆弧上三点的坐标确定圆弧。

2）起点、圆心、端点。选择该选项后，命令行提示为：

ARC 指定圆弧的起点或［圆心（C）］：绘图区任意点单击或输入圆弧的起点

ARC 指定圆弧的圆心：绘图区任意点单击或输入圆弧的圆心

ARC 指定圆弧的端点（按住 Ctrl 键以切换方向）或［角度（A）弦长（L）］：绘图区任意点单击或输入圆弧的终点。

注意：圆弧只能从起点到终点、按逆时针方向绘制，所以绘图的起点和终点次序不能出错。

3）起点、端点、半径。选择该选项后，命令行提示为：

ARC 指定圆弧的起点或［圆心（C）］：绘图区任意位置或指定位置单击

指定圆弧的端点：绘图区任意位置或指定位置单击

ARC 指定圆弧的半径（按住 Ctrl 键以切换方向）：在绘图区根据光标移动确定半径或输入圆弧的已知半径

4）起点、端点、角度。选择该选项后，命令行提示为：

ARC 指定圆弧的起点或［圆心（C）］：绘图区任意位置或指定位置单击

指定圆弧的端点：绘图区任意位置或指定位置单击

ARC 指定夹角（按住 Ctrl 键以切换方向）：在绘图区根据光标移动确定夹角或输入圆弧的已知角度

5）继续。选择该选项后，命令行提示为：

ARC 指定圆弧的端点（按住 Ctrl 键以切换方向）：（以上一次所画线段的最后一点为起点）绘图区任意位置或指定位置单击以确定终点（此命令画出与上一段相切的圆弧）

【例 2-3】　用“圆”和“圆弧”命令，绘制如图 2-31 所示的花坛平面图。

绘图步骤如下：

（1）新建“粗实线”和“点画线”图层。

（2）将图层置于“粗实线”图层，单击“圆”图标 ⊙，命令行提示为：

CIRCLE 指定圆的圆心或［三点（3P）/ 两点（2P）/ 相切、相切、半径（T）］：（任意拾取圆心点）

CIRCLE 指定圆的半径或［直径（D）］：20 按＜Enter＞键（输入第一个圆的半径，结束命令）

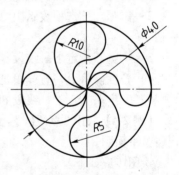

图 2-31　花坛平面图（一）

（3）将图层置于“点画线”图层，单击直线命令 ✎ 绘制圆 φ40 的轴线。

（4）将图层置于“粗实线”图层，单击菜单栏中的“绘图”→“圆弧”→“起点、端点、角度”，命令行提示为：

ARC 指定圆弧的起点或［圆心（C）］：（捕捉 φ40 圆的象限点，命令行继续提示）

ARC 指定圆弧的端点：（捕捉 φ40 圆的圆心，命令行继续提示）

ARC 指定夹角（按住 Ctrl 键以切换方向）：180 按＜Enter＞键（输入圆心角，结束命令）

（5）单击菜单栏中的“绘图”→“圆弧”→“起点、端角、半径”，命令行提示为：

ARC 指定圆弧的起点或［圆心（C）］：（捕捉 φ40 圆的象限点，命令行继续提示）

指定圆弧的端点：（捕捉 φ10 圆的圆心，命令行继续提示）

ARC 指定圆弧的半径（按住 Ctrl 键以切换方向）：5 按＜Enter＞键（输入圆弧半径，结束命令）（若圆弧方向与实际方向相反，按住 Ctrl 键以切换方向）

（6）单击菜单栏中的"绘图"→"圆弧"→"继续"，命令行提示为：

ARC 指定圆弧的端点（按住 Ctrl 键以切换方向）：（捕捉 φ40 圆的圆心，结束命令）

（7）重复第（4）~（6）步的操作，完成另外 3 个相同部分线段的绘制。

（五）多段线（PLINE）

（1）功能。该命令用于绘制由连续的直线和圆弧组成的线段组，并可随意设置线宽。

（2）执行方式。

1）命令行：PLINE（快捷命令：PL）。

2）菜单栏："绘图"→"多段线" 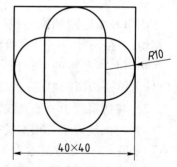。

3）工具栏：单击"绘图"工具栏中的"多段线"按钮。

4）功能区：单击"默认"选项卡"绘图"面板中的"多段线"按钮。

选择上述任一方式输入命令，命令行提示为：

PLINE 指定起点：在绘图区任意或指定位置单击（或输入起点坐标值）

当前线宽为 0.0000(显示当前线宽)

PLINE 指定下一个点或［圆弧（A）半宽（H）长度（L）放弃（U）宽度（W）］：

（3）选项说明。

1）指定下一个点。该选项为默认选项。指定多段线的下一点，生成一段直线。

2）圆弧。该选项表示由绘制直线方式转为绘制圆弧方式，且绘制的圆弧与上一线段相切。

3）半宽。指定下一线段宽度的一半数值。

4）长度。将上一直线段延伸指定的长度。

5）宽度。指定下一线段的宽度数值。

【例 2-4】用"多段线"命令，绘制如图 2-32 所示的花格窗平面图。

绘图步骤如下。

（1）在状态栏中打开"正交""对象捕捉"和"对象追踪"。

（2）单击"多段线"图标，命令行提示为：

PLINE 指定起点：在绘图区任意拾取一点

当前线宽为 0.0000（显示当前线宽）

PLINE 指定下一个点或［圆弧（A）半宽（H）长度（L）放弃（U）宽度（W）］：（光标向右移）40 按<Enter>键

图 2-32　花格窗的平面图

PLINE 指定下一个点或［圆弧（A）半宽（H）长度（L）放弃（U）宽度（W）］：（光标向上移）40 按<Enter>键

PLINE 指定下一个点或［圆弧（A）半宽（H）长度（L）放弃（U）宽度（W）］：（光标向左移）40 按<Enter>键

PLINE 指定下一个点或［圆弧（A）半宽（H）长度（L）放弃（U）宽度（W）］：C 按<Enter>键（完成正方形的绘制，结束命令）

单击空格键，重复多段线操作，命令行提示为：

PLINE 指定起点：@10，-10 按<Enter>键（输入相对坐标，即相对刚才绘制正方形左上角点的坐标值，如未按上述步骤执行，此处输入数据要根据具体操作进行调整）

当前线宽为 0.0000

PLINE 指定下一个点或[圆弧(A)半宽(H)长度(L)放弃(U)宽度(W)]：光标向下移20 按<Enter>键

PLINE 指定下一个点或[圆弧(A)半宽(H)长度(L)放弃(U)宽度(W)]：单击命令行按钮"圆弧(A)"或输入 A 按<Enter>键

PLINE 指定圆弧的端点（按住 Ctrl 键以切换方向）或[角度(A)圆心(CE)闭合(CL)方向(D)半宽(H)直线(L)半径(R)第二个点(S)放弃(U)宽度(W)]：（光标向右移）20 按<Enter>键

PLINE 指定圆弧的端点（按住 Ctrl 键以切换方向）或[角度(A)圆心(CE)闭合(CL)方向(D)半宽(H)直线(L)半径(R)第二个点(S)放弃(U)宽度(W)]：L 按<Enter>键

PLINE 指定下一个点或[圆弧(A)闭合(CL)半宽(H)长度(L)放弃(U)宽度(W)]：（光标向上移）20 按<Enter>键

PLINE 指定下一个点或[圆弧(A)闭合(CL)半宽(H)长度(L)放弃(U)宽度(W)]：A 按<Enter>键

PLINE 指定圆弧的端点（按住 Ctrl 键以切换方向）或[角度(A)圆心(CE)闭合(CL)方向(D)半宽(H)直线(L)半径(R)第二个点(S)放弃(U)宽度(W)]：CL 按<Enter>键（结束命令）

（3）重复第（2）步的部分操作，完成另一个多段线的绘制。

（六）矩形（RECTANG）

（1）功能。该命令用于绘制矩形。

（2）执行方式。

1）命令行：RECTANG（快捷命令：REC）。

2）菜单栏："绘图"→"矩形"。

3）工具栏：单击"绘图"工具栏中的"矩形"按钮▭。

4）功能区：单击"默认"选项卡"绘图"面板中的"矩形"按钮▭。

选择上述任一方式输入命令，命令行提示为：

RECTANG 指定第一个角点或[倒角(C)标高(E)圆角(F)厚度(T)宽度(W)]：

RECTANG 指定另一个角点或[面积(A)尺寸(D)旋转(R)]：

（3）选项说明。

1）指定第一个角点：该选项为默认选项。

2）倒角：用于设置矩形各倒角的距离。

3）标高：用于设置三维图形的高度位置。实体的高度基于用户坐标系（USC）XY 面距离，正负与 Z 轴方向一致。

4）圆角：用于设置矩形四个圆角半径的大小。

5）厚度：用于设置实体的厚度，即实体在高度方向延伸的距离。

6）宽度：用于设置矩形的线宽。

7）面积：以指定面积和长或宽创建矩形。

8）尺寸：使用长和宽创建矩形，第二个指定点将矩形定位在与第一角点相关的 4 个位置之一。

9）旋转：使所绘制的矩形旋转一定角度。

以上每个选项设置完成后，都回到原有的提示行形式。

【例 2-5】 用"矩形"和"圆弧"命令，绘制如图 2-32 所示的花格窗平面图。

绘图步骤如下。

（1）建图层、在状态栏中打开"正交""对象捕捉"和"对象追踪"。

（2）单击"矩形"图标口，命令行提示为：

RECTANG 指定第一个角点或［倒角（C）标高（E）圆角（F）厚度（T）宽度（W）］：（绘图区任意拾取一点，命令行继续提示）

RECTANG 指定另一个角点或［面积（A）尺寸（D）旋转（R）］：@ 40，40 按 <Enter> 键（输入相对坐标，完成 40×40 正方形的绘制，结束命令）

（3）点击空格键，重复矩形操作，命令行提示为：

命令：RECTANG

RECTANG 指定第一个角点或［倒角（C）标高（E）圆角（F）厚度（T）宽度（W）］：@ −30，−30（输入相对坐标，即相对刚才绘制的正方形右上角点的坐标值）

RECTANG 指定另一个角点或［面积（A）尺寸（D）旋转（R）］：@ 20，20 按 <Enter> 键（输入相对坐标，完成 20×20 正方形的绘制，结束命令）

（4）单击菜单栏中的"绘图"→"圆弧"→"起点、圆心、端点"，命令行提示为：

ARC 指定圆弧的起点或［圆心（C）］：（拾取 20×20 正方形一角点）

ARC 指定圆弧的第二个点或［圆心（C）端点（E）］：C 按 <Enter> 键（指定圆弧的圆心；按正方形逆时针方向拾取 20×20 正方形另一边中点）

ARC 指定圆弧端点或［角度（A）弦长（L）］：（拾取 20×20 正方形同一边的另一角点，结束命令）

（5）重复上述圆弧绘制操作，绘制其余 4 段圆弧。

（七）正多边形（POLYGON）

（1）功能。该命令用于绘边数为 3~1024 的正多边形。

（2）执行方式。

1）命令行：POLYGON（快捷命令：PO）。

2）菜单栏："绘图"→"多边形"。

3）工具栏：单击"绘图"工具栏中的"多边形"按钮 ⚬。

4）功能区：单击"默认"选项卡"绘图"面板中的"多边形"按钮 ⚬。

选择上述任一方式输入命令，命令行提示为：

POLYGON-polygon 输入侧面数 <4>：（输入正多边形的边数，默认为 4）。

POLYGON 指定正多边形的中心点或［边（E）］：

（3）选项说明。

1）正多边形的中心点：该选项为默认选项，用多边形中心确定多边形位置。

2）边：根据正多边形的边长绘制正多边形。

【例2-6】　用"圆""正多边形"和"圆弧"命令，绘
制如图2-33所示的花坛平面图。

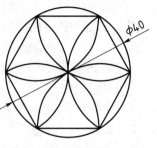

图2-33　花坛平面图（二）

绘图步骤如下：

（1）建图层、在状态栏中打开"正交""对象捕捉"。

（2）单击"圆"图标⊙，命令行提示为：

CIRCLE 指定圆的圆心或［三点（3P）两点（2P）切点、切点、半径（T）］：（在绘图区任意拾取一点）

CIRCLE 指定圆的半径或［直径 D］：20 按<Enter>键（输入圆的半径，结束命令）

（3）单击"正多边形"图标⬠，命令行提示为：

POLYGON 输入侧面数<4>：6 按<Enter>键（输入正多边形的边数）

POLYGON 指定正多边形的中心点或［边（E）］：（拾取圆心点为正多边形的中心）

POLYGON 输入选项［内接于圆（I）外切于圆（C）］<I>：按<Enter>键（选择默认内接于圆方式画正六边形）

指定圆的半径：（拾取圆的左或右象限点，确定半径，结束命令）

（4）单击"圆弧"图标⌒，命令行提示为：

ARC 指定圆弧的起点或［圆心（C）］：（拾取正六边形的第一角点为圆弧的起点）

ARC 指定圆弧的第二个点或［圆心（C）端点（E）］：（拾取圆心为圆弧的第二点）

ARC 指定圆弧的端点：（拾取正六边形的第三角点为圆弧的终点，结束命令）

（5）重复圆弧绘制的操作，完成其余5段圆弧的绘制。

（八）　椭圆与椭圆弧（ELLIPSE）

（1）功能。该命令用于绘制椭圆或椭圆弧。

（2）执行方式。

1）命令行：ELLIPSE（快捷命令：EL）。

2）菜单栏："绘图"→"椭圆"或"椭圆弧"。

3）工具栏：单击"绘图"工具栏中的"椭圆"按钮⬭或"椭圆弧"按钮⬭。

4）功能区：单击"默认"选项卡"绘图"面板中的"圆心"按钮⊙、"轴，端点"按钮⬭或"椭圆弧"按钮⬭。

选择上述任一方式输入命令，命令行提示为：

ELLIPSE 指定椭圆的轴端点或［圆弧（A）中心点（C）］：

（3）选项说明。

1）指定椭圆的轴端点：该选项为默认选项，用圆某一轴上两端点确定圆位置。

2）圆弧：选择"圆弧"选项时，输入 A；也可以直接单击绘图工具栏中的"椭圆弧"图标⬭。

3）中心点：表示以椭圆中心定位的方式画椭圆或圆弧。

（九）样条曲线（SPLINE）

在指定的允许误差范围内，把一系列的点通过数学计算拟合成光滑的曲线。在计算机绘图中，称这种拟合曲线为"B 样条曲线"，简称"样条曲线"。这种曲线有很好的形状定义特性，对于绘制波浪线、相贯线、高等线、展开图等自由曲线非常有用。

（1）功能。该命令通过输入一系列的点绘制一条光滑的样条曲线。

（2）执行方式。

1）命令行：SPLINE（快捷命令：SP）。

2）菜单栏："绘图"→"样条曲线"。

3）工具栏：单击"绘图"工具栏中的"样条曲线"按钮 ∿。

4）功能区：单击"默认"选项卡"绘图"面板中的"样条曲线"按钮 ∿。

选择上述任一方式输入命令，命令行提示为：

SPLINE 指定第一点或［方式(M)节点(K)对象(O)］：

（3）选项说明。

1）指定第一点：该选项为默认选项。通过输入一系列的点，生成一条新的样条曲线。

2）方式：输入样条曲线创建方式，拟合或控制点。

3）节点：输入节点参数化，弦、平方根或统一。

4）对象：将由多段线拟合成的样条曲线（拟合样条曲线的基本性质仍然是多段线，只能用修改多段线命令进行修改）转化为真正的样条曲线。

（十）点

（1）功能。根据点的样式和大小绘制点，还可以进行线段等分和块的插入。

（2）执行方式。

1）命令行：POINT（快捷命令：PO）。

2）菜单栏："绘图"→"点"。

3）工具栏：单击"绘图"工具栏中的"点"按钮 ⁚⁚。

4）功能区：单击"默认"选项卡"绘图"面板中的"多点"按钮 ⁚⁚。

选择上述任一方式输入命令，命令行提示为：

POINT 指定点：（在绘图区任意位置或指定位置单击绘制点）

注意：点的命令只有按"ESC"键才能结束命令，按回车键或单击右键均不能结束命令。如只需要画一个点，可单击菜单栏中的"绘图"→"点"→"单点"，画完一个后自动结束命令。

（3）点的样式和大小的设置。点在几何中是没有形状和大小的，只有坐标位置。为了弄清楚点的位置，可以人为地设置它的大小和形状，这就是点的样式设置。设置方式为：单击菜单栏中的"格式"→"点样式"，弹出"点样式"对话框，如图 2-34 所示。该对话框的上方是点的 20 个形状，被选中的呈黑色（默认为第一个），形状为小圆点，它没有大小。下方为两单选框，默认的为"相对屏幕设置大小"。如在"点大小"框中输入数值，则显示点相对屏幕大小的百分数（默认为 5%）。这时显示的点，其大小不随图形的

缩放而改变；如选取"按绝对单位设置大小"，在
"点大小"框中输入的数值，即为绝对的图形单位。
这时显示的点，其大小随着图形的缩放而改变。

二、基本编辑命令

（一）选择对象

1. 选择对象的方式

选择对象是进行编辑的前提。AutoCAD 提供了多
种选择对象的方法，如通过点取方式选择对象、用选
择窗口选择对象、用选择线选择对象、用对话框选择
对象等。AutoCAD 可以把选择的多个对象组成整体，
如选择集和对象组，以便进行整体编辑与修改。

AutoCAD 提供 2 种效果相同的编辑图形的形式。

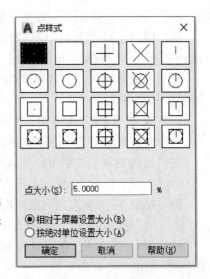

图 2-34　"点样式"对话框

（1）先执行编辑命令，然后选择要编辑的对象。

（2）先选择要编辑的对象，然后执行编辑命令。

选择集可以仅由一个图形对象构成，也可以是一个复杂的对象组，如位于某一特定层
上具有某种特定颜色的一组对象。选择集的构造可以在调用编辑命令之前或之后进行。

AutoCAD 提供以下几种方法构造选择集。

（1）先选择一个编辑命令，然后选择对象，按<Enter>键结束操作。

（2）使用"SELECT"命令。

（3）用点取设备选择对象，然后调用编辑命令。

（4）定义对象组。

无论使用哪种方法，AutoCAD 都将提示用户选择对象，并且光标的形状由十字变为拾
取框。

下面结合"SELECT"命令说明选择对象的方法。"SELECT"命令可以单独使用，即
在命令行输入"SELECT"后按<Enter>键，也可以在执行其他编辑命令时被自动调用。此
时，屏幕出现如下提示。

选择对象：

等待用户以某种方式选择对象作为回答。AutoCAD 提供多种选择方式，可以输入"？"
查看这些选择方式。选择该选项后，出现如下提示。

需要点或窗口（W）/上个（L）/窗交（C）/框（BOX）/全部（ALL）/栏选（F）/圈围（WP）/
圈交（CP）/编组（G）/添加（A）/删除（R）/多个（M）/前一个（P）/放弃（U）/自动（AU）/单
个（SI）/子对象（SU）/对象（O）

选择对象：

上面各选项含义如下。

（1）点。该选项表示直接通过点取的方式选择对象。这是较常用也是系统默认的一种
对象选择方法。用鼠标或键盘移动拾取框，使其框住要选取的对象，然后单击鼠标，就会
选中该对象并高亮显示。该点选定也可以使用键盘输入一个点坐标值来实现。当选定点

后，系统将立即扫描图形，搜索并且选择穿过该点的对象。

　　用户可以选择"工具"下拉菜单中的"选项"命令，打开"选项"对话框，选择"选择"选项卡设置拾取框的大小。

　　移动"拾取框大小"选项组的滑动标尺可以调整拾取框的大小。左侧的空白区中会显示相应的拾取框的尺寸。

　　（2）窗口（W）。用由两个对角顶点确定的矩形窗口选取位于其范围内部的所有图形，与边界相交的对象不会被选中。指定对角顶点时应该按照从左向右的顺序。

　　在"选择对象"提示下，输入"W"，按<Enter>键，选择该选项后，出现如下提示。

　　指定第一个角点：（输入矩形窗口的第一个对角点的位置）

　　指定对角点：（输入矩形窗口的另一个对角点的位置）

　　指定两个对角顶点后，位于矩形窗口内部的所有图形将被选中，并高亮显示。

　　（3）上一个（L）。在"选择对象"提示下，输入"L"，按<Enter>键，系统会自动选取最近绘出的一个对象。

　　（4）窗交（C）。该方式与"窗口"方式类似，区别在于：它不但会选中矩形窗口内部的对象，也会选中与矩形窗口边界相交的对象。

　　在"选择对象"提示下，输入"C"，按<Enter>键，系统提示如下。

　　指定第一个角点：（输入矩形窗口的第一个对角点的位置）

　　指定对角点：（输入矩形窗口的另一个对角点的位置）

　　指定两个对角顶点后，位于矩形窗口内部或与矩形窗口相交的所有图形将被选中，并高亮显示。

　　（5）框（BOX）。该方式没有命令缩写字。使用时，系统根据用户在屏幕上给出的两个对角点的位置自动引用"窗口"或"窗交"选择方式。若从左向右指定对角点，为"窗口"方式；反之，为"窗交"方式。

　　（6）全部（ALL）。选取图面上所有对象。在"选择对象"提示下输入"ALL"，按<Enter>键。此时，绘图区域内的所有对象均被选中。

　　（7）栏选（F）。用户临时绘制一些直线，这些直线不必构成封闭图形，凡是与这些直线相交的对象均被选中。这种方式对选择相距较远的对象比较有效，交线可以穿过对象本身。在"选择对象"提示下，输入"F"，按<Enter>键。选择该选项后，出现如下提示。

　　指定第一个栏选点或拾取/拖动光标：（指定交线的第一点）

　　指定下一个栏选点或［放弃（U）］：（指定交线的第二点）

　　指定下一个栏选点或［放弃（U）］：（指定下一条交线的端点）

　　……

　　指定下一个栏选点或［放弃（U）］：（按<Enter>键结束操作）

　　执行结果如图 2-35 所示，虚线为选择栏，与选择栏相交的部分被选中。

　　（8）圈围（WP）。使用一个不规则的多边形来选择对象。在"选择对象："提示下，输入"WP"，出现如下提示。

　　第一个圈围点或拾取/拖动光标：（输入不规则多边形的第一个顶点坐标）

　　指定直线的端点或［放弃（U）］：（输入第二个顶点坐标）

指定直线的端点或［放弃(U)］：(按 <Enter> 键结束操作)

根据提示，用户顺次输入构成多边形所有顶点的坐标，直到最后按<Enter>键作出空回答结束操作，系统将自动连接第一个顶点与最后一个顶点，形成封闭的多边形。多边形的边不能接触或穿过对象本身。若输入"U"，则取消刚才定义的坐标点并

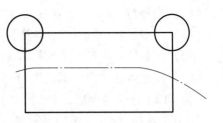

图 2-35　"栏选"对象选择方式

且重新指定。凡是被多边形围住的对象均被选中（不包括边界）。

(9) 圈交（CP）。类似于"圈围"方式，在提示后输入"CP"，后续操作与 WP 方式相同。区别在于与多边形边界相交的对象也被选中。

(二) 删除及恢复类命令

删除及恢复类命令主要用于删除图形某部分或对已被删除的部分进行恢复，包括删除、恢复、重做、清除等命令。

1. 删除命令

如果所绘制的图形不符合要求或为不小心错绘，可以使用删除命令"ERASE"把其删除。

启用"删除"命令有以下 4 种方法。

(1) 命令行：ERASE（快捷命令 E）。

(2) 菜单栏："修改"→"删除"。

(3) 工具栏：单击"修改"工具栏中的"删除"按钮 。

(4) 功能区：单击"默认"选项卡"修改"面板中的"删除"按钮 。

可以先选择对象，再调用删除命令，也可以先调用删除命令，再选择对象。选择对象时可以使用前面介绍的对象选择的各种方法。

当选择多个对象时，多个对象都被删除；若选择的对象属于某个对象组，则该对象组中的所有对象都被删除。

删除对象还可以选择对象后，按键盘中的<Delete>键进行删除。使用删除命令可以一次删除一个或多个图形，如果删除错误，可以利用"放弃"按钮 来补救。

2. 恢复命令。

若不小心误删了图形，可以使用恢复命令"OOPS"恢复误删的对象，也可以利用"放弃"按钮 来恢复。

(三) 复制类命令

对图形中相同的或相近的对象，不论其复杂程度如何，只要完成一个后，便可以通过复制类命令产生其他的若干个。复制类命令可由复制、镜像、偏移、阵列共同组成，通过复制类命令的使用可以减少大量的重复劳动。

1. 复制命令

通过复制命令可以产生多个相同的图形。

启用"复制"命令有以下 4 种方法。

（1）命令行：COPY（快捷命令 CO）。

（2）菜单栏："修改"→"复制"。

（3）工具栏：单击"修改"工具栏中的"复制"按钮🎝。

（4）功能区：单击"默认"选项卡"修改"面板中的"复制"按钮🎝。

执行以上任一命令后，命令行提示如下。

COPY 选择对象：（选择要复制的对象）

用前面介绍的对象选择方法选择一个或多个对象，按<Enter>键结束选择，命令行提示如下。

COPY 指定基点或［位移(D)模式(O)］:<位移>:

以上选项含义如下：

（1）指定基点：指定一个坐标点后，AutoCAD 系统把该点作为复制对象的基点，命令行提示"指定第二个点或［阵列(A)］<使用第一个点作为位移>"。在指定第二个点后，系统将根据这两点确定的位移矢量把选择的对象复制到第二点处。如果此时直接按<Enter>键，即选择默认的"用第一点作位移"，则第一个点被当作相对于 X、Y、Z 的位移。例如，如果指定基点为（4，5），并在下一个提示下按<Enter>键，则该对象从它当前的位置开始在 X 方向上移动 4 个单位，在 Y 方向上移动 5 个单位。复制完成后，命令行提示"指定第二个点或［阵列(A)/退出(E)/放弃(U)］<退出>:"。这时，可以不断指定新的第二点，从而实现多重复制。

（2）位移（D）：直接输入位移值，表示以选择对象时的拾取点为基准，以拾取点坐标为移动方向，按纵横比移动指定位移后确定的点为基点。例如，选择对象时拾取点坐标为（2，3），输入位移为"5"则表示以点（2，3）为基准，沿纵横比为 3∶2 的方向移动 5 个单位所确定的点为基点。

（3）模式（O）：控制是否自动重复该命令，该设置由 COPYMODE 系统变量控制。

【例 2-7】　将图 2-36 所示的左侧图形，通过复制绘制成右侧图形。

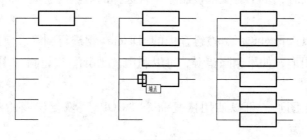

图 2-36　"复制"图例

2. 镜像命令

镜像命令是指把选择的对象以一条镜像线为轴进行对称复制。镜像操作完成后，可以保留原对象，也可以将其删除。

启用"镜像"命令有以下 4 种方法。

（1）命令行：MIRROR(快捷命令 MI)。

（2）菜单栏："修改"→"复制"。

（3）工具栏：单击"修改"工具栏中的"复制"按钮 ⚮。

（4）功能区：单击"默认"选项卡"修改"面板中的"复制"按钮 ⚮。

执行以上任一命令后，命令行提示如下。

MIRROR 选择对象：（选择要镜像的对象）

MIRROR 选择对象：（继续选择要镜像的对象，全部选完后按 <Enter>键结束选择）

MIRROR 指定镜像线的第一点：（指定镜像线的第一个点）

MIRROR 指定镜像线的第二点：（指定镜像线的第二个点）

MIRROR 要删除原对象吗？［是（Y）否（N）］<否>：确定是否删除原对象，默认为"否"

根据选择的两点确定一条镜像线，被选择的对象以该直线为对称轴进行镜像复制。

【例2-8】　将图2-37所示的左侧的管路图，通过镜像变成右侧图形。

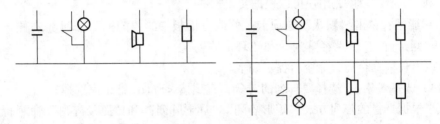

图2-37　"镜像"图例

3. 偏移命令

偏移命令是保持选择对象的形状，在不同的位置以不同尺寸新建一个对象。

启用"偏移"命令有以下4种方法。

（1）命令行：OFFSET（快捷命令O）。

（2）菜单栏："修改"→"偏移"。

（3）工具栏：单击"修改"工具栏中的"偏移"按钮 ⊂。

（4）功能区：单击"默认"选项卡"修改"面板中的"偏移"按钮 ⊂。

执行以上任一命令后，命令行提示如下。

命令：OFESET

当前设置：删除源=否 图层＝源 OEESETGAPTYPE＝0

OFESET 指定偏移距离或［通过（T）删除（E）图层（L）］<通过>：（输入偏移距离的值，<Enter>键确认）

OFESET 选择要偏移的对象，或［退出（E）放弃（U）］<退出>：（选择要偏移的对象）

OFESET 指定要偏移的那一侧上的点，或［退出（E）/多个（M）/放弃（U）］<退出>：（在要偏移的一侧单击来确定偏移方向）

OFESET 选择要偏移的对象，或［退出（E）/放弃（U）］<退出>：（重复以上命令继续偏移操作）

【例2-9】　将图2-38所示的直线、圆、矩形分别向内偏移10个单位。

4. 阵列命令

阵列主要是对于规则分布的图形，通过环形或矩形阵列。

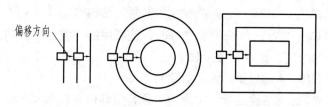

图 2-38　"偏移"图例

启用"阵列"命令有以下 4 种方法。

（1）命令行：ARRAY（快捷命令 AR）。

（2）菜单栏："修改"→"阵列"。

（3）工具栏：单击"修改"工具栏中的"阵列"，下拉菜单分别有"矩形阵列""路径阵列"和"环形阵列"，用户可以根据要求选择。

（4）功能区：单击"默认"选项卡"修改"面板中的"阵列"按钮 ⊞ 右侧 ▾ 下拉菜单，选择"矩形阵列""路径阵列"和"环形阵列"。

执行以上任一命令后，命令行提示如下。

ARRAY 选择对象：（选择要阵列的对象，直到按 <Enter> 键结束选择）

接下来根据选择的阵列方式"矩形阵列""环形阵列"和"路径阵列"命令行给出不同提示，用户可根据绘图要求进行参数设置，其效果如图 2-39 所示。阵列结束后，可以双击阵列重新调整参数。

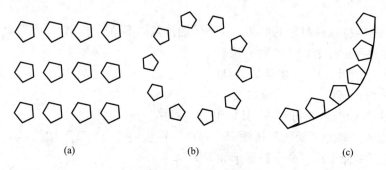

　　　　　（a）　　　　　　　　　　　（b）　　　　　　　　　　　（c）

图 2-39　阵列形式

（a）矩形阵列；（b）环形阵列；（c）路径阵列

（四）改变位置类命令

1. 移动命令

移动命令可以将一组或一个对象从一个位置移动到另一个位置。

启用"移动"命令有以下 4 种方法。

（1）命令行：MOVE（快捷命令 M）。

（2）菜单栏："修改"→"移动"。

（3）工具栏：单击"修改"工具栏中的"移动"按钮 ✥。

（4）功能区：单击"默认"选项卡"修改"面板中的"移动"按钮 ✥。

移动和复制需要进行的操作基本相同，但结果不同。复制在原位置保留了原对象，而移动在原位置并不保留原对象。在绘图过程中，应该充分利用对象捕捉等辅助绘图工具进行精确移动对象。

2. 旋转命令

旋转命令可以将某一个对象旋转一个指定角度或参照一个对象进行旋转。

启用"旋转"命令有以下 4 种方法。

（1）命令行：ROTATE（快捷命令 RO）。

（2）菜单栏："修改"→"旋转"。

（3）工具栏：单击"修改"工具栏中的"旋转"按钮 ↻。

（4）功能区：单击"默认"选项卡"修改"面板中的"旋转"按钮 ↻。

【例 2-10】　将图 2-40 所示的左侧图形，通过旋转命令变为右侧图形。

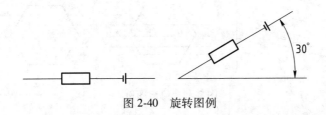

图 2-40　旋转图例

3. 缩放命令

缩放命令可以根据用户的需要将对象按指定比例因子相对于基点放大或缩小，该命令的使用是真正改变了原来图形的大小，是用户在绘图过程中经常用到的命令。

【例 2-11】　如图 2-41 所示，通过缩放命令，把中间的原来图形放大一倍和缩小二分之一。

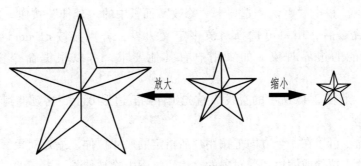

图 2-41　缩放图例

比例缩放是真正改变了原来图形的大小，和视图显示中的 ZOOM 命令缩放有本质区别，ZOOM 命令仅仅改变在屏幕上的显示大小，图形本身尺寸无任何大小变化。

（五）编辑对象类命令

1. 修剪命令

绘图过程中经常需要修剪图形，将超出的部分去掉，以便于使图形精确相交。修剪命令是比较常用的编辑工具，用户在绘图过程中通常是先粗略绘制一些线段，然后使用修剪命令将多余的线段修剪掉。

启用"修剪"命令有以下 4 种方法。

（1）命令行：TRIM（快捷命令 TR）。

（2）菜单栏："修改"→"修剪"。

（3）工具栏：单击"修改"工具栏中的"修剪"按钮 ⯅。

（4）功能区：单击"默认"选项卡"修改"面板中的"修剪"按钮 ⯅。

AutoCAD2021 的修剪命令默认状态可以无需选择边界，直接剪掉多余图线和独立线段，如果用户有其他要求，可以根据命令窗口提示进行选择。

【例 2-12】　如图 2-42 所示，通过修剪命令，将左侧图形修剪为右侧图形。

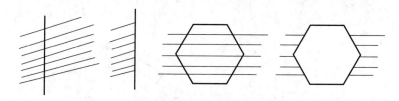

图 2-42　修剪图例

2. 延伸命令

延伸命令用于延伸对象到另一个对象的边界线。

启用"延伸"命令有以下 4 种方法。

（1）命令行：EXTEND（快捷命令 EX）。

（2）菜单栏："修改"→"延伸"。

（3）工具栏：单击"修改"工具栏中的"延伸"按钮 ⭲。

（4）功能区：单击"默认"选项卡"修改"面板中的"延伸"按钮 ⭲。

执行上述命令后，用户可选择对象来定义边界，若直接按<Enter>键，则选择所有对象作为可能的边界对象。如果用户有其他要求，可以根据命令窗口提示进行选择。

【例 2-13】　将图 2-43 所示的直线 A 首先延伸到五边形 B 上，再延伸到直线 C 上。

3. 拉伸命令

使用拉伸命令可以在一个方向上按用户所指定的尺寸拉伸、缩短对象，拉伸命令是通过改变端点位置来拉伸或缩短图形对象的，编辑过程中除被伸长、缩短的对象外，其他图形对象间的几何关系将保持不变。可进行拉伸的对象有圆弧、椭圆弧、直线、多段线、二维实体、射线和样条曲线等。

启用"拉伸"命令有以下 4 种方法。

（1）命令行：STRETCH（快捷命令 S）。

（2）菜单栏："修改"→"拉伸"。

（3）工具栏：单击"修改"工具栏中的"拉伸"按钮 ▱。

（4）功能区：单击"默认"选项卡"修改"面板中的"拉伸"按钮 ▱。

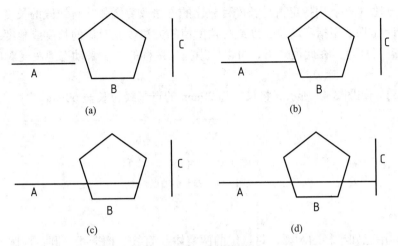

图 2-43　延伸图例

（a）原图；（b）第一次延伸；（c）第二次延伸；（d）第三次延伸

【例 2-14】　　如图 2-44 所示，将图 2-44（a）所示图形，通过拉伸命令绘制成图2-44（c）。

拉伸一般只能采用交叉窗口或多边形窗口的方式来选择对象。其中比较重要的是完全包含在交叉窗口内的对象不会被拉伸，只能被移动，只有部分包含在交叉窗口的对象被拉伸。

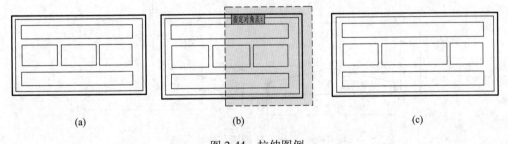

图 2-44　拉伸图例

（a）原图；（b）窗口选择；（c）拉伸后的图形

4. 拉长命令

启用"拉长"命令有以下 3 种方法。

（1）命令行：LENGTHEN（快捷命令 LEN）。

（2）菜单栏："修改"→"拉长"。

（3）功能区：单击"默认"选项卡"修改"面板中的"拉长"按钮。

执行以上任一命令后，命令行提示如下：

LENGTHEN 选择要测量的对象或［增量（DE）百分比（P）总计（T）动态（DY）］＜总计（T）＞：

选项说明：

（1）增量（DE）：用指定增加量的方法改变对象的长度或角度。

（2）百分比（P）：用指定占总长度百分比的方法改变圆弧或直线段的长度。

（3）总计（T）：用指定新总长度或总角度值的方法改变对象的长度或角度。

（4）动态（DY）：在此模式下，可以使用拖拉鼠标的方法来动态地改变对象的长度或角度。

【例 2-15】　如图 2-45 所示，将尺寸为 20mm 的点画线拉长至 60mm。

(a)　　　　　　　　　　　　　　　　(b)

图 2-45　拉长图例

（a）原图；（b）拉长后的点画线

5. 圆角命令

该命令利用已知半径的圆弧，将选定的两实体（直线、构造线、圆、椭圆、圆弧和椭圆弧等），或一条带转折点的多段线（矩形、正多边形等）中的两相交直线段，光滑地连接起来，如图 2-46 所示，也可用该命令求两直线段的交点。

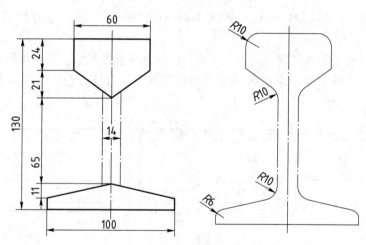

图 2-46　图形实体的圆角连接举例

启用"圆角"命令有以下 4 种方法。

（1）命令行：FILLET（快捷命令 F）。

（2）菜单栏："修改"→"圆角"。

（3）工具栏：单击"修改"工具栏中的"圆角"按钮 。

（4）功能区：单击"默认"选项卡"修改"面板中的"圆角"按钮 。

执行上述任一方式后，命令行提示如下：

FILLET 选择第一个对象或［放弃（U）多段线（P）半径（R）修剪（T）多个（M）］：

选项说明：

（1）放弃（U）：该选项用来放弃刚刚进行的操作。

（2）多线段（P）：该选项是为了对二维多段线、矩形和正多边形进行圆角修改，以提高绘图速度。

（3）半径（T）：该选项是为了重新设置圆角半径。当命令窗口提示中的 R 数值不符合用户要求时，用户选择该选项重新设置新的圆角半径。

（4）修剪（DY）：该选项用来重新设置两条原线段是否修剪。

（5）多个（M）：该选项用来连续进行多个圆角的操作。

6. 倒角命令

该命令可将选定的两条非平行直线，从交点处各裁剪掉指定的长度，并以斜线连接两个裁剪端，如图 2-47 所示。也可用该命令求两直线段的交点。

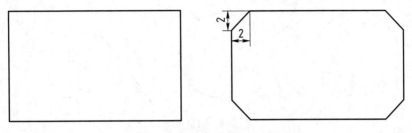

图 2-47　图形实体的倒角连接举例

启用"倒角"命令有以下 4 种方法。

（1）命令行：CHAMFER（快捷命令 CHA）。

（2）菜单栏："修改"→"倒角"。

（3）工具栏：单击"修改"工具栏中的"倒角"按钮 。

（4）功能区：单击"默认"选项卡"修改"面板中的"倒角"按钮 。

执行上述任一方式后，命令行提示如下：

CHAMFER 选择第一条直线或［放弃（U）多段线（P）距离（D）角度（A）修剪（T）方式（E）多个（M）］：

（1）放弃（U）：该选项用来放弃刚刚进行的操作。

（2）多线段（P）：该选项是为了对二维多段线、矩形和正多边形进行倒角修改，以提高绘图速度。

（3）距离（D）：选择该选项是为了重新设置倒角距离。

（4）角度（A）：该选项是为重新设置已倒角一边的距离，与该边夹角来确定倒角的修剪方式。

（5）修剪（T）：该选项用于重新设置两条原线段是处于修剪模式还是处于非修剪模式。

（6）方式（E）：该选项是为了重新设置修剪方法。在"两个距离"和"一个距离与一个角度"两种模式间切换。

（7）多个（M）：该选项是为了连续进行多个倒角的操作。

7. 打断命令

打断命令可将某一对象一分为二或去掉其中一段，减少其长度。AutoCAD 提供了 2 种用于打断的命令："打断"和"打断于点"命令。可以进行打断操作的对象包括直线、圆、圆弧、多段线、椭圆、样条曲线等。

（1）"打断"命令。打断命令可将对象打断，并删除所选对象的一部分。从而将其分为两部分。

启用"打断"命令有以下 4 种方法。

1）命令行：BREAK（快捷命令 BR）。

2）菜单栏："修改"→"打断"。

3）工具栏：单击"修改"工具栏中的"打断"按钮 。

4）功能区：单击"默认"选项卡"修改"面板中的"打断"按钮 。

【例 2-16】 将图 2-48 所示的圆和直线在指定位置 A 点和 B 点、C 点和 D 点打断。

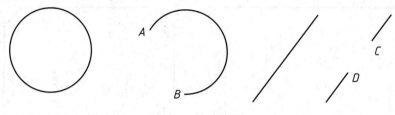

图 2-48　打断图例

（2）"打断于点"命令。打断于点命令用于打断所选的对象，使之成为两个对象，但不删除其中的部分。

启用"打断于点"命令的方法与打断命令一样，在修改菜单或功能区单击"打断于点"按钮 。

8. 分解命令

使用分解命令可以把复杂的图形对象或用户定义的块分解成简单的基本图形对象，这样就可以进行图形编辑了。实体分为简单实体和关联实体。简单实体是具有明确几何定义的名称（直线、圆、圆弧、椭圆、椭圆弧等）和不可分割的计算机识别性质的实体（正多边形、文字等）。复杂实体是由多个简单实体组合而成的实体。例如，多段线可以看成由若干直线段、圆弧等简单实体所构成的。尺寸是由尺寸线、尺寸界线、箭头和数字所组成的。"块"可理解为若干简单实体和复杂实体的集合。因此，构成复杂实体的对象是相互关联的。当需要将相互关联的实体分解成各自独立的实体时，就可以用"分解"命令来实现。

启用"分解"命令有以下 4 种方法。

（1）命令行：EXPLODE（快捷命令 E）。

（2）菜单栏："修改"→"分解"。

（3）工具栏：单击"修改"工具栏中的"分解"按钮 。

（4）功能区：单击"默认"选项卡"修改"面板中的"分解"按钮 。

执行上述任一方式后，命令行提示如下：

EXPLODE 选择对象：（选取要分解的复杂实体对象）

EXPLODE 选择对象：（可进行多次拾取对象。点击右键或<Enter>键结束命令）

【例 2-17】 将图 2-49 所示四边形进行分解。

9. 合并命令

该命令用于将几个同类对象合并以形成一个完整的对象。

启用"合并"命令有以下 4 种方法。

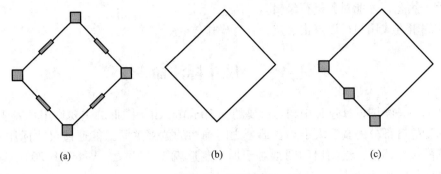

图 2-49　分解图例

（a）分解前；（b）原图；（c）分解后

（1）命令行：JOIN（快捷命令 J）。

（2）菜单栏："修改"→"合并"。

（3）工具栏：单击"修改"工具栏中的"合并"按钮 。

（4）功能区：单击"默认"选项卡"修改"面板中的"合并"按钮 。

执行上述任一方式后，命令行提示如下：

JOIN 选择源对象或要一次合并的多个对象：（选择一条直线、多段线、圆弧、椭圆弧或样条曲线，命令行继续提示）

JOIN 选择要合并的对象：（根据选定的原对象，拾取相应的对象，可以多次选择。回车，结束命令）

合并方式：

（1）直线：选择要合并到源的对象为一条或多条直线。直线对象必须共线（位于同一无限长的直线上），但是它们之间可以有间隙。

（2）多段线：选择要合并到源的对象为一个或多个对象，对象可以是直线、多段线或圆弧。对象之间不能有间隙，即首尾相连，并且必须位于与 UCS 的 XY 平面平行的同一平面上。

（3）圆弧：选择一个或多个圆弧，圆弧对象必须位于同一假想的圆上，但是它们之间可以有间隙。"闭合"选项可将源圆弧转换成圆。

（4）椭圆弧：选择一个或多个椭圆弧，椭圆弧必须位于同一椭圆上，但是它们之间可以有间隙。"闭合"选项可将源椭圆弧闭合成完整的椭圆。

（5）样条曲线：选择一条或多条样条曲线，样条曲线对象必须位于同一平面内，并且必须首尾相邻（端点到端点放置）。

10. 利用夹点快速编辑实体

所谓"夹点"，是指图形实体上的一些特征点。系统提供的夹点功能，使用户可以在激活夹点的状态下，无需输入相应的编辑命令，即可运用夹点对实体进行拉伸、移动、旋转缩放和镜像的编辑操作。虽然与前面介绍的几种编辑方法不同，但所获得的编辑效果是一样的。"夹点"分为"冷加点"和"热夹点"。

（1）冷加点。当拾取某一实体后，实体以虚线形式醒目显示，实体上出现的若干个蓝色小方框即为冷夹点。冷夹点是不能进行编辑的。

（2）热夹点。当光标处在冷夹点处，夹点由蓝色变为红色，这种状态称为热夹点。只有夹点处于热态，才能对其进行编辑。

具体编辑方式用户可以点击夹点后自行操作体会。

任务三　尺寸标注命令

尺寸标注是绘图设计过程中相当重要的一个环节。由于图形的主要作用是表达物体的形状，而物体各部分的真实大小和各部分之间确切的位置关系只能通过尺寸标注来表达。没有正确的尺寸标注，绘制出的图纸对于加工制造就没有意义。AutoCAD 2021 提供了方便、准确的尺寸标注功能。

一、尺寸样式

组成尺寸标注的尺寸线、尺寸界线、尺寸文本、圆心标记和尺寸箭头可以采用多种形式，尺寸标注以什么形态出现取决于当前所采用的尺寸标注样式。在 AutoCAD 2021 中，用户可以利用"标注样式管理器"对话框方便地设置自己需要的尺寸标注样式。

（一）新建或修改尺寸样式

在进行尺寸标注前，先要创建尺寸标注的样式。如果用户不创建尺寸样式而直接进行标注，系统会使用默认名称为"Standard"的样式。如果用户认为使用的标注样式中的某些设置不合适，也可以进行修改。

执行"标注样式"命令有以下 4 种方法。

（1）命令行：DIMSTYLE（快捷命令 D）。

（2）菜单栏："格式"→"标注样式"或"标注"→"标注样式"。

（3）工具栏：单击"标注"工具栏中的"标注样式"按钮 。

（4）功能区：单击"默认"选项卡"注释"面板中的"标注样式"按钮 ，如图 2-50 所示。

图 2-50　"注释"面板

执行上述任一操作后，系统打开"标注样式管理器"对话框，如图 2-51 所示。利用此对话框可方便直观地制定和浏览尺寸标注样式，包括创建新的标注样式、修改已存在的标注样式、设置当前尺寸标注样式、重命名样式以及删除已有标注样式等。

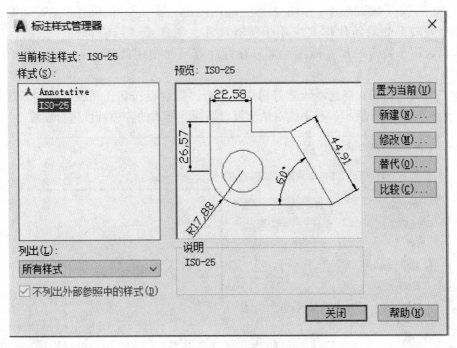

图 2-51 "标注样式管理器"对话框

选项说明：

（1）"置为当前"按钮：单击此按钮，把在"样式"列表框中选择的样式设置为当前标注样式。

（2）"新建"按钮：创建新的尺寸标注样式。单击此按钮，系统打开"创建新标注样式"对话框，如图 2-52 所示。利用此对话框可创建一个新的尺寸标注样式，其中各项的功能说明如下。

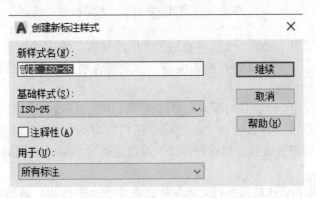

图 2-52 "创建新标注样式"对话框

1）"新样式名"文本框：为新的尺寸标注样式命名。

2）"基础样式"下拉列表框：选择创建新样式所基于的标注样式。单击"基础样式"

下拉列表框，打开当前已有的样式列表，从中选择一个作为定义新样式的基础，新的样式是在所选样式的基础上修改一些特性得到的。

3）"用于"下拉列表框：指定新样式应用的尺寸类型。单击此下拉列表框，打开尺寸类型列表。如果新建样式应用于所有尺寸，则选择"所有标注"选项；如果新建样式只应用于特定的尺寸标注（如只在标注直径时使用此样式），则选择相应的尺寸类型。

4）"继续"按钮：各选项设置好以后，单击"继续"按钮，系统打开"新建标注样式"对话框如图 2-53 所示。利用此对话框可对新标注样式的各项特性进行设置。

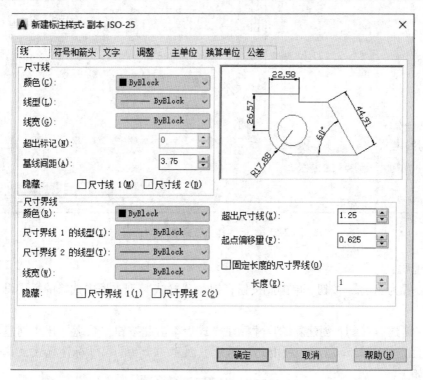

图 2-53　"新建标注样式"对话框

（3）"修改"按钮：修改一个已存在的尺寸标注样式。单击此按钮，系统打开"修改标注样式"对话框，该对话框中的各选项与"新建标注样式"对话框中完全相同，可以对已有标注样式进行修改。

（4）"替代"按钮：设置临时覆盖尺寸标注样。单击此按钮，系统打开"替代当前样式"对话框，该对话框中各选项与"新建标注样式"对话框中完全相同，用户可改变选项的设置，以覆盖原来的设置。但这种修改只对指定的尺寸标注起作用，而不影响当前其他尺寸变量的设置。

（5）"比较"按钮：比较两个尺寸标注样式在参数上的区别，或浏览一个尺寸标注样式的参数设置。单击此按钮，系统打开"比较标注样式"对话框，如图 2-54 所示。可以把比较结案复制到贴板上，然后粘贴到其他的 Windows 应用软件上。

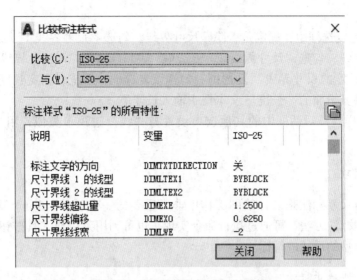

图 2-54　"比较标注样式"对话框

(二)　线

　　在"新建标注样式"对话框中，第一个选项卡就是"线"选项卡，如图 2-53 所示。该选项卡用于设置尺寸线、尺寸界线的形式和特性。现对选项卡中的各选项分别说明如下。

　　(1)"尺寸线"选项组：用于设置尺寸线的特性，其中各选项的含义如下。

　　1)"颜色"下拉列表框：用于设置尺寸线的颜色。可直接输入颜色名，也可从下拉列表框中选择。如果选择"选择颜色"选项，系统打开"选择颜色"对话框供用户选择其他颜色。

　　2)"线型"下拉列表框：用于设置尺寸线的线型。

　　3)"线宽"下拉列表框：用于设置尺寸线的线宽，下拉列表框中列出了各种线宽的名称和宽度。

　　4)"超出标记"微调框：当尺寸箭头设置为短斜线、短波浪线等，或尺寸线上无箭头时，可利用此微调框设置尺寸线超出尺寸界线的距离。

　　5)"基线间距"微调框：设置以基线方式标注尺寸时，相邻两尺寸线之间的距离。

　　6)"隐藏"复选框组：确定是否隐藏尺寸线及相应的箭头。勾选"尺寸线 1"复选框，表示隐藏第一段尺寸线；勾选"尺寸线 2"复选框，表示隐藏第二段尺寸线。

　　(2)"尺寸界线"选项组：用于确定尺寸界线的形式，其中各选项的含义如下。

　　1)"颜色"下拉列表框：用于设置尺寸界线的颜色。

　　2)"尺寸界线 1 的线型"下拉列表框：用于设置第一条界线的线型。

　　3)"尺寸界线 2 的线型"下拉列表框：用于设置第二条界线的线型。

　　4)"线宽"下拉列表：用于设置尺寸界线的线宽。

　　5)"超出尺寸线"微调框：用于确定尺寸界线超出尺寸线的距离。

　　6)"起点偏移量"微调框：用于确定尺寸界线的实际起始点相对于指定尺寸界线起

始点的偏移量。

　　7)"隐藏"复选框组：确定是否隐藏尺寸界线。勾选"尺寸界线 1"复选框，表示隐藏第一段尺寸界线；勾选"尺寸界线 2"复选框，表示隐藏第二段尺寸界线。

　　8)"固定长度的尺寸界线"复选框：勾选该复选框，系统以固定长度的尺寸界线标注尺寸，可以在其下面的"长度"文本框中输入长度值。

　　"新建标注样式"对话框中的其他选项设置与"线"选项卡类似，用户可自行操作，这里不再赘述。

二、标注尺寸

　　正确地进行尺寸标注是设计绘图工作中非常重要的一个环节，AutoCAD 2021 提供了方便快捷的尺寸标注方法，可通过执行命令实现，也可利用菜单或工具按钮实现。本节重点介绍对各种类型的尺寸进行标注。

　　（一）长度型尺寸标注

　　执行"长度型尺寸"标注有以下 4 种方法。

　　（1）命令行：DIMLINEAR（快捷命令 DLI）。

　　（2）菜单栏："标注"→"线性"。

　　（3）工具栏：单击"标注"工具栏中的"线性"按钮 ⊢┤。

　　（4）功能区：单击"默认"选项卡"注释"面板中的"线性"按钮 ⊢┤，如图 2-55（a）所示，或单击"注释"选项卡"标注"面板中的"线性"按钮 ⊢┤，如图 2-55（b）所示。

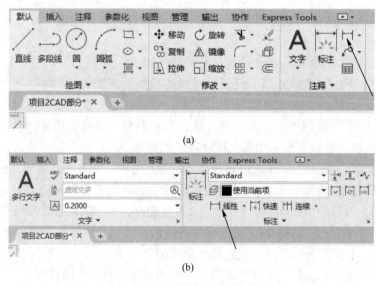

图 2-55　"线性"标注按钮
（a）"注释"面板；（b）"标注"面板

　　执行上述命令后，命令行提示如下。

DIMLINEAR 指定第一个尺寸界线原点或<选择对象>：

（1）直接按<Enter>键：光标变为拾取框，命令行提示如下。

选择标注对象：（用拾取框选择要标注尺寸的线段）指定尺寸线位置或［多行文字(M)文字(T)角度(A)水平(H)垂直(V)旋转(R)］：

（2）选择对象：指定第一条与第二条尺寸界线的起始点。

选项说明：

（1）指定尺寸线位置：用于确定尺寸线的位置。用户可移动鼠标选择合适的尺寸线位置，然后按<Enter>键或单击鼠标左键，AutoCAD 则自动测量要标注线段的长度并标注出相应的尺寸。

（2）多行文字（M）：用多行文本编辑器确定尺寸文本。

（3）文字（T）：用于在命令行提示下输入或编辑尺寸文本。选择此选项后，命令行提示如下。

输入标注文字<默认值>：

其中的默认值是 AutoCAD 自动测量得到的被标注线段的长度，直接按<Enter>键即可采用此长度值，也可输入其他数值代替默认值。当尺寸文本中包含默认值时，可使用尖括号"< >"表示默认值。

（4）角度（A）：用于确定尺寸文本的倾斜度。

（5）水平（H）：水平标注尺寸，不论标注什么方向的线段，尺寸线总保持水平放置。

（6）垂直（V）：垂直标注尺寸，不论标注什么方向的线段，尺寸线总保持垂直放置。

（7）旋转（R）：输入尺寸线旋转的角度值，旋转标注尺寸。

（二）对齐尺寸标注

执行"对齐"标注有以下 4 种方法。

（1）命令行：DIMALIGNED（快捷命令 DAL）。

（2）菜单栏："标注"→"对齐"。

（3）工具栏：单击"标注"工具栏中的"对齐"按钮。

（4）功能区：单击"默认"选项卡"注释"面板中的"对齐"按钮，或单击"注释"选项卡"标注"面板中的"对齐"按钮。

执行上述命令后，命令行提示如下。

DIMALIGNED 指定第一个尺寸界线原点或<选择对象>：

应用这种命令标注的尺寸线与所标注的轮廓线平行，标注起始点到终点之间的距离尺寸。

（三）角度型尺寸标注

执行"角度"标注有以下 4 种方法。

（1）命令行：DIMANGULAR（快捷命令 DAN）。

（2）菜单栏："标注"→"角度"。

（3）工具栏：单击"标注"工具栏中的"角度"按钮△。

（4）功能区：单击"默认"选项卡"注释"面板中的"角度"按钮△，或单击"注释"选项卡"标注"面板中的"角度"按钮△。

执行上述命令后，命令行提示如下。

DIMANGULAR 选择圆弧、圆、直线或<指定顶点>：

选项说明：

（1）选择圆弧：标注圆弧的中心角。当用户选择一段圆弧后，命令行提示如下。

DIMANGULAR 指定标注弧线位置或[多行文字（M）文字（T）角度（A）象限点（Q）]：

在此提示下确定尺寸线的位置，AutoCAD 系统按自动测量得到的值标注出相应的角度。在此之前用户可以选择"多行文字""文字"或"角度"选项，通过多行文本编辑器或命令行来输入或定制尺寸文本，以及指定尺寸文本的倾斜角度。

（2）选择圆：标注圆上某段圆弧的中心角。当用户选择圆上的一点后，命令行提示如下。

DIMANGULAR 指定角的第二个端点：（选择另一点，该点可在圆上，也可不在圆上）

DIMANGULAR 指定标注弧线位置或[多行文字（M）文字（T）角度（A）象限点（Q）]：

在此提示下确定尺寸线的位置，AutoCAD 系统标注出一个角度值，该角度以圆心为顶点，两条尺寸界线通过所选取的两点，第二点可以不必在圆周上。用户还可以选择"多行文字""文字"或"角度"选项，编辑其尺寸文本或指定尺寸文本的倾斜角度，如图 2-56 所示。

（3）选择直线：标注两条直线间的夹角。当用户选择一条直线后，命令行提示如下。

DIMANGULAR 选择第二条直线：（选择另一条直线）

DIMANGULAR 指定标注弧线位置或[多行文字（M）文字（T）角度（A）象限点（Q）]：

在此提示下确定尺寸线的位置，系统自动标注出两条直线之间的夹角。该角以两条直线的交点为顶点，以两条直线为尺寸界线，所标注角度取决于尺寸线的位置，如图 2-57 所示。用户还可以选择"多行文字""文字"或"角度"选项，编辑其尺寸文本或指定尺寸文本的倾斜角度。

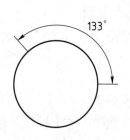

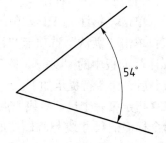

图 2-56　标注圆上的角度　　　图 2-57　标注两直线的夹角

（4）指定顶点，直接按<Enter>键。命令行提示如下。

DIMANGULAR 指定角的顶点：（指定顶点）

DIMANGULAR 指定角的第一个端点：（输入角的第一个端点）

DIMANGULAR 指定角的第二个端点：（输入角的第二个端点，创建无关联的标注）

DIMANGULAR 指定标注弧线位置或[多行文字（M）文字（T）角度（A）象限点（Q）]：（输入一点作为角的顶点）

在此提示下给定尺寸线的位置，AutoCAD 根据指定的三点标注出角度，如图 2-58 所示。另外，用户还可以选择"多行文字""文字"或"角度"选项，编辑其尺寸文本或指定尺寸文本的倾斜角度。

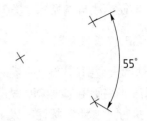

图 2-58　指定三点确定的角度

（5）指定标注弧线位置：指定尺寸线的位置并确定绘制延伸线的方向。指定位置之后，"DIMANGULAR"命令将结束。

（6）多行文字（M）：显示在位文字编辑器，可用它来编辑标注文字。要添加前缀或后缀，用控制代码和 Unicode 字符串来输入特殊字符或符号。

（7）文字（T）：自定义标注文字，生成的标注测量值显示在尖括号"＜＞"中。命令行提示如下。

输入标注文字<当前>：

输入标注文字，或按<Enter>键接受生成的测量值。要包括生成的测量值，请用尖括号"＜＞"表示

（8）角度（A）：修改标注文字的角度。

（9）象限点（O）：指定标注应锁定到的象限。打开象限行为后，将标注文字放置在角度标注外时，尺寸线会延伸超过延伸线。

（四）直径标注

执行"直径"标注有以下 4 种方法。

（1）命令行：DIMDIAMETER（快捷命令 DDI）。

（2）菜单栏："标注"→"直径"。

（3）工具栏：单击"标注"工具栏中的"直径"按钮⊘。

（4）功能区：单击"默认"选项卡"注释"面板中的"直径"按钮⊘，或单击"注释"选项卡"标注"面板中的"直径"按钮⊘。

执行上述命令后，命令行提示如下。

DIMDIAMETER 选择圆弧或圆：（选择要标注直径的圆或圆弧）

DIMDIAMETER 指定尺寸线位置或［多行文字(M)文字(T)角度(A)］：（确定尺寸线的位置或选择某一选项）

用户可以选择"多行文字""文字"或"角度"选项来输入、编辑尺寸文本或确定尺寸文本的倾斜角度，也可以直接确定尺寸线的位置，标注出指定圆或圆弧的直径。

选项说明：

（1）尺寸线位置：确定尺寸线的角度和标注文字的位置。如果未将标注放置在圆弧上而导致标注指向圆弧外，则 AutoCAD 会自动绘制圆弧延伸线。

（2）多行文字（M）：显示在位文字编辑器可用它来编辑标注文字。要添加前缀或后缀，请在生成的测量值前后输入前缀或后缀。用控制代码和 Unicode 字符串来输入特殊字符或符号。

（3）文字（T）：自定义标注文字，生成的标注测量值显示在尖括号"＜＞"中。

（4）角度（A）：修改标注文字的角度。

半径标注与直径标注类似，用户可自行操作，这里不再赘述。

（五）基线标注

基线标注用于产生一系列基于同一尺寸界线的尺寸标注，适用于长度尺寸、角度和坐标标注。在使用基线标注方式之前，应该标注出一个相关的尺寸作为基线标准。

执行"基线"标注有以下 4 种方法。

（1）命令行：DIMBASELINE(快捷命令 DBA)。

（2）菜单栏："标注" → "基线"。

（3）工具栏：单击"标注"工具栏中的"基线"按钮口。

（4）功能区：单击"注释"选项卡"标注"面板中的"基线"按钮口。

执行上述命令后，命令行提示如下。

DIMBASELINE 指定第二个尺寸界线原点或［选择(S)放弃(U)］<选择>：

选项说明：

（1）指定第二个尺寸界线原点：直接确定另一个尺寸的第二个尺寸界线的起点，AutoCAD 以上次标注的尺寸为基准标注，标注出相应尺寸。

（2）选择（S）：在上述提示下直接按<Enter>键，命令行提示如下。

选择基准标注：选择作为基准的尺寸标注 24，标注结果如图 2-59 所示。

（六）连续标注

连续标注又叫尺寸链标注，用于产生一系列连续的尺寸标注，后一个尺寸标注均把前一个标注的第二条尺寸界线作为它的第一条尺寸界线，适用于长度尺寸、角度和坐标标注。在使用连续标注方式之前，应该标注出一个相关的尺寸。

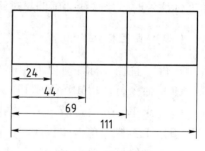

图 2-59　基线标注

执行"连续"标注有以下 4 种方法。

（1）命令行：DIMCONTINUE(快捷命令 DCO)。

（2）菜单栏："标注" → "连续"。

（3）工具栏：单击"标注"工具栏中的"连续"按钮円。

（4）功能区：单击"注释"选项卡"标注"面板中的"连续"按钮円。

执行上述命令后，命令行提示如下。

DIMCONTINUE 指定第二个尺寸界线原点或［选择(S)放弃(U)］<选择>：

此提示下的各选项与基线标注中完全相同，用户可自行操作，结果如图 2-60 所示。

（七）引线标注

AutoCAD 提供了引线标注功能，利用该功能不仅可以标注特定的尺寸，如圆角、倒角等，还可以实现在图中添加多行旁注、说明。在引线标注中，指引线可以是折线，也可以是曲线；指引线端部可以有箭头，也可以没有箭头。在化工工艺图、电气工程图和给排水工程图中广泛应用。

执行"引线"标注有以下 4 种方法。

(1) 命令行：MLEADER（快捷命令 MLD）。

(2) 菜单栏："标注"→"多重引线"。

(3) 工具栏：单击"标注"工具栏中的"多重引线"按钮 。

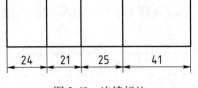

图 2-60 连续标注

(4) 功能区：单击"注释"选项卡"标注"面板中的"引线"按钮 ，或单击"注释"选项卡"引线"面板中的"多重引线"按钮 。

执行上述命令后，命令行提示如下。

MLEADER 指定引线箭头的位置或 ［引线基线优先（L）内容优先（C）选项（O）］<选项>：（在绘图区确定箭头位置单击）

MLEADER 指定引线基线的位置：（在绘图区确定引线基线位置单击，然后输入文字）

第一行提示后按<Enter>键，命令行提示如下。

MLEADER 输入选项 ［引线类型（L）引线基线（A）内容类型（C）最大节点数（M）第一个角度（F）第二个角度（S）退出选项（X）］<退出选项>：可以对以上选项进行设置

任务四 制定 A4 样板图及绘制平面图

一、制定 A4 样板图

（一）样板图要求

定制一张样板图，并存储在 U 盘上，今后可在这张样板图上绘制其他图样。图纸大小为 A4，按下列要求设置。

（1）图层设置要求。图层是用来组织图形最为有效的工具之一。它好像一张具有相同坐标的透明图纸，具有相同特性（颜色、线型、线宽和打印样式）的实体被绘制在同一图层，再把各个图层组合起来，从而得到一个完整的复杂图形。用图层可以实现图形的统一管理，同时大大提高了工作效率和图形的清晰度。各图层的设置要求如表 2-1 所示。

表 2-1 各图层的设置要求

图层名	颜色	线型	线宽
0 层	黑/白	Continuous	默认（0.25mm）
粗实线	黑/白	Continuous	0.5mm
点画线	红	Center	默认
虚线	蓝	Dashed	默认
标注	洋红	Continuous	默认

（2）字体设置要求。在 AutoCAD 中，所有文字（包括直接输入的文字和尺寸标注中的文字）的外观取决于它所使用的文字样式。在该样板图中，本书设置了两种文字样式，

一种是供数字和字母使用的"Standard"文字样式，一种是供汉字使用的"汉字"文字样式。这两种文字样式所使用的字体及宽度因子"字体字高比"如表 2-2 所示。

表 2-2　字体设置要求

文字样式名	字体	宽度因子
Standard	gbeitc. shX	1
汉字	T 仿宋-GB2312	0.7

（3）标注样式要求。文字有文字样式，同样，尺寸标注也有尺寸标注样式。也就是说，本书为图形添加的多个尺寸标注都隶属于某种尺寸标注样式。在 AutoCAD 中，用户可以为尺寸标注样式设置尺寸箭头的形状、大小，以及尺寸文本所使用的文字样式和大小等。在该样板图中，本书以系统默认的尺寸标注样式为基础，然后稍加修改获得，具体设置步骤可参见后面具体标注操作。

（4）图框线和标题栏。图 2-61 为本书制作的 A4 样板图，该样板图主要包括图幅边框线、图框线和标题栏。其中，图幅边框线和图框线的尺寸如表 1-1 所示，标题栏的尺寸如图 1-4 所示。

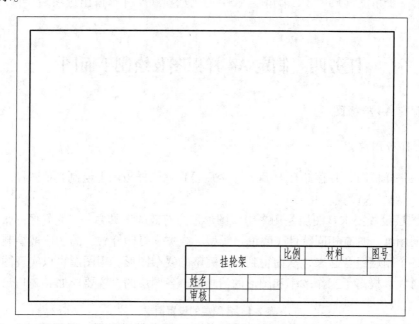

图 2-61　A4 样板图

（二）样板图设置

（1）设置绘图界限。左下角点设置为默认值"0，0"，右上角点设置为"210，297"。

（2）设置图层。设置粗实线、细实线、虚线、标注线图层。

（3）设置文字格式。选择"格式"→"文字样式"菜单命令，打开"文字样式"对话框，按照图 2-62 所示设置字体名和宽度因子，然后单击" 应用(A) "按钮。单击图 2-63 中的"新建（N）…"按钮，打开"新建文字样式"对话框，在"样式名"编辑框中输入

"汉字"后单击确定按钮，接着在打开的"文字样式"对话框中按图 2-63 所示设置字体名和宽度因子，然后单击"置为当前（C）"按钮，最后单击"关闭（C）"按钮。

　　设置汉字字体时要将"使用大字体（U）"前的对钩去掉，否则字体列表中将隐藏汉字字体。

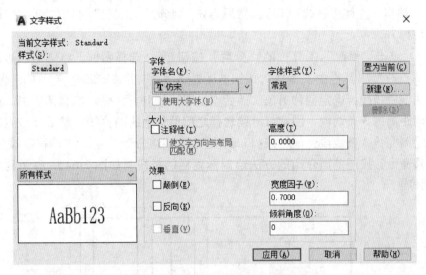

图 2-62　设置"Standard"文字样式

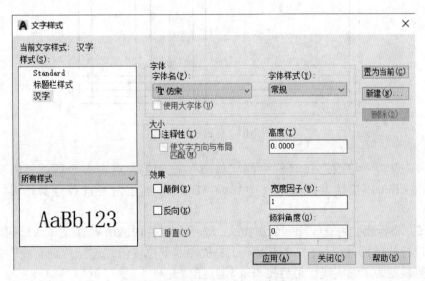

图 2-63　设置"汉字"文字样式

（4）绘制边框线、图框及标题栏。

　　步骤 1　单击"图层"工具栏中图层名称显示框，在图层列表中，点击"细实线"图层，将该图层设为当前图层。点击"绘图"工具栏中的"矩形"按钮 □，输入"0，0"按<Enter>键，确定矩形的左下角点；然后输入"210，297"并按<Enter>键，确定矩形的另一角点。

步骤 2　将"粗实线"设为当前图层。单击"修改"工具栏中"偏移"按钮⊂，偏移量输入"10"并按<Enter>键，偏移对象选择步骤 1 绘制的边线框，指定要偏移的那一侧上的点，点击边框内测，无装订边的图框绘制结束（若绘制有装订边的图框，须将无装订边的图框进行分解，点击"修改"工具栏的"分解"按钮⬚，选择图框，将四边形进行分解后"偏移"左侧图框线"10"，然后点击"修改"工具栏的"修剪"按钮✂将多余图线修剪掉）。

步骤 3　点击"修改"工具栏的"分解"按钮⬚，选择图框，将图框四边形进行分解。单击"修改"工具栏中"偏移"按钮⊂，输入"7"并按<Enter>键，确定偏移距离；然后点击图框底边线，确定偏移对象；然后点击图框线上方，确定偏移的方向。由于还需要偏移相同距离的 3 条线段，因此可继续选择之前偏移生成的直线，然后在该直线上方点击，直到绘制完该 3 条线段，最后按<Enter>键结束偏移命令。点击"偏移"按钮⊂，继续执行偏移命令，按照前面介绍的方法绘制标题栏的竖线，如图 2-64 所示（具体尺寸如图 1-4 所示）。

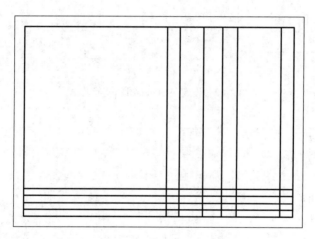

图 2-64　标题栏的绘制

步骤 4　点击"修改"工具栏中的"修剪"按钮✂，点击多余图线，将多余图线修剪掉，按<Enter>键结束修剪命令（AutoCAD 2021 版不需要选择修剪边界，直接修剪即可）。

步骤 5　将标题栏内直线均变为细实线，选中标题栏内侧所有直线（从标题栏右下角向左上角进行选择），然后点击"图层"工具栏中的下拉按钮，选择"细实线"图层，此时选中的直线变为了细实线，最后按<Esc>键退出。

步骤 6　标题栏内填入文字，点击"绘图"工具栏中的"文字"按钮A，在标题栏内相应位置输入文字，如图 2-65 所示（输入"姓名"后，将姓名两字选中后修改字高为3.5）。

二、绘制平面图

用 AutoCAD 画平面图形时，应先进行尺寸分析和线段分析，分清各线段性质；再画基准线和定位线；然后依次画已知线段、中间线段和连接线段。下面以图 1-1 挂轮架为例介

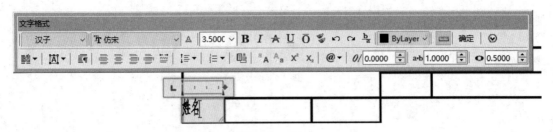

图 2-65　标题栏内文字的填写

绍用 AutoCAD 绘制平面图的方法和步骤。

（1）进行图层设置，新建粗实线、点画线图层，确认状态栏中的"正交""对象捕捉""对象追踪""动态输入"和"线宽"按钮均处于打开状态。

（2）绘制同心圆。将"粗实线"图层设置为当前图层，单击"圆"图标⊘，命令行提示为：

CIRCLE 指定圆的圆心或［三点（3P）两点（2P）切点、切点、半径（T）］（在适当位置指定圆心点）

CIRCLE 指定圆的半径或［直径（D）］：40<Enter>键（输入第一个圆的半径，结束命令）

按空格键，重复操作。画出图 2-66 中与 φ80 同心的 R64、R90、R102、R114、R126圆，如图 2-67 所示。

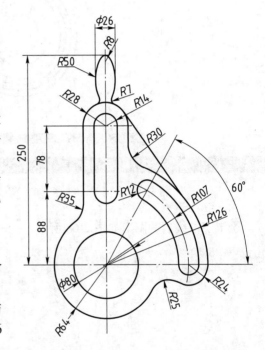

图 2-66　平面图形的绘制与编辑综合举例

（3）用直线命令绘制定位线。将"点画线"图层置为当前图层，单击"直线"命令✐，命令行提示为：

指定第一点：（拾取 R126 圆的下象限点）

指定下一点或［放弃（U）］：@0，380<Enter>键（画出竖直的一条定位线）

指定下一点或［放弃（U）］：<Enter>键结束命令

按空格键，重复操作，命令行提示为：

指定第一点：（拾取 R126 圆的左象限点）

指定下一点或［放弃（U）］：@256，0<Enter>键（画出水平的一条定位线）

指定下一点或［放弃（U）］:<Enter>键结束命令

按空格键，重复操作，命令行提示为：

指定第一点：（拾取圆心）

指定下一点或［放弃（U）］:@130<60<Enter>键（画出与水平线成 60°的一条定位线）

指定下一点或［放弃（U）］:<Enter>键结束命令

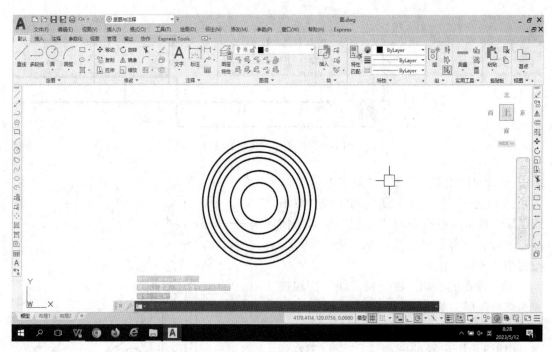

图 2-67　绘图步骤（2）

绘制定位线后的图形如图 2-68 所示。

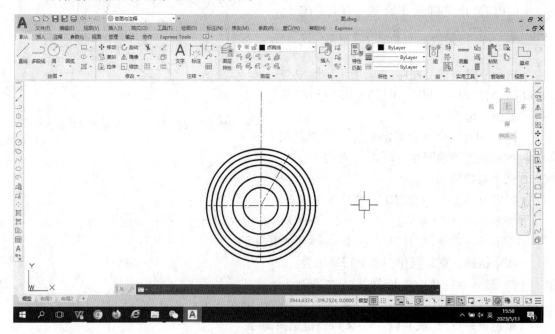

图 2-68　绘图步骤（3）

（4）用"偏移"命令绘制定位线。单击"偏移"图标，命令行提示为：
OFFSET 指定偏移距离或［通过（T）删除（E）图层（L）］<通过>:88<Enter>键

OFFSET 选择要偏移的对象，或［退出（E）放弃（U）］<退出>:（拾取水平定位线为偏移对象）

OFFSET 指定要偏移的那一侧上的点，或［退出（E）多个（M）放弃（U）］<退出>:（在偏移对象上方单击，画出一条水平定位线）

根据图 2-66 中尺寸 78、250-6，画出另外两条定位线，如图 2-69 所示。

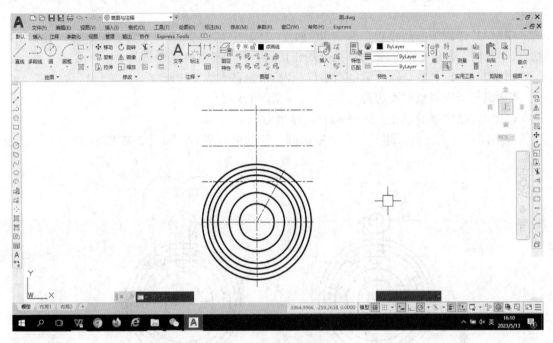

图 2-69　绘图步骤（4）

（5）绘制 7 个已知圆弧。将图层设置为"粗实线"图层，单击"圆"图标 ◎，命令行提示为：

CIRCLE 指定圆的圆心或［三点（3P）两点（2P）切点、切点、半径（T）］（拾取相应定位线的交点为圆心）

CIRCLE 指定圆的半径或［直径（D）］:6<Enter>键

按空格键，重复操作。根据各自圆心位置和半径画出 R28、R14、R12、R24 的圆，如图 2-70 所示。

（6）绘制 4 条竖直线段。单击"直线"图标 ／，命令行提示为：

LINE 指定第一个点:（拾取 R14 圆的左象限点）

LINE 指定下一点或［放弃（U）］:（拾取另一 R14 圆的左象限点，画出直线）

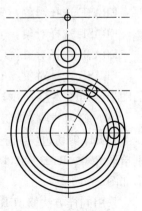

图 2-70　绘图步骤（5）

LINE 指定下一点或［放弃（U）］:<Enter>键结束命令

按空格键，重复操作，绘制如图 2-71 所示另外三条直线。

（7）绘制中间线段 R50。单击"偏移"图标 ⒠，命令行提示为：

OFFSET 指定偏移距离或［通过（T）删除（E）图层（L）］<通过>:13<Enter>键

OFFSET 选择要偏移的对象，或[退出(E)放弃(U)]<退出>:（拾取竖直定位线为偏移对象）

OFFSET 指定要偏移的那一侧上的点，或[退出(E)多个(M)放弃(U)]<退出>:（在偏移对象左侧单击,画出一条直线）

继续选择竖中线，在其右侧单击，画出另一条直线。单击"圆"图标，命令行提示为：

CIRCLE 指定圆的圆心或[三点(3P)两点(2P)切点、切点、半径(T)]单击命令行切点、切点、半径(T)或输入 t<Enter>键（选择用相切、相切、半径的方法画圆）

CIRCLE 指定对象与圆的第一个切点：（拾取偏移直线）

CIRCLE 指定对象与圆的第二个切点：（拾取 R6 圆）

CIRCLE 指定圆的半径：50<Enter>键结束命令

采用同样方法，画右侧另一个 R50 的圆。绘制出的图形，如图 2-72 所示。

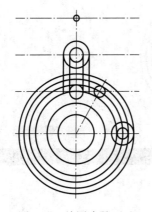
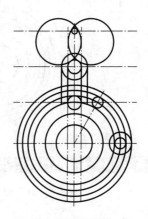

图 2-71　绘图步骤（6）　　　　图 2-72　绘图步骤（7）

（8）删除多余辅助线。单击"删除"图标，命令行提示为：

ERASE 选择对象：（拾取与 R50 相切的直线）

ERASE 选择对象：（拾取与另一个 R50 相切的直线，命令行继续提示）

ERASE 选择对象：（拾取 R6 圆心的水平定位线，命令行继续提示）

ERASE 选择对象：<Enter>键结束命令，删除多余辅助线后的图形，如图 2-73 所示。

（9）修剪线段。单击"修剪"图标，命令行提示为：

TRIM[剪切边(T)窗交(C)模式(O)投影(P)删除(R)]：分别拾取 R90、R102、R114、R126 圆的被修剪线段。修剪后的图形如图 2-74 所示。

采用同样方法修剪 R14、R14、R28、R6、R50，修剪结果如图 2-75 所示。

修剪步骤也可以在绘图过程中进行，随时对多余图线进行修剪，这样更容易使图形清晰。

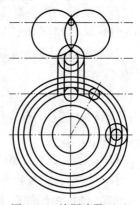

图 2-73　绘图步骤（8）

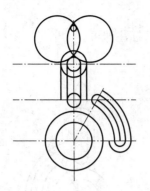
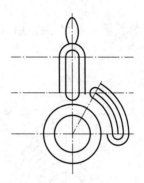

图 2-74　绘图步骤（9）修剪一　　　图 2-75　绘图步骤（9）修剪二

（10）做过渡圆角。单击"圆角"图标 ，命令行提示为：

当前设置：模式＝修剪，半径＝0.0000（提示当前修剪模式和圆角半径）

FILLET 选择第一个对象或［放弃（U）多段线（P）半径（R）修剪（T）多个（M）］:单击"半径（R）"

FILLET 指定圆角半径<0.0000>:35<Enter>键

FILLET 选择第一个对象或［放弃（U）多段线（P）半径（R）修剪（T）多个（M）］:（拾取左边竖直线）

FILLET 选择第二个对象,或按住 Shift 键选择对象以应用角点或［半径（R）］:（拾取 R64圆,结束命令）

采用同样方法，绘制 R25、R30 及两个 R7 过渡圆弧，如图 2-76 所示。

注意：在绘制两个 R7 过渡圆弧时，要将"修剪模式（T）"改为"不修剪模式（N）"，多余图线通过"修剪"命令剪掉。

（11）绘制 R28 和 R126 圆弧的公切线。点击"直线"图标 ，命令行提示为：

LINE 指定第一个点：（在 R126 圆弧上单击鼠标右键，自动捕捉 R126 圆的切点）

LINE 指定下一点或［放弃（U）］:（移动光标到 R28 圆弧上，当出现切点 标志，单击鼠标左键捕捉绘制切线，按<Enter>键结束命令）结果如图 2-77 所示。

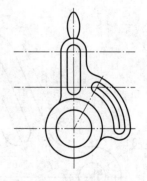

图 2-76　绘图步骤（10）

（12）整理线段，修改线段属性。利用"修剪"命令修剪圆 R64、利用"夹点"命令调整中心线长短，将 R102 圆弧置于"点画线"图层，并进行长度调节，结果如图 2-78所示。

（13）进行尺寸标注，结果如图 2-66 所示。

圆 $\phi 26$ 的标注是用"线性"标注命令 进行标注的，在"标注"菜单栏或功能区点击 命令，捕捉左右两侧端点，命令行提示为：

DIMLINEAR［多行文字（M）文字（T）角度（A）水平（H）垂直（V）旋转（R）］:（单击"多

行文字(M)"，在尺寸数字 26 前输入%%c，点击"确定"按钮，将尺寸标注放在合适位置即可)

其他尺寸的标注读者按尺寸标注讲解要求进行标注即可。

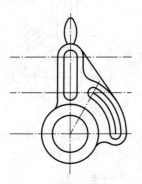

图 2-77　绘图步骤（11）

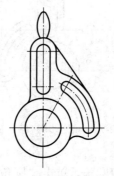

图 2-78　绘图步骤（12）

 习题

按 1∶1 绘制如图 2-79 的平面图。

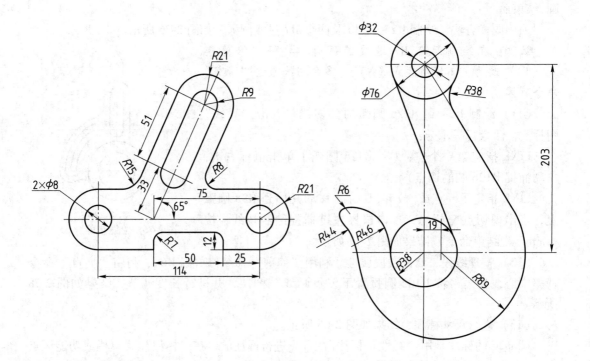

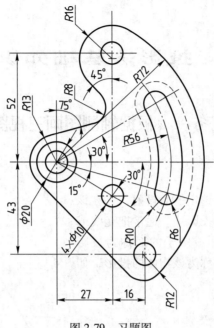

图 2-79 习题图

项目三　投影法基础知识及应用

任务一　根据轴测图画三视图

一、投影的基本知识

将投射线投向物体，向选定的面投射，并在该面上得到图形的方法，称为投影法。通常把光线或者人的视线称为投射线，形成影子的面称为投影面，在投影面内得到的图形称为该物体的投影，如图 3-1 所示。

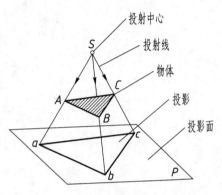

图 3-1　物体的投影

（一）投影法的种类及应用

投影法分为两类：中心投影法和平行投影法。

（1）中心投影法。把光源抽象为一个点，如图 3-2 （a）所示投射中心 S 点，这种投射线汇交于一点的投影方法称为中心投影法。显然，这种方法所得投影的大小与物体相对于投影面的距离有关，其投影特性为：投影不能反映物体的真实形状和大小，但有立体感。工程上常用这种方法绘制建筑物的透视图，较少采用该法绘制机械图样。

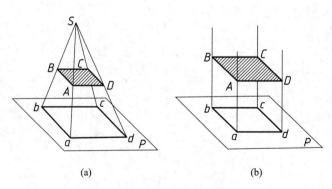

(a) (b)

图 3-2　两种投影法

（a）中心投影法；（b）平行投影法

（2）平行投影法。假设将光源（即投射中心）移至距离投影面无穷远处，如图 3-2 （b）所示，这时投射线可以认为是相互平行的。这种投射线相互平行的投影法称为平行投影法。

平行投影法包括斜投影和正投影两种。投射线与投影面相倾斜的平行投影法称为斜投影，如图 3-3（a）所示，常用于绘制几何体的轴测投影图。投射线垂直于投影面的平行投影法称为正投影法，如图 3-3（b）所示。正投影法得到的投影图能真实地表达空间物体的形状和大小，有极好的度量性，便于作图。国家标准《图样画法》中规定，机件的图样按正投影法绘制。

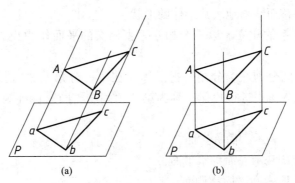

图 3-3　平行投影法
（a）斜投影法；（b）正投影法

（二）正投影的基本特性

线段或平面与投影面有平行、垂直和倾斜三种位置关系，它们的投影分别具有如下特性。

（1）显实性。当物体上的平面与投影面平行时，其投影反映平面的实形；当物体上的直线与投影面平行时，其投影反映直线的实长。如图 3-4 所示的平面 P 和直线 AB，这种投影特性称为显实性。

（2）积聚性。当物体上的平面与投影面垂直时，其投影积聚成一条直线，平面上任意一个点、直线或一个图形的投影都积聚在该直线上；当物体上的直线与投影面垂直时，其投影积聚成一点，直线上任意一个点的投影均积聚在该点上。如图 3-5 所示的平面 Q 和直线 BC，这种投影特性称为积聚性。

（3）类似性。当物体上的平面与投影面倾斜时，其投影为与原平面形状类似的平面图形，但小于原平面的实形；当物体上的直线与投影面倾斜时，其投影仍为直线，但小于原直线的实长。如图 3-6 所示的平面 R 和直线 AD，这种投影特性称为类似性。

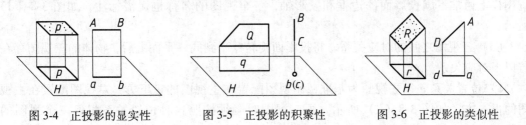

图 3-4　正投影的显实性　　　　图 3-5　正投影的积聚性　　　　图 3-6　正投影的类似性

显实性、积聚性和类似性是正投影的三个重要特性，在绘图和识图中经常用到，必须牢固掌握。

（三）三视图的形成及投影规律

如图 3-7 所示，两个不同形状的形体，它们在一个投影面上的投影完全相同。这说明一般不能通过形体的一个投影来确定该形体的空间形状和结构。因此，常采用该形体的三个或多个投影才能完整而清晰地表达形体的形状。

（1）三投影面体系的建立。以三个相互垂直相交的平面作为投影面，称为三投影面体系。

三个投影面把空间分为八个分角，把形体放在第一分角中进行投影，称为第一角画法；把形体放在第三分角中进行投影，称为第三角画法。国家标准规定采用第一角画法。三个投影面分别为：

正立投影面，用 V 表示，简称正面；

水平投影面，用 H 表示，简称水平面；

侧立投影面，用 W 表示，简称侧面。

三个投影面之间的交线称为投影轴，分别用 OX、OY、OZ 表示，简称为 X 轴、Y 轴、Z 轴。X 轴代表左右长度方向，Y 轴代表前后宽度方向，Z 轴代表上下高度方向，三根投影轴的交点称为原点，用字母 O 表示，如图 3-8 所示。

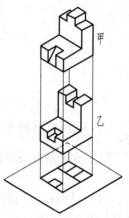

图 3-7　一个投影不能
确定物体的形状

（2）三视图的形成。将物体置于三投影面体系中，并尽量使物体上的主要表面与投影面处于平行或垂直的位置关系，再按正投影法分别向三个投影面投影，即可得到物体的三视图，如图 3-8（a）所示。其中：

由前向后投影在 V 面上得到的视图叫主视图；

由上向下投影在 H 面上得到的视图叫俯视图；

由左向右投影在 W 面上得到的视图叫左视图。

为了便于画图，必须把空间三个投影面处于同一平面内，即将三个相互垂直的投影面展开摊平在同一个平面上。其展开方法规定：正面（V 面）不动，水平面（H 面）绕 OX 轴向下翻转 90°，侧面（W 面）绕 OZ 轴向右后翻转 90°，都翻转到与正面处在同一平面上，如图 3-8（b）、（c）所示。

由于视图所表达的物体形状与投影面的大小、物体与投影面之间的距离无关，所以工程图样上通常不画投影面的边框和投影轴，各个视图的名称也无需标注，如图 3-8（d）所示。

（3）三视图之间的对应关系。将投影面旋转摊平到同一平面上后，物体的三视图存在着以下对应关系。

1）位置关系。以主视图为基准，俯视图配置在主视图的正下方，左视图配置在主视图的正右方，如图 3-8（d）所示。画三视图时必须按照这种位置关系配置三个视图的位置。

2）尺寸关系。物体有长、宽、高三个方向的尺寸，每个视图都反映物体的两个方向尺寸：主视图反映物体的长度和高度方向的尺寸，俯视图反映物体的长度和宽度方向的尺寸，左视图反映物体的宽度和高度方向的尺寸。

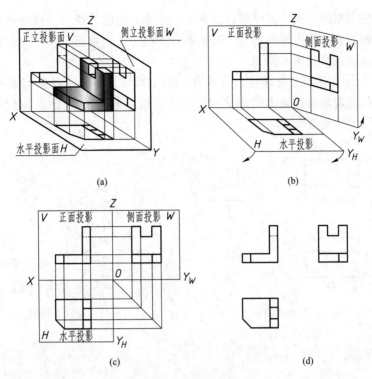

图 3-8　三面投影的形成

在这里应特别注意的是三视图有三等关系，如图 3-9 所示。总结为：

主、俯视图长对正；主、左视图高平齐；俯、左视图宽相等。

不仅三个视图在整体上要保持这种三等关系，而且每个视图中的组成部分也要保持这种三等关系。这种关系是绘制物体的视图和识读物体的视图时应遵循的最基本的准则。

在三等关系中，长对正和高平齐这两条在图纸上是直接表现出来的。而宽相等这一条，由于俯视图和左视图在图纸上没有直接对应在一起，不能明显地表现出来。但画图时不能违反这条准则，具体作图时，可以利用分规或一条 45°的辅助线来保证宽的相等，如图 3-9 所示。

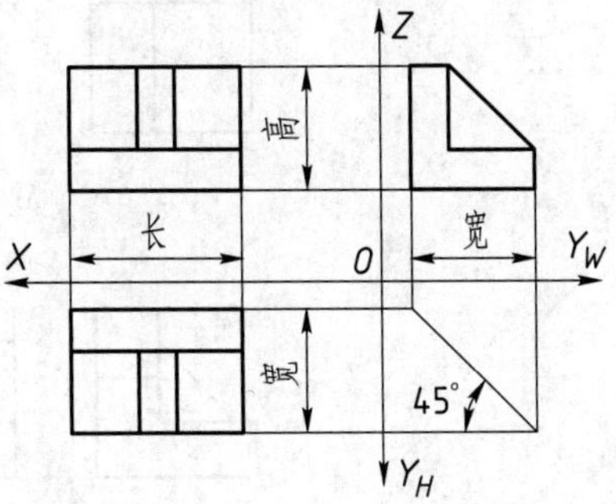

3）方位关系。物体有六个空间方位——上、下、左、右、前、后，如图 3-10 所示。其中：

主视图反映物体的上、下和左、右；

俯视图反映物体的左、右和前、后；

左视图反映物体的前、后和上、下。

图 3-9　物体的三视图及投影规律

注意在俯、左视图中，靠近主视图的一边，表示物体的后面，远离主视图的一边，表示物体的前面，如图 3-10 所示。

二、三视图的作图方法和步骤

作图时可把每一个视图都看作是垂直于相应投影面的视线所看到的物体的真实图像。

若要得到物体的主视图，观察者设想自己置身于物体的正前方观察，视线垂直于正立投影面。为了获得俯视图，物体保持不动，观察者自上而下地俯视那个物体。左视图也可用同样的方法从左向右观察物体而得到。

如图 3-11 所示立体图，物体是由一块在右端上面切去了一个角的弯板和一个三棱柱叠加而成。为能清楚地表达物体的形状和结构，尽可能避免使用虚线，选用如图 3-11 所示方向为主视图的投射方向。

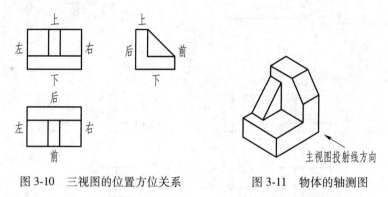

图 3-10　三视图的位置方位关系　　　　图 3-11　物体的轴测图

具体作图步骤：

（1）根据需要设图层；

（2）根据三等关系，画弯板的三视图，如图 3-12（a）所示；

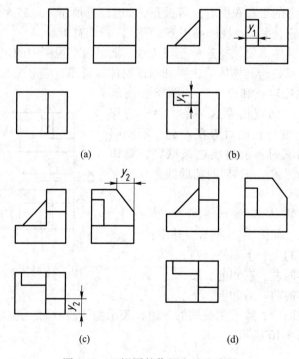

(a)　　　　　　　　　　(b)

(c)　　　　　　　　　　(d)

图 3-12　三视图的作图方法和步骤

（3）画三棱柱的三面投影，如图 3-12（b）所示，先从主视图入手；

（4）画切角的三面投影，注意三等关系，如图 3-12（c）所示；

（5）检查、整理图线完成全图，如图 3-12（d）所示。

根据轴测图画三视图时的注意事项：

（1）首先选定主视图方向。选择能反映其形状特征、沿 X 轴尺寸大的一面为主视图的方向，同时尽可能考虑其余两视图简明好画、虚线少。

（2）作图前，先画基准线，如中心线或某些边线，以确定各视图的位置。

（3）作图的线型应按国标的规定。

如果不同的图线恰巧重合在一起，应以粗实线、虚线、细实线、点画线的次序画。例如，粗实线与虚线重合，应画出粗实线。

（4）分析轴测图上各部分形体的几何形状和位置关系，并根据其投影特性（真实性、积聚性、类似性等），画出各组成部分的投影。

（5）要注意作图次序，通常需要将几个视图配合起来绘制。先画其投影具有真实性或积聚性的那些表面。对于斜面，宜先画出斜线（即该斜面的积聚投影），然后画出斜面在另外两个视图中的类似投影。

（6）一般不需要画投影面的边框线和投影轴，采用无轴画法。

任务二　点、线、面的投影

一、点的投影

由于点是组成空间物体最基本的几何元素，为了正确地画出和读懂几何形体的三视图，必须首先掌握点的投影规律。

（一）点的三面投影图

如图 3-13 所示，将点 A 放在三投影面体系中，分别向三个投影面（V 面、H 面、W 面）作正投影，即过 A 点分别向三个投影面作垂线，交得的三个垂足 a、a'、a''，即为 A 点在三个投影面上的投影，如图 3-13（a）所示。三投影面体系展开后，得到了点的三面投影图，如图 3-13（b）、（c）所示。

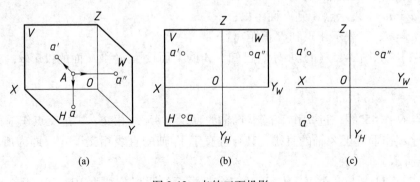

图 3-13　点的三面投影

机械制图中规定把空间点用大写字母 A、B、C 等标记，它们在 H 面上的投影用相应的小写字母，如 a、b、c 等标记，在 V 面上的投影用相应的小写字母加一撇，如 a'、b'、c' 等标记，在 W 面上的投影则用相应的小写字母加两撇，如 a''、b''、c'' 等标记。点 A 在 H 面上的投影 a 叫作点 A 的水平投影；点 A 在 V 面上的投影 a' 叫作点 A 的正面投影；点 A 在 W 面上的投影 a'' 叫作点 A 的侧面投影。

（二）点的投影规律

从图 3-14（a）可以看出，当投影面展开时，投影连线 aa_x 随 H 面向下翻转 90°，在展开后的投影图中，a'、a_x、a 三点必在同一条直线上，并垂直于 OX 轴，即 $aa' \perp OX$。同理，投影连线 $a'a''$ 一定垂直于 OZ 轴，即 $a'a'' \perp OZ$。并且 $aa_x = a''a_z$，如图 3-14（b）、（c）所示。

不难证明，点的三面投影规律为：

（1）点的正面投影与水平投影的连线垂直于 OX 轴，即 $aa' \perp OX$；

（2）点的正面投影与侧面投影的连线垂直于 OZ 轴，即 $a'a'' \perp OZ$；

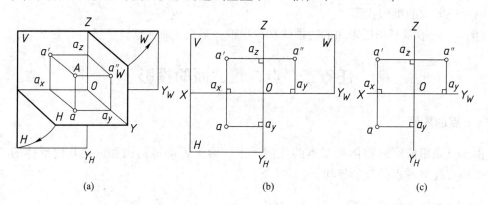

图 3-14　点的三面投影规律

（a）直观图；（b）三投影面的展开；（c）投影图

（3）点的水平投影到 OX 轴的距离等于点的侧面投影到 OZ 轴的距离，即 $aa_x = a''a_z$。

另外，从图 3-14（b）和图 3-14（c）中还可以看出：

1）$a'a_z = aa_y$，表示点 A 到 W 面距离；

2）$a''a_z = aa_x$，表示点 A 到 V 面距离；

3）$a'a_x = a''a_y$，表示 A 点到 H 面距离。

【例 3-1】　如图 3-15（a）所示，已知点 A 的 V 面投影 a' 和 H 面的投影 a，求 W 面投影 a''。

解：

过原点 O 作 45°线；过 a 作垂直于 Y_H 轴的直线与 45°线相交，再过交点作垂直于 Y_W 轴的直线；过 a' 作垂直于 Z 轴的直线，其与垂直于 Y_W 轴的直线相交于 a''，即为所求，如图 3-15（b）所示。

【例 3-2】　已知点 B 距 V、H、W 这三个投影面的距离分别为 10、20、15，求点 B 的三面投影。

解：

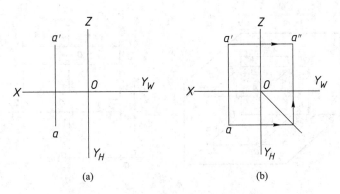

图 3-15 已知点的两面投影求第三面投影

根据空间点位置和坐标关系，可判定 B 点的坐标为（15，10，20）。由点的投影与坐标的关系，在 X 轴上向右取 $X=15$，得 b_X，如图 3-16（a）所示；过 b_X 作 X 轴的垂线，上下分别取 $Z=20$mm、$Y=10$mm 得 b' 和 b，如图 3-16（b）所示；最后根据点的投影规律，作出侧面投影 b''，如图 3-16（c）所示。

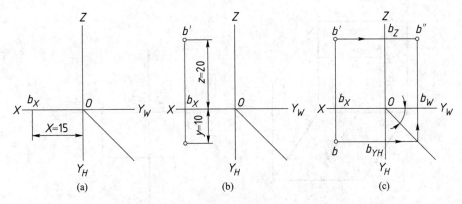

图 3-16 已知点的空间位置求点的三面投影

（三）点的三面投影与直角坐标

在三投影面体系中，三根投影轴可以构成一个空间直角坐标系，空间点 A 到三个投影面的距离便是 A 点的坐标 X、Y、Z，一般采用下列的书写形式：$A(X,Y,Z)$。点的投影与直角坐标系如图 3-17 所示。因此，点的投影与点的坐标有如下关系：

A 点到 W 面的距离 $Aa''=a'a_Z=aa_Y=A$ 点的 X 坐标；

A 点到 V 面的距离 $Aa'=a''a_Z=aa_X=A$ 点的 Y 坐标；

A 点到 H 面的距离 $Aa=a'a_X=a''a_Y=A$ 点的 Z 坐标。

因此，若已知点的坐标 X、Y、Z，便可作出该点的投影图；反之，已知点的两个投影图，也就唯一地确定了该点的坐标值。

（四）特殊位置点的投影

空间点相对于投影面除一般位置点外，还有以下三种特殊位置的点。

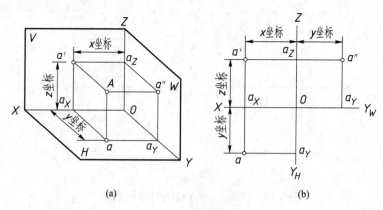

图 3-17　点的投影与直角坐标系

（a）直观图；（b）投影图

（1）投影面上的点：点的某一个坐标为零，其一个投影与投影面重合，另外两个投影分别在投影轴上，如图 3-18 所示的 *B* 点和 *C* 点。

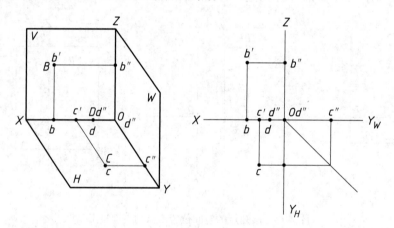

图 3-18　特殊位置的点

（2）投影轴上的点：点的两个坐标为零，其两个投影与所在投影轴重合，另一个投影在原点，如图 3-18 所示的 *D* 点。

（3）与原点重合的点：点的三个坐标为零，三个投影都与原点重合。

（五）两点的相对位置

1. 判断两点相对位置

两点的相对位置是指空间两个点的左右、上下、前后的位置关系，两点在空间的具体相对位置，由两点的坐标差来确定。

如图 3-19 所示，设点 *A* 和点 *B* 的坐标分别为 (X_A, Y_A, Z_A) 和 (X_B, Y_B, Z_B)，以点 *A* 为基准点，则点 *B* 对点 *A* 的一组坐标差为：

$\Delta X(X$ 轴方向坐标差$) = X_B - X_A$，确定两点左右相对位置；

$\Delta Y(Y$ 轴方向坐标差$) = Y_B - Y_A$，确定两点前后相对位置；

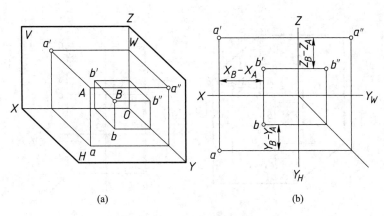

图 3-19 两点的相对位置

（a）直观图；（b）投影图

$\Delta Z(Z$ 轴方向坐标差$) = Z_B - Z_A$，确定两点上下相对位置。

当 ΔX、ΔY、ΔZ 为正时，点 B 分别在点 A 的左方、前方、上方；当 ΔX、ΔY、ΔZ 为负时，点 B 分别在点 A 的右方、后方、下方。

【例 3-3】 已知如图 3-20（a）所示的点 A 在三面投影体系中的投影图，点 B 在其右方 14，上方 12，前方 8，作其投影图。

解：

在 X 轴上自 a_x 往右量 14 个单位得点 b_x；过 b_x 作 X 的垂线，沿 OZ 方向量 $\Delta Z=12$，得点 b'；沿 Y 方向量 $\Delta Y=8$，得点 b，如图 3-20（b）所示。根据已知点 b、b' 求得 b''，如图 3-20（c）所示。

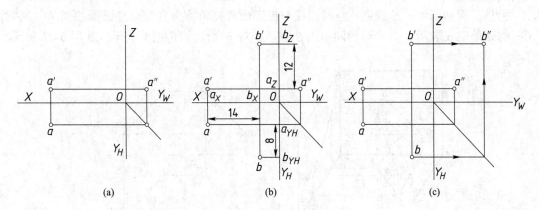

图 3-20 两点相对位置图

2. 重影点及可见性判断

如果空间两点位于某一投影面的同一条投射线上，则这两点在该投影面上的投影就会重合为一点，称之为对该投影面的重影点。如图 3-21（a）所示，A、B 两点的 X、Y 坐标分别相等，而 Z 坐标不等，从而它们的水平投影重合为一点，称为 A 点对 H 面的重影点。

类似地，也会有 V 面重影点和 W 面重影点。

重影点需判别各点的可见性。对于某面重影点，规定距离该投影面（距离）较远的那

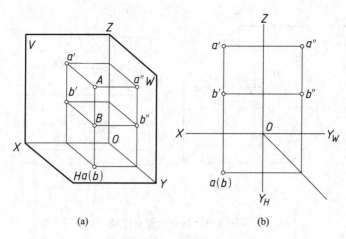

图 3-21　重影点

(a) 直观图；(b) 投影图

点，即坐标值大者为可见；反之，为不可见。如图 3-21 (b) 所示，因为 $Z_a > Z_b$，故水平投影上 a 可见，b 不可见。当需要标明可见性时，对不可见点的投影加上括号。

二、直线的投影

两点可以唯一确定一直线，而直线的投影一般仍为直线，所以在绘制直线的投影图时，只要作出直线上任意两点的投影，然后连接这两点的同面投影，即是直线的三面投影。因为已知点的两面投影就能唯一确定空间点的位置并能求出第三面投影，所以已知直线的两面投影，亦可以求出第三面投影，如图 3-22 所示。

另外，根据国家标准规定：空间直线与投影面的夹角称为直线对投影面的倾角。其对 H 面的倾角用 α 表示，对 V 面的倾角用 β 表示，对 W 面的倾角用 γ 表示，如图 3-22 所示。

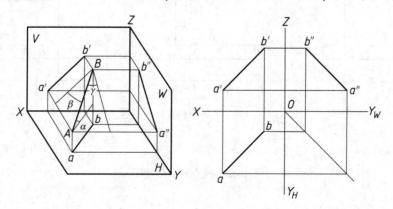

图 3-22　直线的投影

(一) 各种位置直线的投影特性

在三面投影体系中，直线相对于投影面的位置有三种：投影面的平行线、投影面的垂直线、一般位置直线。前两种又统称为特殊位置直线。

三种位置的直线投影特性如图 3-23 所示，分别为：直线平行于投影面，其投影反映实长，具有显示性；直线垂直于投影面，其投影积聚成点，具有积聚性；直线倾斜于投影面，其投影长度缩短，具有类似性。

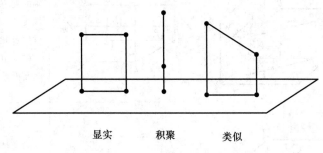

显实　　　　积聚　　　类似

图 3-23　三种位置直线的投影特性

1. 投影面的平行线

平行于某一投影面而与另外两投影面倾斜的直线，称为投影面平行线。根据直线所平行的投影面不同，又可分为以下三种：

水平线—— 平行于 H 面，倾斜于 V 面、W 面的直线。

正平线—— 平行于 V 面，倾斜于 H 面、W 面的直线。

侧平线—— 平行于 W 面，倾斜于 V 面、H 面的直线。

表 3-1 列出了以上三种平行线的立体图、投影图及其投影特性。

从表 3-1 可以概括出投影面平行线的投影特性：

（1）若直线平行于某投影面，则直线在该投影面的投影反映实长，且该投影与投影轴的夹角，分别反映直线对另外两投影面的真实倾角；

（2）直线另两个投影面的投影共同垂直于非所平行投影面的投影轴，且不反映实长，比实长短。

表 3-1　投影面的平行线

直线的位置	直 观 图	投 影 图	投影特性
正平线			（1）正面投影 $a'b'=AB$，与 X 轴的夹角等于该直线对 H 面的倾角 α，与 Z 轴的夹角等于该直线对 W 面的倾角 γ；（2）水平投影 $ab \perp Y_H$ 轴、侧面投影 $a''b'' \perp Y_W$ 轴

直线的位置	直 观 图	投 影 图	投 影 特 性
水平线			（1）水平投影 $ab=AB$，与 X 轴的夹角等于该直线对 V 面的倾角 β，与 Y_H 轴的夹角等于该直线对 W 面的倾角 γ； （2）正面投影 $a'b'\perp Z$ 轴、侧面投影 $a''b''\perp Z$ 轴
侧平线			（1）侧面投影 $a''b''=AB$，与 Y 轴的夹角等于该直线对 H 面的倾角 α，与 Z 轴的夹角等于该直线对 V 面的倾角 β； （2）水平投影 $ab\perp X$ 轴、正面投影 $a'b'\perp X$ 轴

2. 投影面的垂直线

垂直于某一投影面（必定与另外两个投影面平行）的直线，称为投影面的垂直线。根据垂直线所直的投影面的不同，又可分为以下三种：

铅垂线——垂直于 H 面，平行于 V、W 面的直线。

正垂线——垂直于 V 面，平行于 H、W 面的直线。

侧垂线——垂直于 W 面，平行于 V、H 面的直线。

表 3-2 列出了这三种垂直线的立体图、投影图及其投影特性。

从表 3-2 可以概括出投影面垂直线的投影特性：

（1）直线在它所垂直的投影面上的投影积聚为一点；

（2）直线另两个投影面的投影共同平行于非所垂直投影面的投影轴，并反映实长。

表 3-2　投影面的垂直线

直线的位置	直 观 图	投 影 图	投 影 特 性
铅垂线			（1）水平投影积聚为一点，即 $b(a)$； （2）另外两个投影均平行于 Z 轴，即 $a'b'$ ∥ $a''b''$ ∥ Z 轴，且反映线段的实长，即 $a'b'=a''b''=AB$

续表 3-2

直线的位置	直 观 图	投 影 图	投 影 特 性
正垂线	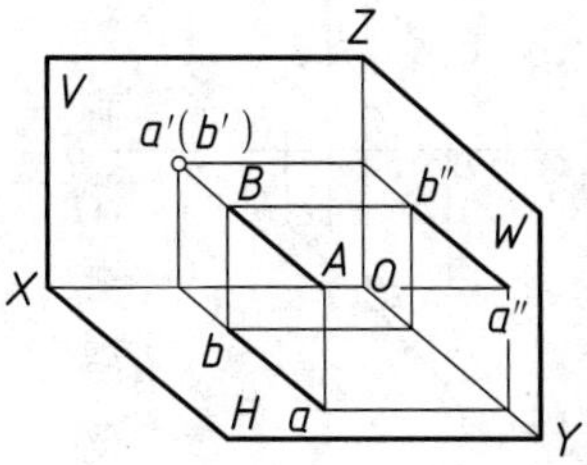	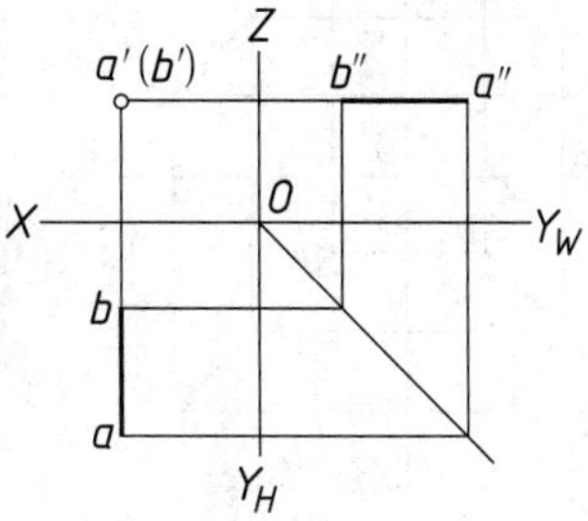	（1）正面投影积聚为一点，即 $a'(b')$； （2）另外两个投影均平行于 Y 轴，即 $ab /\!/ Y_H$ 轴，$a''b'' /\!/ Y_W$ 轴，且反映线段的实长，即 $ab = a''b'' = AB$
侧垂线	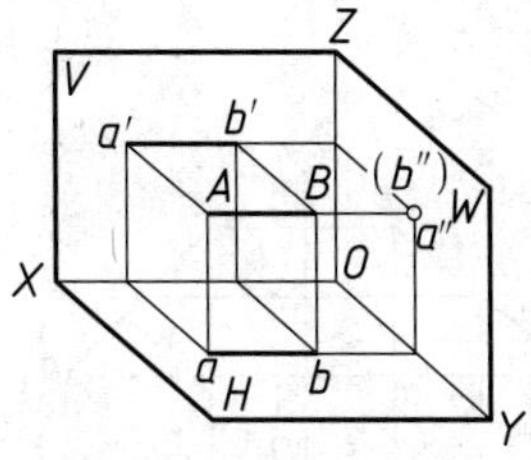	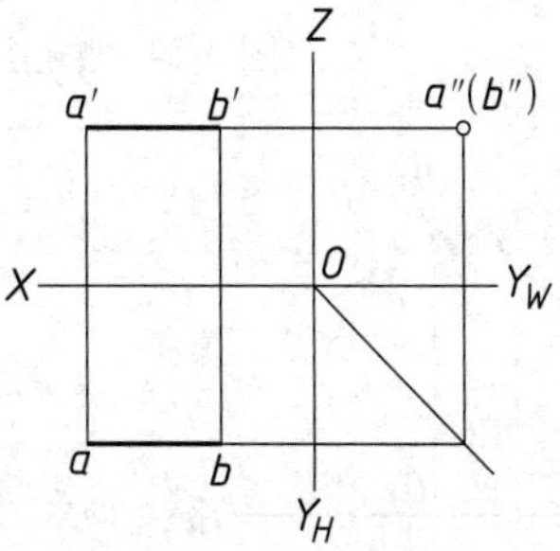	（1）侧面投影积聚为一点，即 $a''(b'')$； （2）另外两个投影均平行 X 轴，即 $ab /\!/ a'b' /\!/ X$ 轴，且反映线段的实长，即，$ab = a'b' = AB$

3. 一般位置直线

倾斜于各投影面的直线，称为一般位置直线。如图 3-22 所示，空间直线 AB 对三个投影面都是倾斜关系。其投影特性如下：

（1）三面投影都倾斜与投影轴，且投影长度均小于空间直线的实长；

（2）投影与投影轴的夹角，不反映空间直线对投影面的倾角。

（二）直线上点的投影

直线上点的投影有以下特性。

（1）从属性：直线上的点的投影，必在直线的同面投影上；反之如果点的三面投影都在直线的同面投影上，则该点一定在直线上；

（2）定比性：直线上的点分割直线段长度之比等于其投影长度之比；

（3）积聚性：垂直于投影面的直线上的点，投影后积聚为一点。

如果点的各投影均在直线的各同面投影上，且分割直线各投影长度成相同比例，则该点必在此直线上。如图 3-24（a）所示，点 C 在直线 AB 上；如图 3-24（b）所示，点 C 不在直线 AB 上，点 D 在直线 AB 上。

【例 3-4】　如图 3-25（a）所示，已知点 K 在直线 AB 上，求作它的三面投影。

解：

由于点 K 在直线 AB 上，所以点 K 的各个投影一定在直线 AB 的同面投影上。如图 3-25（b）所示，求出直线 AB 的侧面投影 $a''b''$ 后，即可在 ab 和 $a''b''$ 上确定点 K 的水平投影 k 和侧面投影 k''。

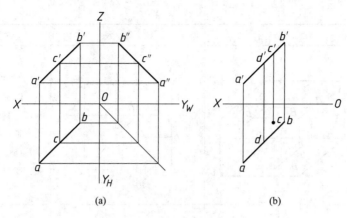

图 3-24 直线上的点

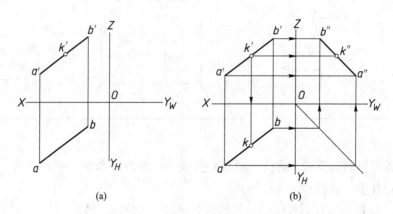

图 3-25 用点与直线的关系求作其三面投影

（三）两直线的相对位置

空间两直线的相对位置有平行、相交和交叉三种情况。其中，平行、相交的两直线为同面直线，而交叉两直线为异面直线。

1. 两直线平行

空间两直线平行，则其三个同面投影都相互平行。如图 3-26 所示，如果 AB∥CD，则 ab∥cd，$a'b'$∥$c'd'$，$a''b''$∥$c''d''$。反之，如果两直线的三个同面投影互相平行，则两直线在空间也一样互相平行。

在投影图上判别两直线是否平行时，若两直线处于一般位置，则只需要判断两直线的任何两个同面投影是否平行即可。如图 3-26 所示，由于直线 AB、CD 均为一般位置直线，且 $a'b'$∥$c'd'$、ab∥cd，则 AB∥CD。

若两直线同时平行于某一投影面，则还必须判断两直线在所平行的那个投影面上的投影是否相互平行，方能确定两直线是否平行。如图 3-27 所示。

【例 3-5】 如图 3-28 所示，EF、GH 为两侧平线，ef∥gh，$e'f'$∥$g'h'$。试判断 EF 与 GH 两直线在空间是否平行。

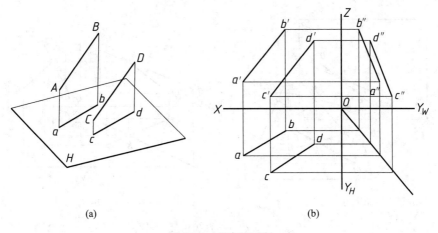

(a)　　　　　　　　　(b)

图 3-26　两直线平行

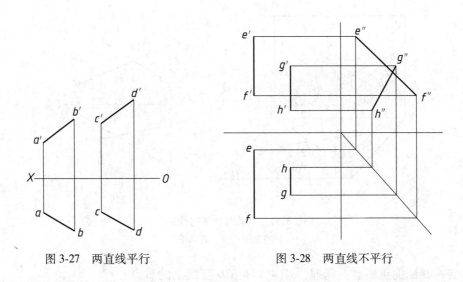

图 3-27　两直线平行　　　　　图 3-28　两直线不平行

解：求出侧面投影 $e''f''$ 和 $g''h''$，因 $e''f''$ 不平行于 $g''h''$，故 EF 不平行于 GH。

2. 两直线相交

两直线相交，其同面投影都相交，且交点满足点的投影规律。如图 3-29 所示，AB、CD 两直线相交于点 K，即点 K 为 AB、CD 的共有点，AB、CD 分别向 H、V、W 面投影时，其投影 ab 和 cd、$a'b'$ 和 $c'd'$、$a''b''$ 和 $c''d''$ 的交点 k、k'、k'' 必是交点 K 的三面投影。

3. 两直线交叉

在空间既不平行也不相交的两直线称为交叉直线。交叉两直线的投影不具备平行或相交两直线的投影特性。

交叉两直线的所有同面投影可能都相交，如图 3-30 所示，但它们的交点不符合点的投影规律。此时，两直线投影的交点实际上是两直线上对投影面的重影点。交叉两直线可能有一个或两个投影平行，如图 3-31 所示，但不会有三个同面投影平行。

下面是对交叉两直线中重影点的分析。

如图 3-30 所示，水平投影 ab 和 cd 的交点 1（2），其实是 AB 直线上的 Ⅰ 点与 CD 直线

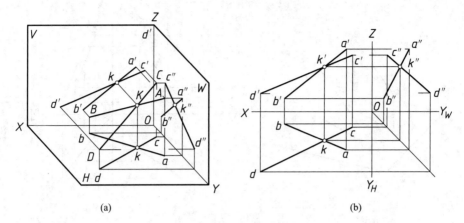

图 3-29　两直线相交

（a）直观图；（b）投影图

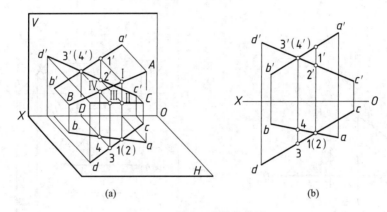

图 3-30　交叉两直线的投影

（a）直观图；（b）投影图

上的 Ⅱ 点对 H 面的重影点。同理，$3'(4')$ 是 CD 直线上的 Ⅲ 点与 AB 直线上的 Ⅳ 点对 V 面的重影点。根据重影点的可见性的判断方法可知，水平投影中，位于 AB 线上的 Ⅰ 点可见，而位于 CD 线上的 Ⅱ 点不可见。正面投影中，位于 CD 线上的 Ⅲ 点可见，而位于 AB 线上的 Ⅳ 点不可见。对交叉直线重影点的可见性的判断有助于空间想象。

三、平面的投影

　　图 3-32 所示为物体的三视图，每个视图都是构成物体所有表面的投影集合。物体的表面在视图中是一个线框或是一条线段。三视图就是遵循三面投影规律，通过表达构成物体各表面的形状、彼此的相对位置来反映物体空间形状的。因此了解平

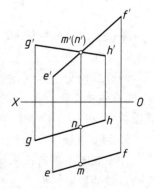

图 3-31　一个投影平面的
交叉两直线的投影

面的投影特性，辨别属于平面的点和直线的投影有助于建立空间想象能力，更好地识读和绘制三视图。

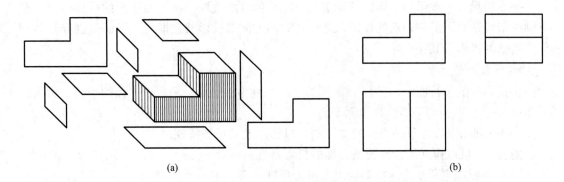

图 3-32　物体表面的投影和物体三视图作图的关系

（a）物体由 8 个平面表面构成；（b）物体的三视图——每个视图都是物体 8 个表面的投影集合

（一）平面的表示法

在投影图上表示空间平面可以用下列几种方法来确定：

（1）不在同一直线上的三个点，如图 3-33（a）所示；

（2）一直线和直线外一点，如图 3-33（b）所示；

（3）平行的两条直线，如图 3-33（c）所示；

（4）相交的两条直线，如图 3-33（d）所示；

（5）任意的平面图形（如三角形、四边形、圆等），如图 3-33（e）所示。

以上几种确定平面的方法是可以相互转化的，且以平面图形来表示最为常见。

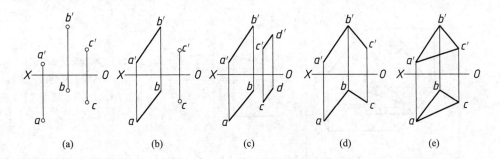

图 3-33　用几何元素表示平面

（二）各种位置平面的投影特性

在三面投影体系中，平面相对于投影面有三种不同的位置：

（1）投影面平行面——平行于某一个投影面的平面；

（2）投影面垂直面——垂直于某一个投影面而与另外两个投影面倾斜的平面；

（3）一般位置平面——与三个投影面都倾斜的平面。

通常将前两种统称为特殊位置平面。

平面对 H、V、W 三个投影面的倾角，依次用 α、β、γ 表示。

平面的投影一般仍为平面，特殊情况下积聚为一条直线。画平面图形的投影时，一般先画出组成平面图形各顶点的投影，然后将它们的同面投影相连即可。下面分别介绍各种位置平面的投影及其特性。

1. 投影面平行面

在投影面的平行面中，平行于 H 面的平面，称为水平面；平行于 V 面的平面，称为正平面；平行于 W 面的平面，称为侧平面。

表 3-3 列出了以上三种平面的立体图、投影图及其投影特性。

由表 3-3 可以概括出投影面平行面的投影特性：

（1）平面在它所平行的投影面上的投影反映实形；

（2）另外两个投影面上的投影均积聚为直线，且共同垂直于非所平行投影面的投影轴。

表 3-3　投影面平行面的投影特性

平面的位置	立体图	投影图	投影特性
水平面	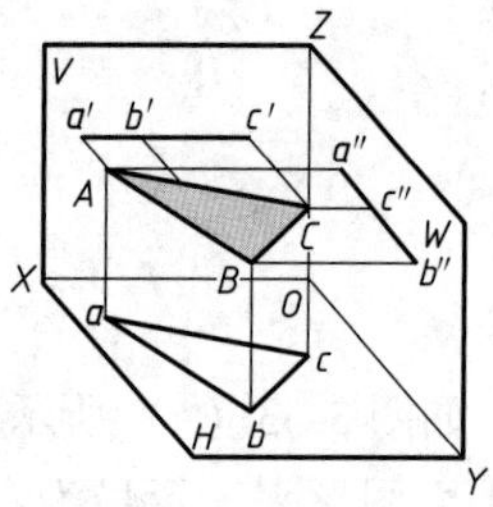	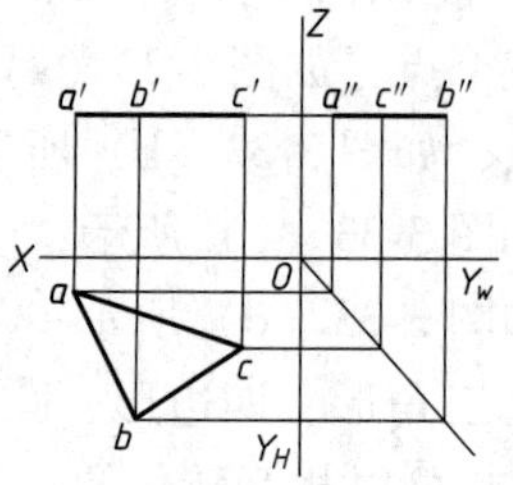	（1）水平投影反映实形； （2）正面投影和侧面投影均积聚为直线，且共同垂直于 Z 轴
正平面	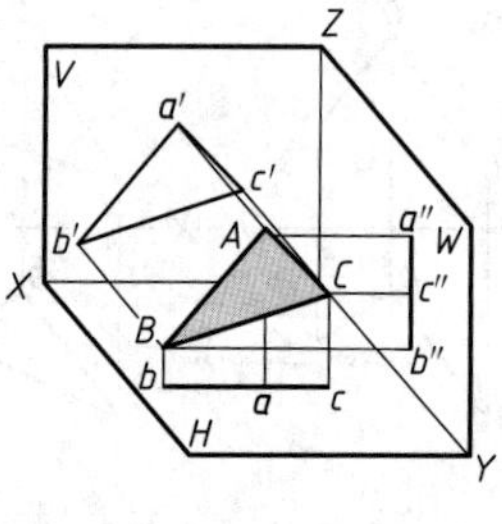	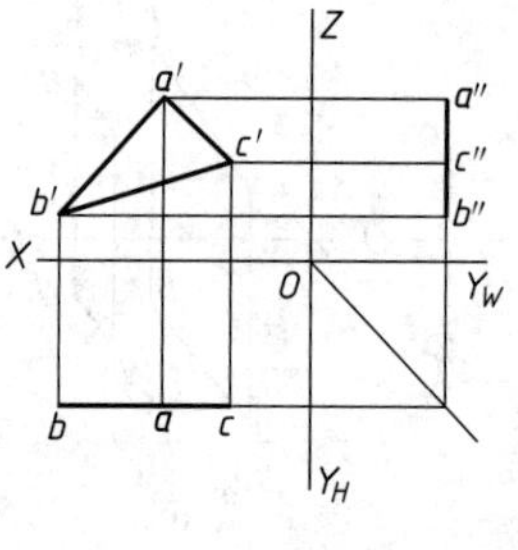	（1）正面投影反映实形； （2）水平投影和侧面投影均积聚为直线，且分共同垂直于 Y 轴
侧平面	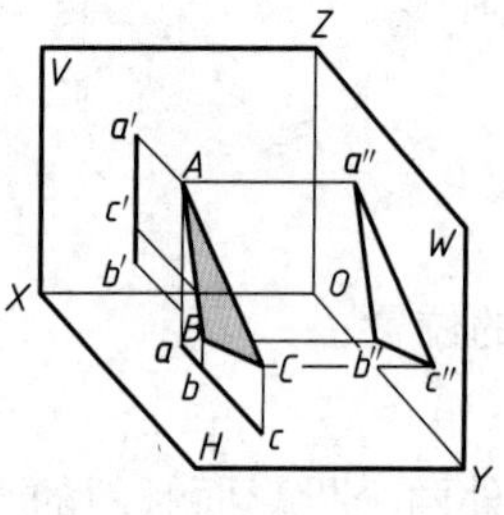	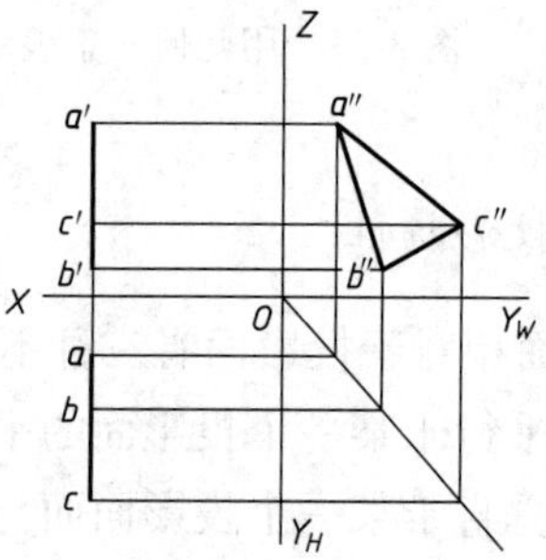	（1）侧面投影反映实形； （2）水平投影和正面投影均积聚为直线，且共同垂直于 X 轴

2. 投影面垂直面

在投影面的垂直面中，只垂直于 H 面的平面，称为垂直面；只垂直于 V 面的平面，称为正垂面；只垂直于 W 面的平面，称为侧垂面。

表 3-4 列出了以上三种垂直面的立体图、投影图及其投影特性。

由表 3-4 可以概括出投影面垂直面的投影特性：

（1）平面在它所垂直的投影面上的投影积聚为一条直线，该直线与投影轴的夹角反应该平面对另外两个投影面的真实倾角；

（2）外两个投影面上的投影，均为小于空间平面图形的类似形。

平面垂直于一个投影面而对另外两个投影面倾斜，称为投影面垂直面。对不同的投影面，直面可分为铅垂面（垂直与 H 面）、正垂面（垂直于 V 面）及侧垂面（垂直于 W 面）三种。如表 3-4 所示。

表 3-4　投影面垂直面的投影特性

名称	轴测图	投影图	投影特性
铅垂面	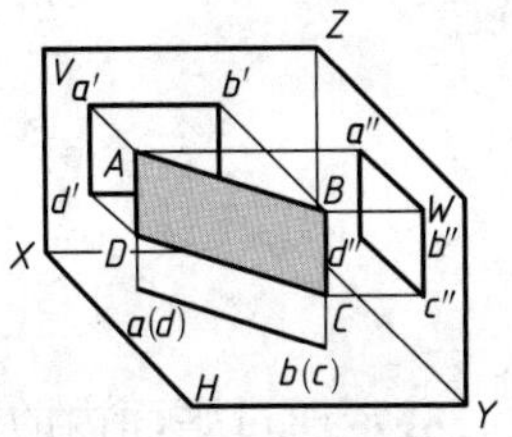	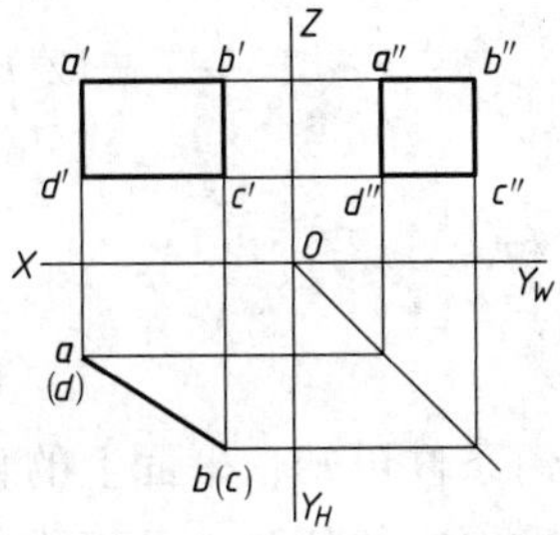	（1）水平投影积聚成与投影轴均倾斜的一条直线； （2）正面投影、侧面投影不反映实形，为空间平面的类似形
正垂面	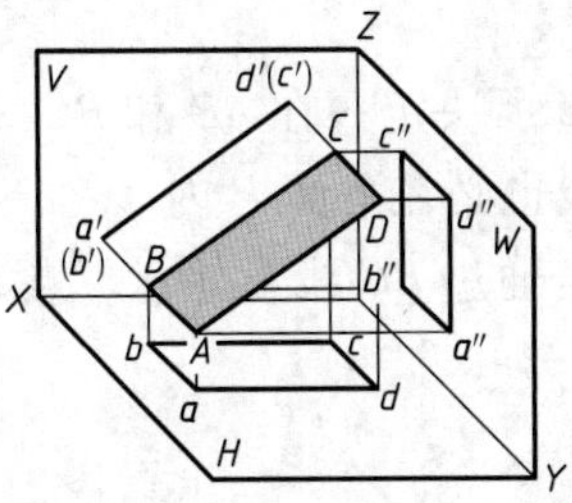	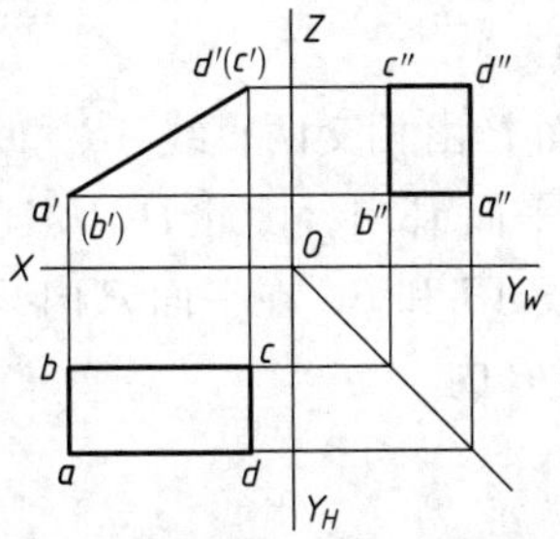	（1）正面投影积聚成与投影轴均倾斜的一条直线； （2）水平投影、侧面投影不反映实形，为空间平面的类似形
侧垂面	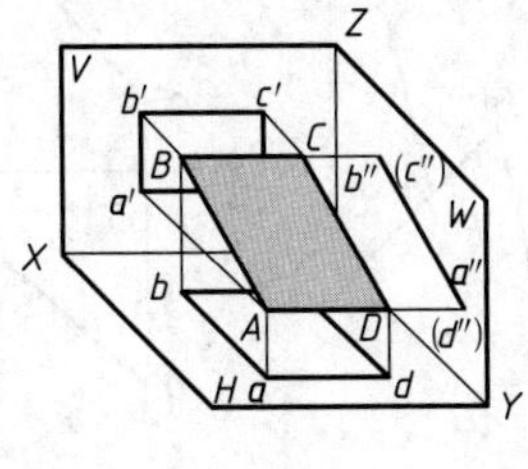	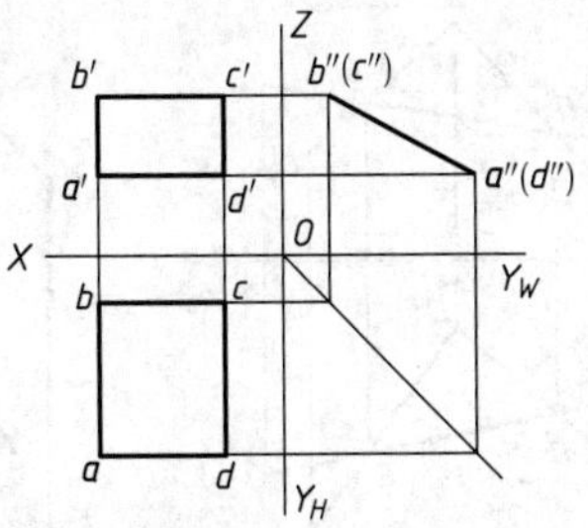	（1）侧面投影积聚成与投影轴均倾斜的一条直线； （2）正面投影、水平投影不反映实形，为空间平面的类似形

3. 一般位置平面

一般位置平面与三个投影面都是倾斜关系，如图 3-34（a）所示。

一般位置平面的投影特性：平面 ABC 对各个投影面都处于倾斜的位置，所以各个投影面都不会积聚成直线，不反映实形，也不反应平面对投影面倾斜角度的真实大小，各个投影都是空间原图形的类似形，如图 3-34（b）所示。

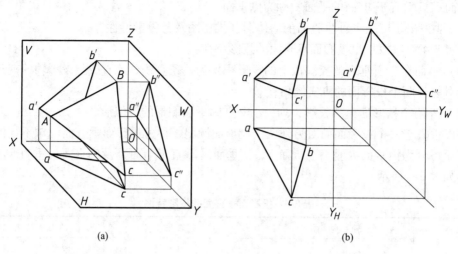

(a)　　　　　　　　　　　　　　　　(b)

图 3-34　一般位置平面

（三）平面上的直线和点

1. 平面上的直线

由直线在平面上的几何条件可知，平面上的直线，必定通过平面内的两点；或者通过平面内的一点，且平行于平面内的任意一条直线。所以，若要在平面内取直线，必须先在平面内的已知直线上取点。

如图 3-35 所示，平面 P 由相交两直线 AB 和 BC 所决定。在 AB 和 BC 线上各取一点 D 和 E，则 D、E 两点必在平面 P 内，因此 D、E 连线也必在平面 P 内。

如图 3-36 所示，直线 AB 和 BC 在平面 P 内，若通过 BC 线上任意一点 E 作 EF 平行于 AB，则 EF 直线必在平面 P 内。

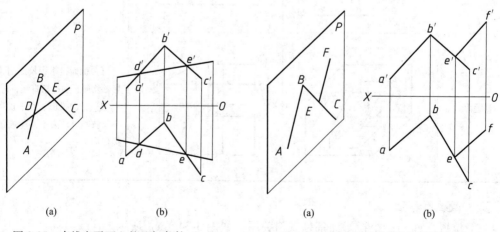

(a)　　　　　　(b)　　　　　　　　　　(a)　　　　　　(b)

图 3-35　直线在平面上的几何条件（一）　　图 3-36　直线在平面上的几何条件（二）
　　　　(a) 直观图；(b) 投影图　　　　　　　　　(a) 直观图；(b) 投影图

【例 3-6】　已知直线 MN 在 △ABC 所决定的平面内，如图 3-37（a）所示，求作其水平投影。

分析：

由于直线在平面上，所以其必定通过平面上两点，故延长 *MN* 必与 *AB*、*BC* 相交于 Ⅰ、Ⅱ点，由于Ⅰ、Ⅱ是 *AB*、*BC* 上的点，可直接求出 *MN* 的水平投影。

解：延长 *m'n'*，分别与 *a'b'*、*b'c'* 交于 1′和 2′；应用直线上点的投影特性，求得Ⅰ、Ⅱ的水平投影 1 和 2；连接 1 和 2，再应用直线上点的投影特性，求出 *m* 和 *n*。

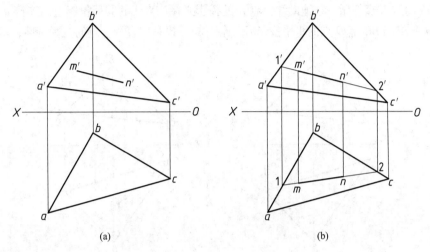

(a)　　　　　　　　　　　　(b)

图 3-37　求平面内直线的水平投影

【例 3-7】　如图 3-38（a）所示，已知直线段 *AB* 在△*DEF* 内，且其正面投影为 *a'b'*，求水平投影 *ab*。

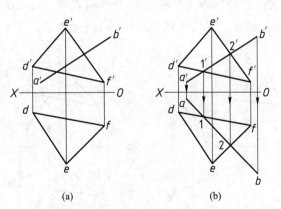

(a)　　　　　　(b)

图 3-38　求平面上直线的水平投影

（a）已知条件；（b）作图结果

解：已知 *AB* 在△*DEF* 内，则 *AB* 直线必通过△*DEF* 平面内的两点，即 *AB* 与 *DF* 的交点Ⅰ和 *AB* 与 *EF* 的交点Ⅱ。所以 *a'b'* 属于△*d'e'f'*，*ab* 属于△*def*。

如图 3-38（b）所示，分别过Ⅰ、Ⅱ两点的正面投影 1′和 2′作 *X* 轴的垂线与 *df* 和 *ef* 相交于 1 和 2，过 1、2 两点作直线 *ab*，即为 *AB* 的水平投影。

2. 平面上的点

由点在平面上的几何条件可知，平面上的点，必在该平面内的一条直线上。所以，在平面内取点，可先在平面内取通过该点的一条直线（辅助线），然后在该线上选取符合要求的点。

【例3-8】 已知 K 点在 $\triangle ABC$ 上，如图3-39（a）所示，求点 K 的水平投影。

解：

在平面内过 K 点任做一条辅助线，点 K 的投影必在该直线的同面投影上。连接 $a'k'$ 并延长交 $b'c'$ 于 d'，求出 BC 上 D 点的水平投影 d；连接 ad，再利用直线上点的投影特性，求出 k。

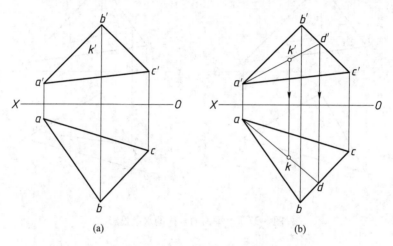

(a)　　　　　　　　　　　　(b)

图3-39　求平面上点的投影

【例3-9】 已知平面五边形 $ABCDE$ 的正面投影和其中 AB、CB 两边的水平投影，且 $AB /\!/ CD$，如图3-40（a）所示，试完成该五边形的水平投影。

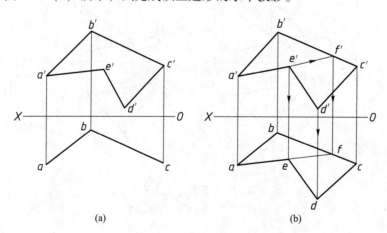

(a)　　　　　　　　　　　　(b)

图3-40　求五边形水平投影

解： 根据题意，五边形两条边 AB 和 CD 两投影都已知，所以该五边形平面的空间位置已经确定，E、D 两点应在五边形 $ABCDE$ 上，因而利用点在平面上的原理以及平面两直线的投影特性做出点的投影即可。

连接 $a'e'$ 并延长交 $b'c'$ 于 f'，根据 F 点在直线 BC 上，求得 F 点的水平投影 f；连接 af，根据 E 点在 AF 上，从而求得 E 的水平投影 e；作 $cd /\!/ ab$，并由 d' 得 d；依次连接 c、d、e、a 得平面图形 $ABCDE$ 的水平投影。

任务三　绘制基本体的三视图

在生产实践中，会接触到各种形状的机件，如图 3-41 所示。这些机件的形状虽然复杂多样，但都是由一些简单的形体经叠加、切割或相交等形式组合而成的。这些形状简单且规则的立体被称为基本几何体，简称为基本体。

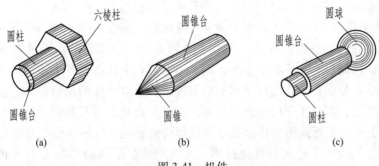

图 3-41　机件

（a）螺栓毛坯；（b）顶尖；（c）手柄

基本体是构成复杂物体的基本单元，一般也称基本体为简单形体。基本体的大小、形状是由其表面限定的。按其表面性质不同，可分为平面立体和曲面立体两类。

（1）平面立体。表面是由平面围成的立体，简称平面体。例如，棱柱、棱锥、棱台等，如图 3-42 所示。

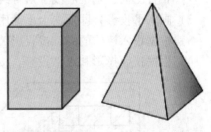

图 3-42　平面立体

（2）曲面立体。表面是由曲面和平面或曲面围成的立体，又称为回转体。例如，圆柱、圆锥、球、圆环等，如图 3-43 所示。

图 3-43　曲面立体

一、平面立体的投影

由于平面立体的表面均为平面，各表面相交形成棱线，故可将绘制平面立体的投影归结为绘制其各表面的投影，或者归结为绘制各棱线及各顶点的投影。

（一）棱柱

棱柱分为直棱柱（侧棱与底面垂直）和斜棱柱（侧棱和底面倾斜）两类。棱柱上下底面是两个形状相同且互相平行的多边形，各个侧面都是矩形或平行四边形。上下底面是正多边形的直棱柱称为正棱柱。下面以六棱柱为例。

（1）安放位置。安放形体时要考虑两个因素：一要使形体处于稳定状态，二要考虑形体的工作状况。为了作图方便，应尽量使形体的表面平行或垂直于投影面，以便于选择正确的主视图。为此，将如图 3-44（a）所示的正六棱柱的上下底面平行于 H 面放置，并使其前后两个侧面平行于 V 面，则可得正六棱柱的三面投影图。

（2）投影分析。图 3-44（b）所示为正六棱柱的三面投影图。因为上下两底面是水平面，前后两个棱面为正平面，其余 4 个棱面是铅垂面，所以它的水平投影是一个正六边形，它是上下底面的投影，反映了实形，正六边形的 6 个边即为 6 个棱面的积聚投影，正六边形的 6 个顶点分别是 6 条棱线的水平积聚投影。正六棱柱的前后棱面是正平面，它的正面投影反映实形，其余 4 个棱面是铅垂面，因而正面投影是其类似形。合在一起，其正面投影是 3 个并排的矩形线框。中间的矩形线框为前后棱面反映实形的重合投影，左右两侧的矩形线框为其余 4 个侧面的重合投影。此线框的上下两边即为上下两底面的积聚投影。它的侧面投影是两个并排的矩形线框，是 4 个铅垂棱面的重合投影。

（3）作图步骤。

1）布置图面，画中心线、对称线等作图基准线。

2）画水平投影，即反映上下两底面实形的正六边形。

3）根据正六棱柱的高，按投影关系画正面投影。

4）根据正面投影和水平投影，按投影关系画铅垂面（即侧面）投影。

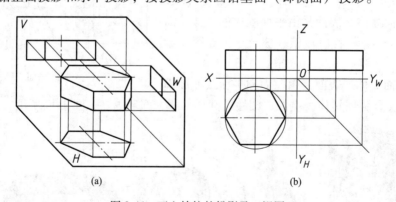

图 3-44　正六棱柱的投影及三视图

（二）棱锥

棱锥的地面为多边形，各侧面为若干具有公共顶点的三角形。当棱锥的底面是正多边形，各侧面是全等的等腰三角形时，称为正棱锥。下面以正三棱锥为例，如图 3-45（a）所示，正三棱锥的地面为正三角形，三个棱面为全等的等腰三角形，轴线通过底面重心并与底面相互垂直,三条棱线交汇于锥顶点。

(1)安放位置。使正三棱锥的底面与水平面平行,后面的棱角与侧面相互垂直,其底面边线为侧垂线。

(2)投影分析。

1)俯视图:由于底面平行于水平面,其水平投影△abc反映底面的实形。正三棱锥的顶点S的水平投影s在△abc的重心上,三个棱面均与水平面倾斜,其水平投影分别为△sab、△sbc、△sca,反映棱面的类似形。

2)主视图(正面投影):为由两个小三角形线框组成的大三角形线框,底面垂直于正面,其投影积聚为一条直线a'b'c',锥顶点S的正面投影位于a'b'c'的垂直平分线上,s'到a'b'c'的距离等于正三棱锥的高。左右两个棱面倾斜于正面,其正面投影为左右两个小三角形线框,为棱面的类似形,后棱面也倾斜于正面,其正面投影为类似形,为外轮廓大三角形线框,其投影△s'a'c'为不可见。

3)左视图:为一斜三角形线框,底面垂直于侧面,其投影积聚为一条直线a"b"(c"),为左视图三角形的底边,后棱面垂直于侧面,其投影积聚为一条直线s"a"(c"),左右两个棱面倾斜于侧面,其投影为两两重影的三角形线框,为棱面的类似形。

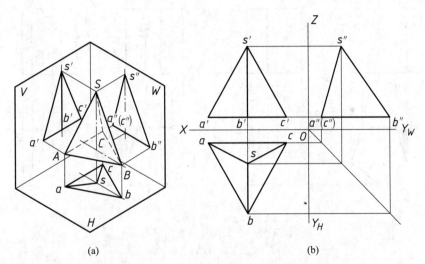

图 3-45　正三棱锥的投影及三视图

(3)作图步骤,如图3-45(b)所示。

1)画投影轴。

2)画反映底面实形的俯视图。画等边三角形abc,由重心s连sa、sb、sc。

3)根据"长对正"和正三棱锥的高度画主视图。

4)根据"宽相等、高平齐"画左视图。注意:锥顶点的侧面投影位置,由正面及水平投影按投影规律得到。

5)检查。

二、平面立体上点的投影

平面立体的表面都是平面多边形,在其表面上取点的作图问题,实质上就是平面上取点作图的应用。其作图的基本原理是：平面立体上的点和直线一定在立体表面上。由于平面立体的各表面存在着相对位置的差异，必然会出现表面投影的相互重叠，从而产生各表面投影的可见与不可见问题，因此，对于表面上的点和线还应考虑它们的可见性。判断立体表面上点和线可见与否的原则是：如果点、线所在的表面投影可见，那么，点、线的同面投影一定可见，否则不可见。

立体表面取点的求解问题一般是指已知立体的三面投影和它表面上某一点的一面投影，要求该点的另两面投影，解决问题的基本思路如下：

（1）从属性法。如果点位于立体表面的某条棱线上，那么，点的投影必定在棱线的投影上，即可利用线上点的"从属性"求解。

（2）积聚性法。如果点所在的立体表面对某投影面的投影具有积聚性，那么，点的投影必定在该表面对这个投影面的积聚投影上。

如图3-46（a）所示，在五棱柱的后棱面上给出了A点的正面投影（a'），在上底面上给出了B点的水平投影b，可利用棱面和底面投影的积聚性直接作出A点的水平投影和B点的面投影，再进一步作出另外一面投影，如图3-46（b）所示。

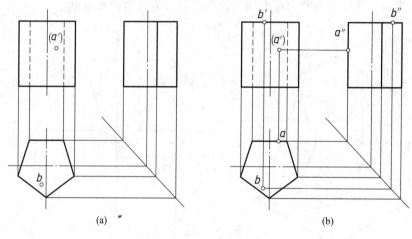

图3-46　在五棱柱的表面定点
（a）已知；（b）求解

（3）辅助线法。当点所在的立体表面无积聚性投影时，必须利用作辅助线的方法来帮助求解。这种方法是先过已知点在立体表面作一辅助直线，求出辅助直线的另两面投影，再依据点的"从属性"，求出点的各面投影。

如图3-47（a）所示，在三棱锥的SEG棱面上给出了点A的正面投影a'，又在SFG棱面上给出了点B的水平投影b，为了作出A点的水平投影a和B点的正面投影b，可运用前面讲过的在平面上定点的方法，即首先在平面上画一条辅助线，然后在此辅助线上定点。

图3-47（b）说明了这两个投影的画法，图中过A点作一条平行于底边的辅助线，而过B点作一条通过锥顶的辅助线，所求的投影a、b'都是可见的，再依据投影原理作出整个立体及表面点的侧面投影。

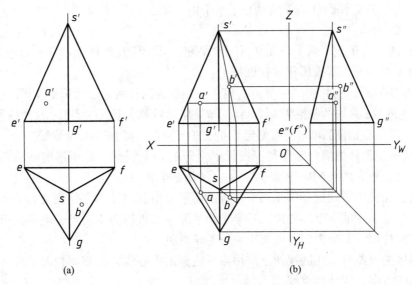

图 3-47 三棱锥表面上点的投影

(a) 已知；(b) 求解

三、回转体的投影

表面全由曲面或由曲面和平面共同围成的形体为曲面体。常见曲面体有圆柱、圆锥、圆球等。它们的曲表面均可看作是由一条动线绕某固定轴线旋转而成的，这类曲面体又称为回转体，其曲表面称为回转面。动线称为母线，母线在旋转过程中的任一具体位置称为曲面的素线。曲面上有无数条素线。

图 3-48 所示为回转面的形成。图 3-48（a）表示一条直母线围绕与它平行的轴线旋转形成的圆柱面；图 3-48（b）表示一条直母线围绕与它相交的轴线旋转形成的圆锥面；图 3-48（c）表示一曲母线圆围绕其直径旋转而形成的球面。

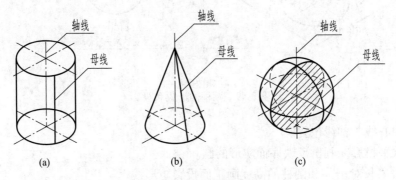

图 3-48 回转面的形成

（一）圆柱的三视图

（1）形体分析。圆柱由圆柱面和两个底面组成。圆柱的上下两个底面为直径相同且相互平行的两个圆面，轴线与底面垂直。

（2）投影位置。使圆柱的轴线垂直于水平面，如图 3-49（a）所示。

（3）投影分析。

1）俯视图：由于上下两个底面平行于水平面，其投影反映底面的实形且重影为一圆。圆柱面垂直于水平面，其投影积聚在圆周上。

2）主视图：圆柱正面投影为一矩形，其上下边线为圆柱两底面的积聚投影，左右两条边线是圆柱面上最左、最右两条轮廓素线 AA_1、BB_1 的正面投影，且反映实长。这两条素线从正面投射方向看，是圆柱面前后两部分可见与不可见的分界线，称为正向轮廓素线。

3）左视图：圆柱侧面投影是与正面投影全等的一个矩形。此矩形的前后两条边线是圆柱面上最前、最后两条侧向轮廓素线 CC_1、DD_1 的侧面投影。

圆柱的正面投影与侧面投影是两个全等的矩形，但其表达的空间意义是不相同的。正面投影矩形线框表示前半个圆柱面，后半个圆柱面与其重影为不可见；侧面投影矩形线框表示左半个圆柱面，右半个圆柱面与其重影为不可见。

画回转体的视图时，在圆视图上应用点画线画出中心线，在非圆视图上应防止漏画轴线或画错轴线方向，应特别重视。

（4）作图步骤，如图 3-49（b）所示。

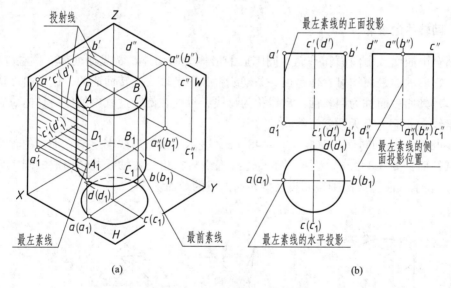

图 3-49　圆柱的形成和投影

1）定中心线、轴线位置。

2）画水平投影，画出反映底面实形的圆。

3）根据"长对正"和圆柱的高度画正面投影矩形线框。

4）根据"宽相等、高平齐"画侧面投影矩形线框。

5）检查、删除多余图线。

圆柱体三视图的视图特征：两个视图为矩形线框，第三个视图为圆。

（5）圆柱面上取点。已知圆柱面上两点 Ⅰ 和 Ⅱ 的正面投影 $1''$ 和 $2''$，如图 3-50 所示，求作其余两投影。

由于圆柱面的水平投影积聚为圆，因此，利用积聚性可求出点的水平投影 1 和 2。再根据点的正面投影和水平投影，求得侧面投影 1′ 和 2′。由于点 Ⅱ 在圆柱面的右半部，其侧面投影不可见。

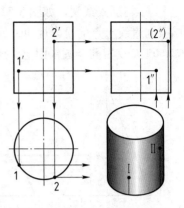

（二）圆锥的三视图

（1）形体分析。圆锥由圆锥面和底面圆组成，轴线通过底面圆心并与底面垂直。

（2）投影位置。使圆锥轴线与水平面垂直，如图 3-51（a）所示。

（3）投影分析。

图 3-50　圆柱上取点的作图方法

1）俯视图：圆锥的水平投影为一个圆，此圆反映底面圆的实形，也反映圆锥面的水平投影。圆锥顶点的水平投影落在圆心上，圆锥面的水平投影可见，底面的不可见。

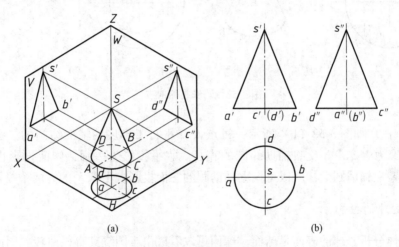

(a)　　　　　　　　　　　　　(b)

图 3-51　圆锥的三视图

2）主视图和左视图：为全等的两个等腰三角形线框，其两腰表示圆锥面上不同位置轮廓素线的投影。正面投影中 s′a′ 和 s′b′ 是圆锥面上最左、最右两条正向轮廓素线 SA 和 SB 的正面投影，侧面投影中 s″c″ 和 s″d″ 是圆锥面上最前、最后两条侧向轮廓素线 SC 和 SD 的侧面投影。这些素线对于其他投射方向不是轮廓素线，因此此不必画出。

（4）作图步骤，如图 3-51（b）所示。

1）定中心线、轴线位置。

2）画水平投影，画出反映底面实形的圆。

3）根据"长对正"和圆锥的高画正面投影三角形线框。

4）根据"宽相等、高平齐"画侧面投影三角形线框。

5）检查、修剪、删除多余图线。

圆锥体三视图的视图特征：两个视图为三角形线框，第三视图为圆。

（5）圆锥表面上取点。确定圆锥表面上点的投影位置，常用的方法有辅助素线法和纬圆法。

1）辅助素线法。如图 3-52（a）所示，过锥顶 S 与点 K 作辅助素线 SG 的三面投影，再根据直线上点的投影规律，作出 k、k''，最后进行可见性判别。由 k' 的位置及可见性可知，点 K 在右前半圆锥面上，所以 k 可见，k'' 不可见。

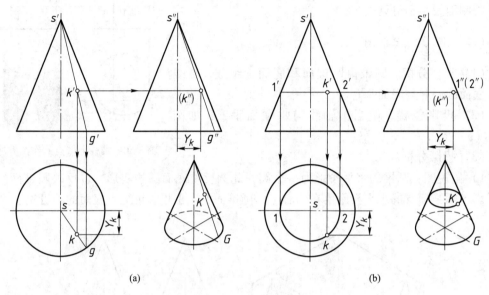

图 3-52　圆锥表面取点

2）纬圆法。如图 3-52（b）所示，过点 K 作平行于锥底的辅助纬圆的三面投影，即正面投影积聚为 $1'2'$，并反映辅助纬圆的直径。水平投影为一圆，侧面投影也积聚为直线。因为点 K 在辅助圆上，所以可根据辅助圆的三面投影求出点 K 的另两个投影。

（三）圆球的投影

（1）形体分析。球的表面是球面，球面可以看成由半圆绕其直径回转一周而形成，如图 3-53（a）所示。

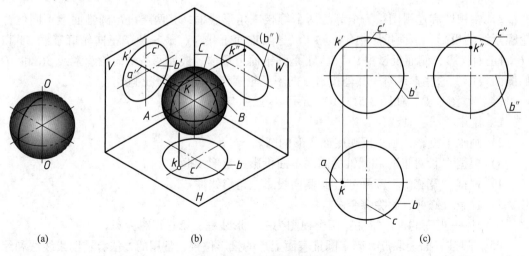

图 3-53　圆球的形成和投影

（2）投影分析。球的三个视图都是与圆球直径相等的圆，它们分别表示三个不同方向球面的轮廓线的投影。如图 3-53（c）所示，主视图中的圆，表示前半球与后半球的分界线，是平行于 V 面的前后方向轮廓素线圆的投影，它在 H 和 W 面的投影与圆球的前后对称中心线重合。俯、左视图中的圆，学生可自行分析。画圆球三视图时，应先画三个圆的中心线，然后再分别画圆。

（3）球面上取点。图 3-54 表示已知球面上点 1 的正面投影 $1'$，求其余两投影的方法。在这个图中，把球的轴线视为铅垂线，辅助纬圆平行于水平面。作图方法是从正面投影着手，过已知点作辅助纬圆的三面投影，再在辅助纬圆上求得已知点的其余两投影。

图 3-55 则把球的轴线看成是正垂线，利用平行于正面的辅助纬圆来作图。

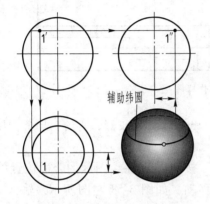

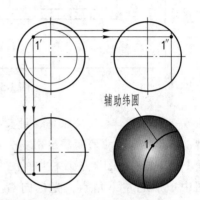

图 3-54 利用平行于水平面的　　　　　图 3-55 利用平行于正面的
辅助纬圆取点的作图方法　　　　　　　辅助纬圆取点的作图方法

任务四　在 AutoCAD 中绘制三视图

在使用 AutoCAD 软件绘制三视图时，"长对正、高平齐"的投影规律可通过"对象捕捉""极轴追踪"和"对象追踪"等功能来实现，而宽相等可通过尺寸或其他方法来实现。

【例 3-10】　根据工件立体图（如图 3-56 所示）和工作样图（如图 3-57 所示），使用 1∶1 的比例在 AutoCAD 中绘制三视图，并标注尺寸。

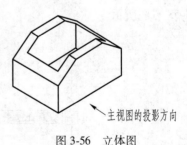

图 3-56　立体图

单击快速访问工具栏中的"打开"按钮，打开选择文件对话框，然后在该对话框的"搜索"列表中单击，找到项目二制定的样板图"A4. dwg"文件，最后单击"打开"按钮打开该文件。

接下来绘制三视图。在使用 AutoCAD 绘制三视图时，无需绘制基准线，只需按投影关系绘制各视图即可。

提示：

AutoCAD 绘制三视图时，三个视图需根据该物体的形成过程配合着画，切忌一个视图

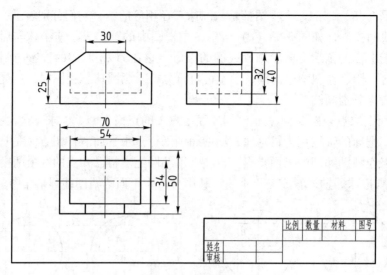

图 3-57　工作样图

画完再画另一个视图。本例按照先绘制基本体（长方体）的投影，再绘制切角，接着绘制长方体槽，最后标注尺寸的顺序绘制。

　　步骤 1　单击"绘图"工具栏中的"矩形"按钮 □，在绘图区的合适位置单击，指定俯视图中矩形的左下角点，光标向右上方移动，如图 3-58 左图所示，输入"@ 70，50"（在英文状态下输入），按<Enter>键指定矩形的右上角点。

　　步骤 2　按<Enter>键重复执行"矩形"命令，捕捉俯视图左上端点并竖直向上移动光标，在合适位置单击后向右上方移动光标，输入"@ 70，40"，按<Enter>键以指定主视图中矩形线框的右上角点。

　　步骤 3　重复执行"矩形"命令，采用同样的方法捕捉上步所绘矩形的右下角点并水平向右移动光标，在合适位置单击后向右上方移动光标，输入"@ 50，40"，结果如图 3-58 右图所示。

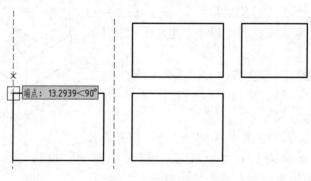

图 3-58　绘制长方体的三视图

　　步骤 4　执行"直线"命令，捕捉图 3-59 所示的端点 A 并向上移动光标，待出现竖直极轴追踪线时输入值"25"并按<Enter>键，然后绘制图中所示的水平直线。

　　步骤 5　按<Enter>键重复执行"直线"命令，捕捉水平直线 BC 的中点并向左移动光标，待出现水平极轴追踪线时输入值"15"并按<Enter>键，接着捕捉并单击端点 E，以绘制图中所示的直线 EF。采用同样的方法绘制另外一条倾斜直线 MN，如图 3-59 所示。

步骤 6　点击"修改"工具栏中的"修剪"按钮，点击多余图线，将多余图线修剪掉，结果如图 3-60 主视图所示。

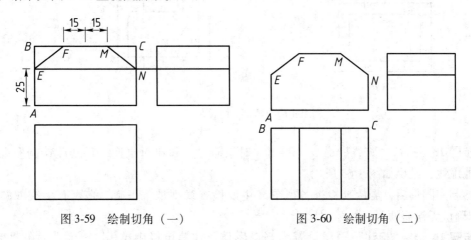

图 3-59　绘制切角（一）　　　　　图 3-60　绘制切角（二）

步骤 7　点击"直线"命令，分别捕捉图 3-60 所示的端点 F、M 并向下移动光标，待出现竖直极轴追踪线与直线 BC 的交点时单击，依次绘制俯视图中所示的两条竖直直线。

步骤 8　单击"修改"工具栏中的"偏移"按钮，将俯视图中的矩形向其内侧偏移 8。然后单击"修改"工具栏中的修剪按钮修剪图形，结果如图 3-61 俯视图所示。

步骤 9　将"虚线"图层设置为当前图层。执行"直线"命令，捕捉图 3-62（a）所示直线 AD 的中点并向上移动光标，待出现竖直极轴追踪线时输入值"8"并按<Enter>键；接着捕捉端点 C 并向上移动光标，待出现两条垂直相交的极轴追踪线时单击；继续

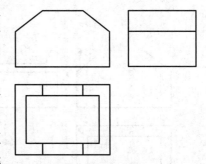

图 3-61　绘制长方体槽（一）

向上移动光标，找到极轴与主视图左侧斜线的交点时单击；最后按<Enter>键结束画线命令，图中两条虚线就画好了。

步骤 10　单击"修改"工具栏中的"镜像"按钮，选取上一步所绘制的两条虚线为镜像对象，并以水平虚线的右端点和主视图中任一水平直线的中点连线为镜像线进行镜像复制，结果如图 3-62（b）所示。

步骤 11　执行"直线"命令，捕捉图 3-62（a）所示直线 GH 的中点并向左移动光标，待出现水平极轴追踪线时输入值"17"并按<Enter>键，接着向下移动光标并捕捉主视图中竖直虚线与倾斜直线的交点，待出现两条垂直相交的极轴追踪线时单击，然后水平向右移动光标，绘制长度为 34 的水平直线，接着向上移动光标绘制第 3 条虚线，结果如图 3-62（b）所示。

步骤 12　选取左视图中的三条细虚线，然后将其置于"粗实线"图层。然后单击"修改"工具栏中的"修剪"按钮，修剪左视图上边线的中间部分，如图 3-63 所示。

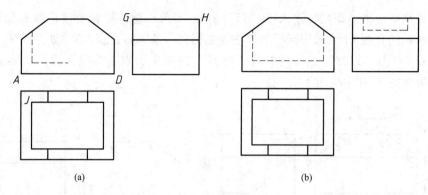

图 3-62　绘制长方体槽（二）

步骤 13　执行"直线"命令，利用"对象捕捉"和"对象追踪"功能绘制左视图中的其他虚线，结果如图 3-63 所示。

绘制完图形后，需认真检查各视图（主要检查线型是否正确，是否有多线或漏线情况），确认无误后便可开始标注尺寸。

步骤 14　将"标注"图层设置为当前图层。在菜单栏中单击"标注"，在"标注"下拉菜单中单击"线性"按钮，分别捕捉要标注的起点及终点，然后移动光标并在合适的位置单击，确定放置尺寸线的位置，标注结果如图 3-64 所示。

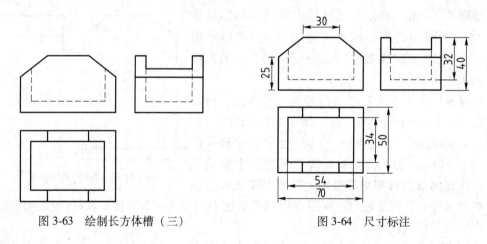

图 3-63　绘制长方体槽（三）　　　　　图 3-64　尺寸标注

提示：

在标注尺寸时，若所标注的尺寸数字和箭头的大小不合适，则可选择"格式"或"标注"→"标注样式"菜单命令，然后在打开的对话框中选择要修改的标注样式并单击"修改"按钮，接着在打开的"修改标注样式"对话框的"符号和箭头"和"文字"选项卡中设置其样式和大小。

任务五　绘制带切槽的基本体三视图（立体表面交线的绘制）

机械零件大多数是由一些基本体根据不同的要求组合而成的，基本体之间的相交或相切在立体表面会出现一些交线。常见的交线可分为两类：一类是平面与立体表面产生的交线；另一类是两立体表面相交产生的交线。

一、截交线

在机件上常有平面与立体相交（平面截切立体）而形成的交线，平面与立体表面相交的交线称为截交线。这个平面称为截平面，形体上截交线所围成的平面图形称为截断面，被截切后的形体称为截断体，如图3-65所示。

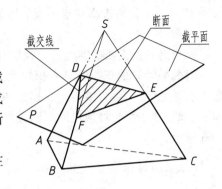

图 3-65　基本体的截交线

从图3-65中可知，截交线既在截平面上，又在形体表面上，它具有以下性质：

（1）截交线为截平面与立体表面的共有线，立体截交线上的点为截平面与立体表面的共有点。

（2）因为截交线属于截平面上的线，所以截交线一般是封闭的平面折线或带有曲线的平面图形。

（3）截交线的形状取决于被截立体的形状及截平面与立体的相对位置。

（一）平面立体截交线绘制

平面立体的截交线是一个封闭的平面多边形。多边形的各边是截平面与立体表面的共有线，而多边形的顶点是截平面与立体棱线的共有点。因此，求平面立体的截交线，实质就是求截平面与被截各棱线的共有点的投影，然后依次相接。

【例3-11】　试求正四棱锥被一正垂面 P 截切后的投影，如图3-66所示。

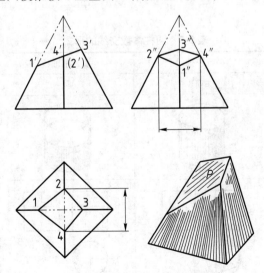

图 3-66　四棱锥被一正垂面截切

分析：

因截平面 P 与四棱锥 4 个棱面相交，所以截交线为四边形，它的 4 个顶点即为四棱锥的 4 条棱线与截平面 P 的交点。

截平面垂直于正投影面，而倾斜于侧投影面和水平投影面。所以，截交线的正投影积聚在 P' 上，而其侧投影和水平投影则具有类似形。

作图：

先画出完整正四棱锥的三个投影。

因截平面 P 的正投影具有积聚性，所以截交线四边形的 4 个顶点 A、B、C、D 的正投影 $1'$、$2'$、$3'$、$4'$ 可直接得出，据此即可在水平投影上和侧面投影上分别求出 1、2、3、4 和 $1''$、$2''$、$3''$、$4''$。将顶点的同面投影依次连接起来，即得截交线的投影。具体作图如图 3-66 所示。

（二）回转体截交线的绘制

当平面与回转体相交时，所得的截交线是闭合的平面图形，截交线的形状取决于回转面的形状和截平面与回转面轴线的相对位置。一般为平面曲线，有时为曲线与直线围成的平面图形、椭圆、三角形、矩形等，但当截平面与回转面的轴线垂直时，任何回转面的截交线都是圆。求回转体截交线投影的一般步骤如下：

（1）分析截平面与回转体的相对位置，从而了解截交线的形状。

（2）分析截平面与投影面的相对位置，以便充分利用投影特性，如积聚性、实形性。

（3）当截交线的形状为非圆曲线时，应求出一系列共有点。先求出特殊点（大多数在回转体的转向轮廓线上），再求一般点，对回转体表面上的一般点则采用辅助线的方法求得，然后用光滑的曲线连接共有点，求得截交线投影。

1. 圆柱体的截交线

根据截平面与圆柱轴线的相对位置不同，圆柱被切割后其截交线有三种情况，如表 3-5 所示。

表 3-5　圆柱体截交线的形式

截平面的位置	平行于轴线	垂直于轴线	倾斜于轴线
截交线的形状	矩形	圆	椭圆
立体图	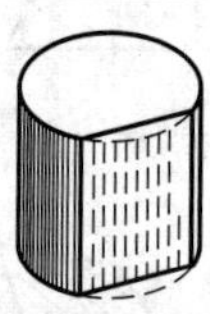	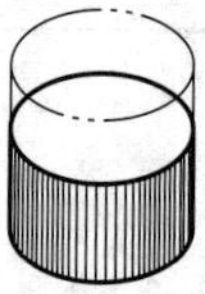	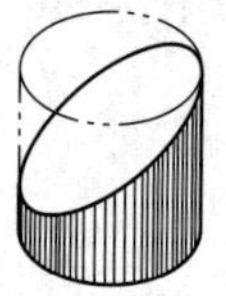
投影图	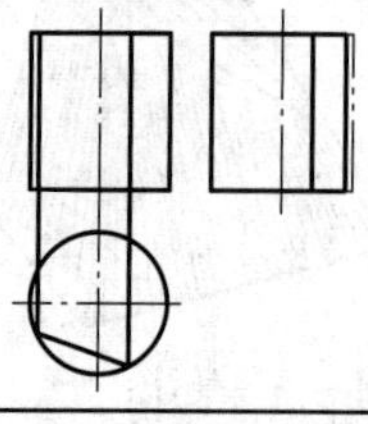	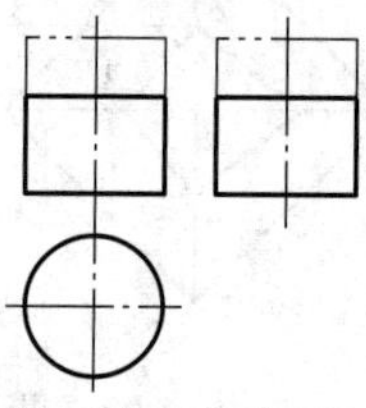	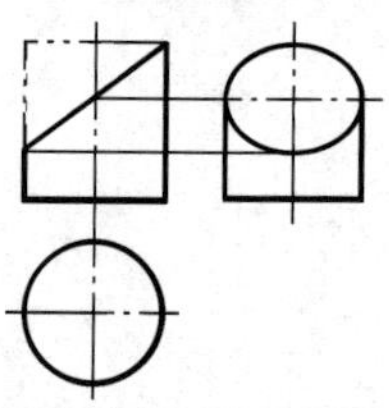

当截平面与圆柱轴线平行时，其截交线为矩形（其中两对边为圆柱面的素线）；当截平面与圆柱轴线垂直相交时，其截交线为圆；当截平面与圆柱轴线倾斜相交时，其截交线为椭圆。

【例3-12】　求一斜切圆柱的截交线的投影（见图3-67）。

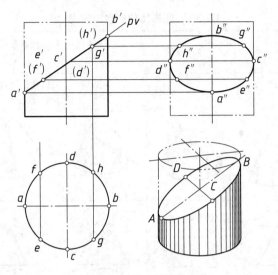

图3-67　斜切圆柱的投影

分析：

圆柱被正垂面P截切，由于截平面P与圆柱轴线倾斜，故所得的截交线是一个椭圆，它既在截平面P上，又在圆柱回转表面上。因截平面P的正面投影有积聚性，故截交线的正面投影应与Pv（迹线平面）重合。圆柱面的水平投影有积聚性，截交线的水平投影与圆柱面的水平投影重合。所以，只需要求出截交线的侧面投影。

作图：

（1）作截交线的特殊点。特殊点通常指截交线上一些能确定截交线形状和范围的特殊位置点，如最高、最低、最左、最右、最前、最后点，以及轮廓线上的点。对于椭圆首先应求出长短轴的4个端点。因长轴的端点A、B是椭圆的最低点和最高点，位于圆柱的最左、最右两条素线上；短轴两端点C、D是椭圆最前点和最后点，位于圆柱的最前、最后两条素线上。这4点在水平面上的投影分别是a、b、c、d，在正面上的投影分别是a'、b'、c'、d'。根据对应关系，可求出在侧面上的投影a''、b''、c''、d''。求出了这些特殊点，就确定了椭圆的大致范围。

（2）求一般点。为了准确地作出截交线，在特殊点之间还需求出适当数量的一般点。如图3-67所示，在截交线的水平投影上，取对称于中心线的4点e、f、g、h，按投影关系可找到其正面投影e'、f'、g'、h'，再求出侧面投影e''、f''、g''、h''。

（3）依次用光滑的曲线连接各点，即可得截交线的侧面投影。

（4）检查分析，加深截切后圆柱的三面投影图。

2. 圆锥体的截交线

截平面与圆锥体表面相交，其截交线有五种情况，如表3-6所示。

当截平面过锥顶切圆锥时，其截交线为等腰三角形；当截平面与圆锥轴线垂直时，其截交线为圆；当截平面与圆锥轴线倾斜，且不平行于母线时，其截交线为椭圆；当截平面与圆锥轴线倾斜，且平行于母线时，与圆锥表面产生的截交线为抛物线；当截平面与圆锥轴线平行时，与圆锥表面产生的截交线为双曲线。

表 3-6　圆锥体截交线的形式

截平面位置	通过锥顶	垂直于轴线	倾斜于轴线 （α>φ）	倾斜于轴线 （α=φ）	平行于轴线 （α<φ）（α=0）
截交线	等腰三角形	圆	椭圆	抛物线加直线段	双曲线加直线段
轴测图					
投影图					

当圆锥截交线为圆或三角形时，其投影可直接画出。若截交线为椭圆、抛物线、双曲线时，应用辅助平面法描点完成。

【例 3-13】　求作被正平面截切的圆锥截交线，如图 3-68 所示。

分析：

截平面为平行于圆锥轴线的正平面，其截交线是双曲线和直线围成的平面图形。截交线的水平投影和侧面投影都积聚为直线，只需求正面投影，正面投影反映双曲线实形。

作图：

（1）求特殊点。点Ⅲ为最高点，位于最前素线上，点Ⅰ、Ⅴ为最低点，位于底圆上。可由其水平投影 3、1、5 及 3″、1″、5″求得其正面投影 3′、1′、5′。

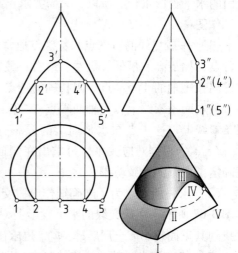

图 3-68　正平面截切圆锥

（2）求一般点。在截交线已知的侧面投影上适当取两点的投影 2″、4″，然后采用辅助圆法在圆锥表面上取点，求得其水平投影 2、4 和正面投影 2′、4′。

（3）依次光滑连接各点 1′、2′、3′、4′、5′，即得双曲线的正面投影。

3. 圆球截交线

截平面切圆球，截交线总是圆。当截平面平行于某一投影面时，截交线在该投影面上的投影为圆的实形，在其他两投影面上的投影都积聚为直线。当截平面处于其他位置时，则在截交线的三个投影中必有椭圆。

【**例 3-14**】　求作被水平面和侧平面截切的圆球
截交线，如图 3-69 所示。

截平面 Q、P 为水平面和侧面平面，其截交线投
影的基本作图方法，如图 3-69 所示。

【**例 3-15**】　求图 3-70（a）所示立体的投影。

分析：

该立体是在半个球的上部开出一个方槽后形成
的。左右对称的两个侧平面 P 和水平面 Q 与球面的
交线是圆弧，P 和 Q 彼此相交于直线段。

作图：

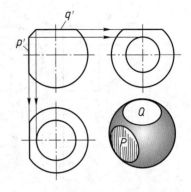

图 3-69　平面与球面交线的基本作图

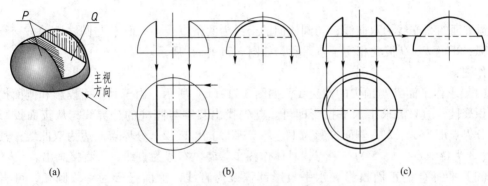

(a)　　　　　　　　　　　(b)　　　　　　　　　　　(c)

图 3-70　球上开槽的画法

（a）立体图；（b）完成平面 P 的投影；（c）完成平面 Q 的投影

先画出立体的三个投影后，再根据方槽的正面投影作出其水平投影和侧面投影。

（1）完成侧平面 P 的投影，如图 3-70（b）所示。经分析，平面 P 的边界由平行于侧
面的圆弧和直线组成。先由正面投影作出侧面投影，其水平投影的两个端点，应由其余两
个投影来确定。

（2）完成水平面 Q 的投影，如图 3-70（c）所示。由分析可知，平面 Q 的边界是由相
同的两段水平圆弧和两段直线组成的对称形。

应注意，球面对侧面的转向轮廓线，在开槽范围内已不存在。

4. 组合回转体截交线绘制

由两个或两个以上回转体组合而成的形体称为组合回转体。

当平面截切组合回转体时，其截交线是由截平面与各个回转体表面的交线所组成的平
面图形。在求作平面与组合回转体的截交线的投影时，可分别作出平面与组合回转体的各
段回转面以及各个截平面表面的交线的投影，然后求得组合回转体的截交线的投影。

【**例 3-16**】　求作顶尖头部被截后的投影，如图 3-71 所示。

分析：

顶尖是由轴线垂直于侧面的圆锥和圆柱组成的同轴组合回转体，圆锥与圆柱的公共底
圆是它们的分界线，顶尖的切口由平行于轴线的平面 P 和垂直于轴线的平面 Q 截切。平面

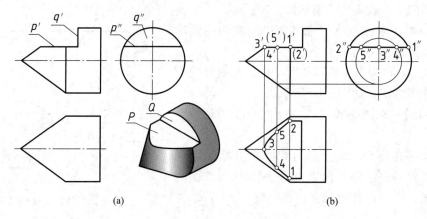

图 3-71　顶尖头部的截交线

P 与圆锥面的截交线为双曲线，与圆柱面的交线为两条直线；平面 Q 与圆柱面的截交线是一圆弧；平面 P、Q 彼此相交于直线段，如图 3-71（a）所示。

作图：

（1）求作平面 P 与顶尖的截交线，如图 3-71（b）所示。由于其正面投影和侧面投影都有积聚性，故只需求出水平投影即可。首先找出圆锥与圆柱的分界线，从正面投影可知，分界点即为 $1'$、$2'$，侧面投影为 $1''$、$2''$，进而求出 1、2。分界点左边为双曲线，其中 1、2、3 为特殊点，4、5 为一般点，具体作图步骤略。右边为直线，可直接画出。

（2）平面 Q 的正面投影和水平投影都积聚为直线，侧面投影为一段圆弧，可直接求出。

（3）判别可见性，将各点依次用光滑曲线连接并加深。

二、相贯线

两立体相交按其立体表面的性质可分为两平面立体相交、平面立体与曲面立体相交和两曲面立体相交三种情况，如图 3-72 所示。两立体相交表面产生的交线称为相贯线。

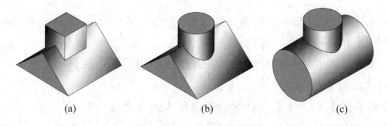

图 3-72　两立体相交的种类
（a）两平面立体相交；（b）平面立体与曲面立体相交；（c）两曲面立体相交

图 3-72（a）所示立体的表面均为平面，平面立体与平面立体相交，其实质是平面与平面立体相交；图 3-72（b）所示为平面立体与曲面立体相交，其实质是平面与曲面立体相交，故不再详述。本节主要讲解两曲面立体中的两回转体相交时相贯线的性质和作图方法。

（一）相贯线的性质

相贯线有如下三个主要性质。

（1）相贯线是两立体表面的共有线，相贯线上的点是两立体表面的共有点。

（2）相贯线是两立体表面的分界线。

（3）相贯线一般是封闭的空间曲线，特殊情况下为平面曲线或直线。

相贯线的作图方法：根据相贯线的性质，求相贯线实质是求相交的两立体表面的共有点，再将这些点用光滑的曲线连接起来，即得相贯线。其作图方法主要有利用积聚性求相贯线、辅助平面法求相贯线、辅助球面法求相贯线三种。

（二）求相贯线的一般步骤

（1）分析两立体的形状、大小和相互位置，以及它们对投影面的相对位置，然后分析相贯线的性质。

（2）求特殊点。特殊点是能确定相贯线的形状和范围的点，如立体的转向轮廓线上的点、对称的相贯线在其对称平面上的点以及相贯线最高、最低、最前、最后、最左、最右点。

（3）求一般点。为使作出的相贯线更加准确，需要在特殊点之间求出若干个一般点。

（4）判别可见性。对相贯线的各投影应分别进行可见性判别。

（5）用光滑的曲线依次连接各点的同面投影。

（三）利用积聚性求相贯线

两圆柱正交，且圆柱轴线垂直于相应投影面时，可利用积聚性求相贯线。

【例3-17】　如图3-73（a）所示，求作轴线正交的两圆柱的相贯线的投影。

分析：

由于两圆柱正交，因此相贯线为前后、左右均对称的空间曲线。其水平投影积聚于直立圆柱的水平投影上，侧面投影积聚于水平圆柱的侧面投影上，所以只需作相贯线的正面投影。

作图：

（1）求特殊点。从水平投影和侧面投影可以看出，两圆柱面正面投影轮廓线的交点为相贯线的最左点Ⅰ（1，1′，1″）和最右点Ⅲ（3，3′，3″），同时它们又是最高点。从侧面投影中可以直接得到最低点Ⅱ（2，2′，2″）和Ⅳ（4，4′，4″），同时它们又是最前点和最后点。

（2）求一般点。由于相贯线的水平投影具有积聚性，同时相贯线前后左右都对称，可以在水平投影上取点5、6、7、8，由于水平圆柱的侧面投影具有积聚性，可作出其侧面投影5″、6″、7″、8″，最后由水平、侧面投影求得其正面投影5′、6′、7′、8′。

（3）判别可见性。相贯线正面投影的可见与不可见部分重合，故画成粗实线。

（4）用光滑的曲线依次连接各点的正面投影，即为所求。

图3-74（a）、（b）所示为圆柱穿孔，其相贯线画法与两圆柱面相交的画法相同，不再赘述。

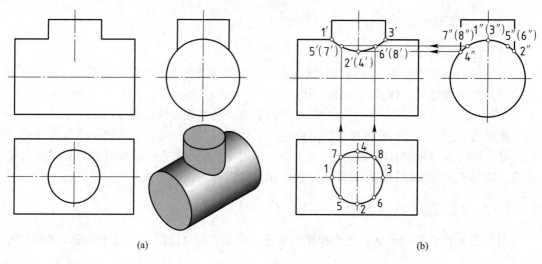

(a)　　　　　　　　　　　　　　　　　(b)

图 3-73　两圆柱相贯

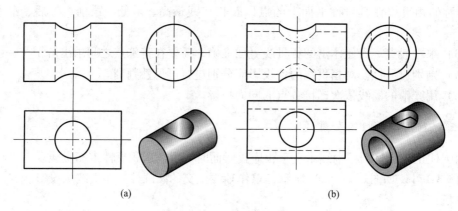

(a)　　　　　　　　　　　　　　　　　(b)

图 3-74　两圆柱相贯线

（四）用辅助平面法求相贯线

辅助平面法是用辅助平面同时截切相贯的两回转体，在两回转体表面得到两条截交线，这两条截交线的交点即为相贯线上的点。因此相贯线上的点既在相贯两立体的表面上，又在辅助平面上，是三面共有点。根据三面共点原理，用若干个辅助平面求出相贯线上一系列三面共有点即可求得相贯线。但应强调的是，取辅助平面时，必须使它们与两回转体相交后，所得截交线的投影为最简单（直线或圆）。另外，有些也可应用立体表面上取点、线的方法求解。

【例 3-18】　如图 3-75（a）所示，求圆柱与圆锥的相贯线。

分析：

圆柱与圆锥轴线垂直相交，圆柱全部穿进左半圆锥，相贯线为封闭的空间曲线。由于这两个立体轴线正交且前后对称，因此相贯线也前后对称。又由于圆柱的侧面投影积聚成圆，相贯线的侧面投影也必然重合在这个圆上。需要求的是相贯线的正面投影和水平投影。可选择水平面作辅助平面，它与圆锥面的截交线为圆，与圆柱面的截交线为两条平行的素线，圆与直线的交点即为相贯线上的点，如图 3-75（a）所示。

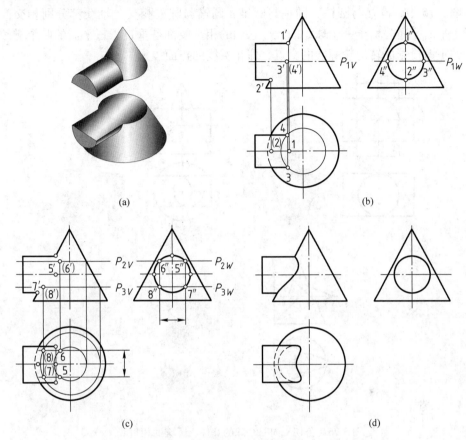

(a) (b) (c) (d)

图 3-75　圆柱与圆锥的相贯线

（a）立体图；（b）求特殊位置点；（c）求一般位置点；（d）连续完成全图

作图：

（1）求特殊点。如图 3-75（b）所示，在侧面投影圆上确定 $1''$、$2''$，它们是相贯线上的最高点和最低点的侧面投影，可直接求出 $1'$、$2'$，再根据投影规律求出 1、2。

过圆柱轴线作水平面相交于最前、最后两条素线；与圆锥相交为一圆，它们的水平投影的交点即为相贯线上最前点Ⅲ和最后点Ⅳ的水平投影 3、4，由 3、4 和 $3''$、$4''$可求出正面投影 $3'$、$4'$，这是一对重影点的投影。

（2）求一般位置点。如图 3-75（c）所示，作水平面 $P2$，求得Ⅴ、Ⅵ两点的投影。需要时还可以在适当位置再作水平辅助面求出相贯线上的点（如作水平面 $P3$，求出Ⅶ、Ⅷ两点的投影）。

（3）依次连接各点的同面投影，根据可见性判别原则可知：水平投影中 3、7、2、8、4 点在下半个圆柱面上，不可见，故为虚线，其余画实线，如图 3-75（d）所示。

（五）相贯线的特殊情况

相贯线常见的特殊情况有以下几种。

（1）轴线正交且平行于同一投影面的圆柱与圆柱、圆柱与圆锥、圆锥与圆锥相交，若它们能公切于一个球，则它们的相贯线是垂直于这个投影面的椭圆。

在图 3-76 中，圆柱与圆柱、圆柱与圆锥、圆锥与圆锥相交，轴线都分别相交，且都平行于正平面，还公切于一个球，因此，它们的相贯线都是垂直于正平面的两个椭圆。连接它们的正面投影的转向轮廓线的交点，即相贯线的正面投影。

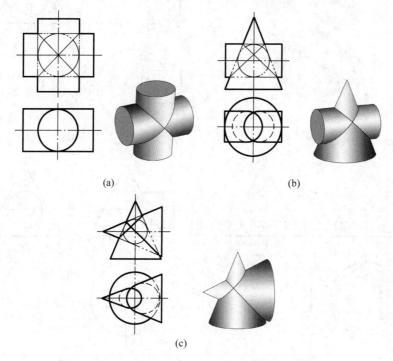

图 3-76　公切于同一个球的圆柱、圆锥的相贯线

（2）两个同轴回转体的相贯线，是垂直于轴线的圆，如图 3-77 所示。

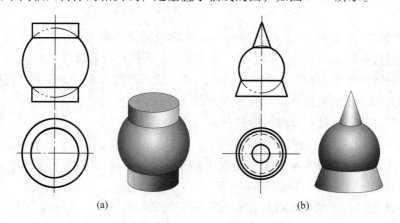

图 3-77　两个同轴回转体的相贯线

（3）相贯线是直线。

1）两圆柱的轴线平行时，相贯线在圆柱面上的部分是直线，如图 3-78（a）所示。

2）两圆锥共锥顶时，相贯线在锥面上的部分是直线，如图 3-78（b）所示。

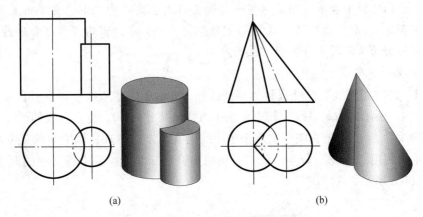

(a)   (b)

图 3-78 圆柱、圆锥相贯的特殊情况

三、在 AutoCAD 中绘制截交线和相贯线

【例 3-19】 根据零件立体图（如图 3-79 所示）及三面投影草图（见图 3-80），在 AutoCAD 中绘制其工作图样，并标注尺寸。

绘图步骤：

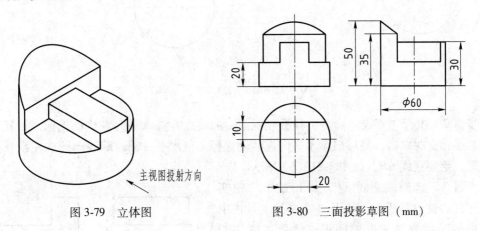

图 3-79 立体图   图 3-80 三面投影草图（mm）

（一）圆柱体

1. 绘制基本体

步骤 1 启动 AutoCAD 软件，确认状态栏中的"极轴追踪""对象捕捉""对象追踪""动态输入"和"线宽"按钮均处于打开状态。

步骤 2 绘制基本体三视图。将"点画线"图层设置为当前图层，在合适位置绘制俯视图圆的对称中心线，将"粗实线"图层设置为当前图层，利用"圆"命令⊙绘制俯视图"圆"，根据三视图绘制要求，利用"矩形"命令▢在正确位置绘制基本体（圆柱体）的另外两个视图，然后再将"点画线"图层设置为当前图层，绘制其对称中心线。

提示：

若中心线的比例不合适（图层线型确定设置为点画线的情况下，看不出点画线或长、短杠比例不合适），则可选择"格式"→"线型"命令，在弹出的"线型管理器"对话框中设置线型的全局比例因子，本例设置值为 10。

2. 绘制第一切角

步骤1　将"粗实线"图层设置为当前图层，然后利用"直线"命令 ∕ 在左视图中绘制图 3-81（a）所示的两条直线。其中，水平直线的尺寸为 40，垂直直线的尺寸为 20；选择"偏移"命令 ⋐，将俯视图中的水平中心线向其上方偏移 10，以绘制截交线 *EF*；参照图中的提示，利用"直线"命令 ∕ 和"对象捕捉追踪"功能绘制主视图中的两条截交线，如图 3-81（b）所示。

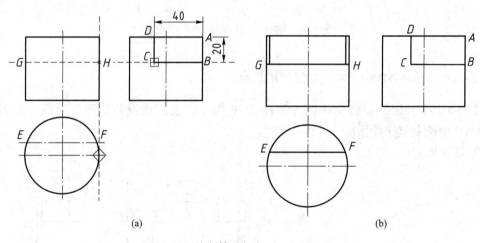

(a)　　　　　　　　　　　　　　　　(b)

图 3-81　绘制第一切角（一）（mm）

步骤2　执行"直线"命令，捕捉左视图中的端点 *C* 并水平向左移动光标，当其与圆柱右素线相交时单击，然后继续水平向左移动光标，待水平极轴追踪线与圆柱左素线相交时单击，绘制直线 *GH*，如图 3-81（b）所示。

步骤3　选择截交线 *EF*，将其置于"粗实线"图层，修改其线型。利用"修改"工具栏中的"修剪"命令 ⊁ 来修剪图形，结果如图 3-82 所示。

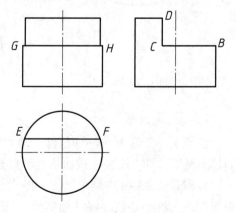

图 3-82　绘制第一切角（二）

3. 绘制左右对称切角

步骤1　绘制俯视图。使用"偏移"命令 ⋐ 将俯视图中的竖直中心线向其右侧各偏移 10，然后选择"修剪"命令 ⊁ 剪掉多余线条，并将其置于"粗实线"图层，其俯视图结果如图 3-83（a）所示。

步骤2　绘制主视图。选择"直线"命令 ∕，然后捕捉图左视图左下角点并竖直向上移动光标，待出现竖直极轴追踪线时输入"20"并按<Enter>键，接着水平向右移动光标，绘制图 3-83（a）所示的直线 *AB*。重复执行"直线"命令／，利用"对象捕捉追踪"功能绘制主视图中的两条竖直直线 *OP* 和 *UV*。

步骤 3　执行"延伸"命令 → ，接着单击直线 *GH*、*LK* 及 *CD*，将其延伸至直线 *AB*。最后选择"修剪"按钮 ▮ 修剪图形，主视图结果如图 3-83（b）所示。

步骤 4　选择"偏移"命令 ⊂ ，依次单击图 3-83（a）所示的交点 *M* 和端点 *N*，设置偏移距离，接着选择左视图中的竖直中心线，并在其右侧单击，最后将偏移所得的直线置于"粗实线"图层，如图 3-83（b）所示。

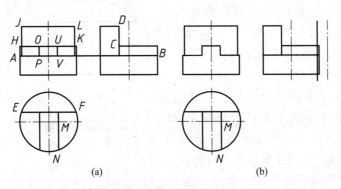

图 3-83　绘制左右对称切角（一）

步骤 5　利用"修改"工具栏中的"修剪"命令 ▮ 修剪左视图，结果如图 3-84 所示。

4. 绘制侧垂面切去的角

步骤 1　绘制左视图。利用"偏移"命令 ⊂ 将左视图中凸台上表面直线 *AB* 向上偏移 5，然后利用"直线"命令／绘制图 3-83（a）所示的直线 *CD*。接着选择"延伸"命令 → ，将直线 *CD* 延伸到竖直中心线。

步骤 2　绘制主视图。选择"椭圆"命令 ⊙ ，根据命令行选择"中心点（C）"或输入"C"并按<Enter>键（表示通过指定椭圆中心点及两半轴长度方式绘制椭圆），然后捕捉延伸线的下端点并水平向左移动光标，待极轴追踪线与主视图中的竖直中心线相交时单击，确定椭圆中心点；接着移动光标，待出现图 3-85（a）所示的提示时单击，确定椭圆长轴半径；最后单击交点 *E*，确定椭圆短轴半径，绘制出椭圆，如图 3-85（b）所示。

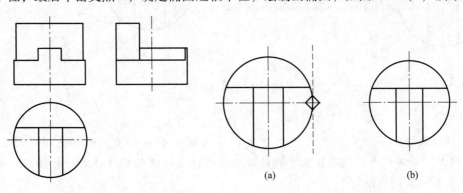

图 3-84　绘制左右对称切角（二）　　　　图 3-85　绘制侧垂面切去的角

步骤 3　使用"直线"命令 ✎ 绘制图 3-85（b）所示的直线 *GH* 选择，最后选择"修剪"命令 ✂ 修剪图形，剪掉不需要的线条，结果如图 3-86 所示。

提示：

无论手工绘图还是使用软件绘图，一定要按该图形的形成过程（形体分析）绘制三视图，即将一个形体的三个视图画完后，再开始绘制下一个形体。切忌将一个视图的所有轮廓线全都画出来后再绘制其他视图，这样不仅容易乱，而且绘图速度慢。

5. 标注尺寸

步骤 1　单击"标注"工具栏中的"线性"按钮 ⊢，然后捕捉图 3-87（a）左视图的端点 *A*、*B* 并单击，由于所标注的尺寸表示圆柱，故需要在该尺寸前加上"*φ*"。为此，可在命令行单击按钮"多行文字（M）"或输入"M"并按<Enter>键，然后在该尺寸数字前输入"%%c"，接着点击文字输入的确定按钮，向下移动光标并在合适的位置单击进行标注。

步骤 2　采用同样的方法，利用"标注"工具栏中的相关命令标注其他尺寸，结果如图 3-87（b）所示。

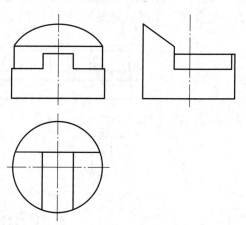

图 3-86　绘制的最终三视图

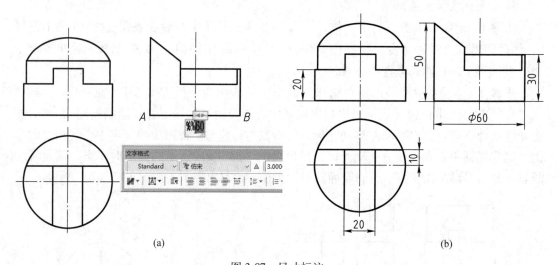

（a）　　　　　　　　　　　　　　　　（b）

图 3-87　尺寸标注

提示：

在标注尺寸时，若所标注的尺寸数字和箭头的大小不合适，则可选择"格式"—"标注样式"菜单命令，然后在打开的对话框中选择要修改的标注样式进行修改。本例中将文字和箭头大小均设为 7。

【例 3-20】　根据零件三维视图（如图 3-88 所示）及二维草图（如图 3-89 所示），在 AutoCAD 中绘制工作图样，并标注尺寸。

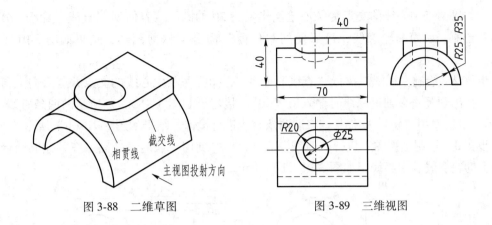

图 3-88　二维草图　　　　　　　　图 3-89　三维视图

（二）半圆筒

1. 绘制基本体

步骤 1　打开已制定的 "A4. dwg" 文件，并确认状态栏中的 "极轴追踪" "对象捕捉" "对象追踪" "动态输入" 和 "线宽" 按钮均处于打开状态。

步骤 2　绘制左视图。将 "点画线" 设置为当前图层，利用直线 "直线" 命令 ✎ 绘制轴线，接着将 "粗实线" 图层设置为当前图层，并利用 "圆" 命令 ⊙、"直线" 命令 ✎ 和 "修剪" 命令 ✂ 在合适位置绘制图 3-90（a）所示的左视图。

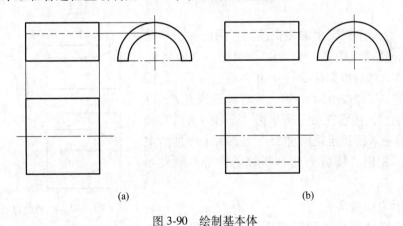

（a）　　　　　　　　　　　　　　（b）

图 3-90　绘制基本体

步骤 3　绘制主视图和俯视图。执行 "直线" 命令 ✎，并结合 "对象捕捉追踪" 功能依次绘制主视图和俯视图中半圆筒的外轮廓线，然后绘制中心线和主视图中的虚线，如图 3-90（a）所示。

步骤 4　执行 "偏移" 命令 ⊂，设置偏移距离为 10，然后依次选择并复制俯视图中的上下边线并将其置于 "虚线" 图层，结果如图 3-90（b）所示。

2. 绘制凸台

步骤 1　绘制俯视图。选择 "偏移" 命令 ⊂，将半圆筒右端面向左偏移 40，然后将偏移所得到的直线置于 "点画线" 图层。将图层置于 "粗实线" 图层，然后选择 "圆"

命令 ◯，以两条中心线的交点为圆心绘制半径为 20 的圆，接着使用 "直线" 命令 ／ 分别绘制凸台前、后面的轮廓线，最后使用 "修剪" 命令 ✄ 修剪图形，结果如图 3-91（a）所示。

步骤 2 绘制左视图。执行 "直线" 命令 ／，捕捉两条中心线的交点并竖直向上移动光标，待出现竖直极轴追踪线时输入值 "40"，接着绘制图 3-91（a）所示的两条直线 AB 和 BC，最后使用 "镜像" 命令 △ 将这两条直线进行镜像，结果如图 3-91（b）所示。

步骤 3 绘制主视图。执行 "直线" 命令 ／，并利用 "长对正、高平齐" 绘制凸台三视图上的轮廓线及中心线，如图 3-91（b）所示。

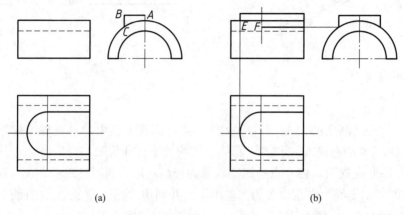

(a)   (b)

图 3-91 绘制凸台（一）

步骤 4 绘制主视图中的相贯线。将图层置于 "粗实线" 图层，选择 "圆弧" 命令 ╭，单击图 3-91（b）所示的端点 E，然后根据命令行单击 "端点（E）" 或按提示输入 "E" 并按<Enter>键，接着单击端点 F，以指定圆弧的端点，接着在命令行单击 "半径（R）" 或输入 "R" 后输入圆弧半径值 "35"，按<Enter>键结束命令。最后，使用 "修剪" 命令 ✄ 修剪图形，结果如图 3-92 所示。

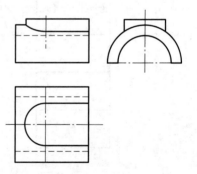

图 3-92 绘制凸台（二）

3. 绘制凸台上的通孔

步骤 1 绘制俯视图和左视图。选择 "圆" 命令 ◯，以俯视图中两条中心线的交点为圆心绘制直径为 25 的圆，然后将左视图中的竖直中心线分别向其左、右侧偏移 12.5，并将偏移得到的直线置于 "虚线" 图层，最后对其进行修剪，结果如图 3-93 所示。

步骤 2 绘制主视图。将主视图中的竖直中心线分别向其左、右侧偏移 12.5，然后执行 "圆弧" 命令 ╭，以图 3-91 所示的交点 A 为圆弧的起点，接着单击命令栏 "端点（E）" 命令，以交点 B 为圆弧的终点，然后单击命令栏 "半径（R）" 命令，输入半径 "25" 绘制圆弧，如图 3-94 所示。

步骤 3 使用 "修剪" 命令修剪掉多余线条，并将上一步所绘制的圆弧和偏移所得到的中心线置于"虚线"图层，结果如图 3-94 所示。

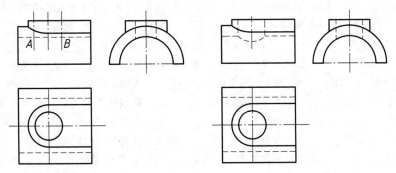

图 3-93　绘制凸台上的通孔（一）　　图 3-94　绘制凸台上的通孔（二）

4. 标注尺寸

步骤 1　将"标注"图层设置为当前图层。单击
"标注"工具栏中的"直径"按钮 ⊘，然后在要标注
直径的圆上单击，移动光标并在合适的位置单击即可
标注其直径尺寸。

步骤 2　采用同样的方法，分别利用"标注"工
具栏中的"线性"按钮 ⊢ 和"半径"按钮 ⤡ 标注图
3-95 所示的其他尺寸。

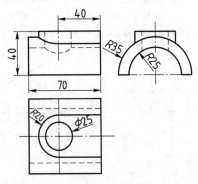

图 3-95　尺寸标注

3-1　正投影法具有真实性、_____ 和 _____。当物体平行于投影面时，得到的投影具有 _____
　　性；当物体垂直于投影面时，得到的投影具有 _____ 性；当物体倾斜于投影面时，得到的投影具
　　有 _____ 性。

3-2　展开的投影体系中，H 面上的 Y 轴用 _____ 表示，W 面上的 Y 轴用 _____ 表示。H 面在 V 面的
　　_____ 方向，W 面在 V 面的 _____ 方向。

3-3　三视图指的是 _____ 、_____ 和 _____ 三个视图。其中从前向后投影得到的视图是 _____
　　视图，从上向下投影得到的视图是 _____ 视图，从左向右投影得到的视图是 _____ 视图。

3-4　主视图在俯视图的 _____ 方，左视图在主视图的 _____ 方。主视图和俯视图的投影关系是 _____
　　_____，主视图和左视图的投影关系是 _____，左视图和俯视图的投影关系是 _____。

3-5　X 轴反应物体的 _____ 方位，代表物体的 _____ 方向尺寸；Y 轴反应物体的 _____ 方位，代
　　表物体的 _____ 方向尺寸；Z 轴反应物体的 _____ 方位，代表物体的 _____ 方向尺寸。

3-6　X 坐标越大，表示方向越 _____ ；Y 坐标越大，表示方向越 _____ ；Z 坐标越大，表示方向越
　　_____ 。

3-7　整圆或大于半圆的圆弧标注尺寸时，数字前面要加 _____ 符号，半圆或小于半圆的圆弧标注尺寸
　　时，数字前面要加 _____ 字母，球面尺寸数字前要加 _____ 或 _____ 。

3-8　空间点 B 的正面投影用 _____ 表示，水平投影用 _____ 表示，侧面投影用 _____ 表示。若 A
　　点的坐标是 $A(a_x、a_y、a_z)$，则正面投影可以用坐标表示为 _____ ，水平面投影可以用坐标表示
　　为 _____ ，侧面投影可以用坐标表示为 _____ 。

3-9　空间点到 V 面的距离对应的是_____坐标，到 H 面的距离对应的是_____坐标，到 W 面的距离对应的是_____坐标。X 坐标为 0 时，则该点在_____面上，Y 坐标为 0 时，则该点在_____面上，Z 坐标为 0 时，则该点在_____面上。X、Y 坐标为 0 时，则该点在_____轴上，X、Z 坐标为 0 时，则该点在_____轴上，Z、Y 坐标为 0 时，则该点在_____轴上。

3-10　比较空间两点方位时，X 坐标大者在_____方，Y 坐标大者在_____方，Z 坐标大者在方。X、Y 坐标相同时，会在_____面上出现重影点，_____方的点要加"（ ）"，表示不可见，X、Z 坐标相同时，会在_____面上出现重影点，_____方的点要加"（ ）"，表示不可见；Y、Z 坐标相同时，会在_____面上出现重影点，_____方的点要加"（ ）"，表示不可见。

3-11　直线的投影可能是_____，也可能是_____。根据直线与投影面的位置关系，可分为_____、_____和_____三大类。平面的投影可能是_____，也可能是_____。根据平面与投影面的位置关系，可分为_____、_____和_____三大类。

3-12　三面投影均为倾斜直线，则直线的位置是_____线；三面投影均为直线，但只有一条倾斜直线，则直线是_____线，若倾斜直线在水平面上，则为_____线；三面投影两面为非倾斜直线，一面为点，则直线是_____线，若该点在侧面上，则为_____线。

3-13　判别图 3-96 中直线相对于投影面的空间位置。

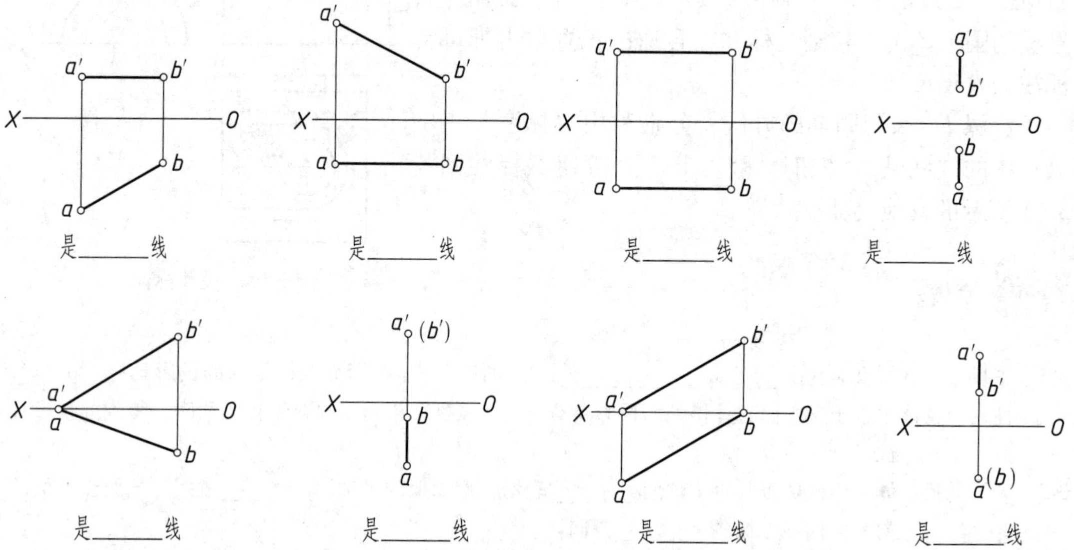

图 3-96　习题 3-13 图

是_____线　　　　　是_____线　　　　　是_____线　　　　　是_____线

是_____线　　　　　是_____线　　　　　是_____线　　　　　是_____线

3-14　三面投影均为面，则平面的位置是_____面；三面投影有两个为面，一个为斜直线，则平面是_____面，若倾斜直线在正平面上，则为_____面；三面投影两面为非倾斜直线，一面为面，则平面是_____面，若该面在侧面上，则为_____面。

3-15　判别图 3-97 中平面相对于投影面的空间位置。

3-16　若点在直线上，则点的三面投影在_____上，这就是从属性；若 K 点在直线 AB 上，则有 $AK:KB$ = ____ = ____ = ____，这是定比性。若直线为_____，可根据两面投影判断点是否在直线上；若直线为特殊位置直线，则需要根据_____性作出三面投影来进行判断，或者根据_____性判断。

3-17　空间两直线的相对位置有_____、_____和_____三种。若两直线平行，则它们的同名投影_____；若两直线相交，则它们的同名投影_____，且三面投影的交点符合_____；若两直线交叉，有可能会在投影上出现交点，但交点实际上是_____，不符合点的投影规律。

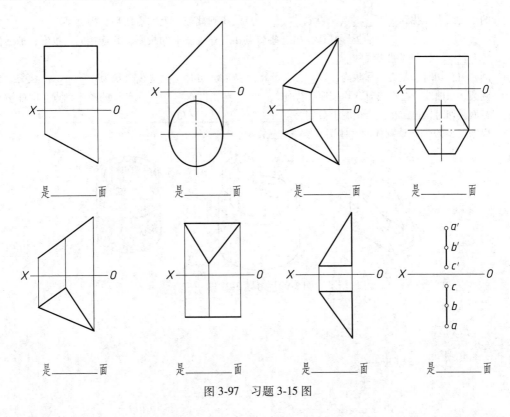

是＿＿＿＿面　　　　是＿＿＿＿面　　　　是＿＿＿＿面　　　　是＿＿＿＿面

是＿＿＿＿面　　　　是＿＿＿＿面　　　　是＿＿＿＿面　　　　是＿＿＿＿面

图 3-97　习题 3-15 图

3-18　在平面上做辅助直线，可以有两种方法。方法一是在平面上取＿＿＿＿＿，连接即可；方法二是过平面上一点作平面内某一直线的＿＿＿＿＿。

3-19　根据图 3-98 中立体图，利用 CAD 绘制三视图（比例 1：1）。

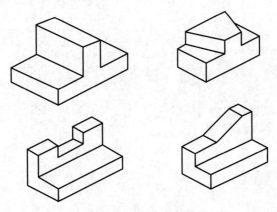

图 3-98　习题 3-19 图

3-20　基本几何体按照组成面的种类分成＿＿＿＿和＿＿＿＿。常见的平面立体有＿＿＿＿、＿＿＿＿、和＿＿＿＿。常见的曲面立体有＿＿＿＿、＿＿＿＿、圆台和＿＿＿＿。

3-21　截交线是＿＿＿＿面与物体＿＿＿＿共有的线，一般为＿＿＿＿的平面图形或空间曲线。

3-22　平面立体的截交线是＿＿＿＿，各顶点是截平面与＿＿＿＿的交点。

3-23　作截交线时，首先作出完整的三视图，然后找到或者作出积聚成线的截交线。接着，如果是平面立体，则在积聚成线的截交线上找到截平面与＿＿＿＿的交点；如果是曲面立体，则在积聚成线的截交线上先找到_____点，再取_____点。找到截交线上的点之后，根据"_____、_____、_____"的投影规律作出这些交点在另外视图上的投影，并连接同名投影；最后擦掉_____，判断截交线的_____。

3-24　圆柱被斜切时，截交线形状为_____。圆锥过锥顶截切时，截交线形状为_____。截交线为椭圆、双曲线、抛物线时，均按照"先作_____点，再作_____点"的顺序找点。圆球被平行面截切时，投影在三个视图上分别为_____、_____和_____。

3-25　根据图 3-99 所示切割体的立体图，绘制其三视图。

 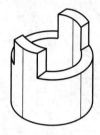 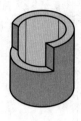

图 3-99　习题 3-25 图

项目四　组合体三视图的识读及绘制

任务一　组合体的形体分析

多数机械零件都可看成是由若干个基本几何体组合而成的。由两个或两个以上的基本几何体组成的物体，称为组合体。

组成组合体的这些基本形体一般都是不完整的，它们被以各种方式叠加或切割以后，往往只是基本形体的一部分，因此这些不完整的基本形体在三个投影面上形成了各种各样的投影。

一、组合体的形体分析法

假想将一个复杂的组合体分解成若干个基本形体，分析这些基本形体的形状、组合形式以及它们的相对位置关系，以便于进行绘图、看图和标注尺寸，这种分析组合体的方法称为形体分析法。

任何复杂的物体都可看成是由若干个基本几何体组合而成的，这些基本形体可以是完整的，也可以是经过钻孔、切槽等加工的。如图 4-1 所示的轴承座，可看成由套筒、底板、肋板、支承板及凸台组合而成。在绘制组合体视图时，应首先将组合体分解成若干简单的基本体，并按各部分的位置关系和组合形式画出各基本形体的投影，综合起来，即得到整个组合体视图。

图 4-1　轴承座的形体分析

二、组合体的组合形式

按组合体中各基本形体组合时的相对位置关系以及形状特征，组合体的组合形式可分为叠加、切割和综合三种形式。

（1）叠加式：由基本体叠加而成的组合体称为叠加式组合体，如图 4-2（a）所示。

（2）切割式：基本体经切割或穿孔等方式形成的组合体称为切割式组合体，如图 4-2（b）所示。

（3）综合式：既有叠加又有切割的组合体称为综合式组合体，如图 4-2（c）所示。

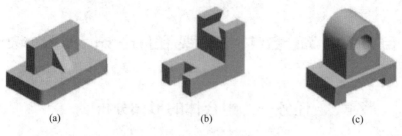

（a）　　　　　　　　　（b）　　　　　　　　　（c）

图 4-2　组合体的组合形式

另外，同一组合体的分解方式不唯一，根据观察者的理解有时可以有几种组合方式，如图 4-3 所示。

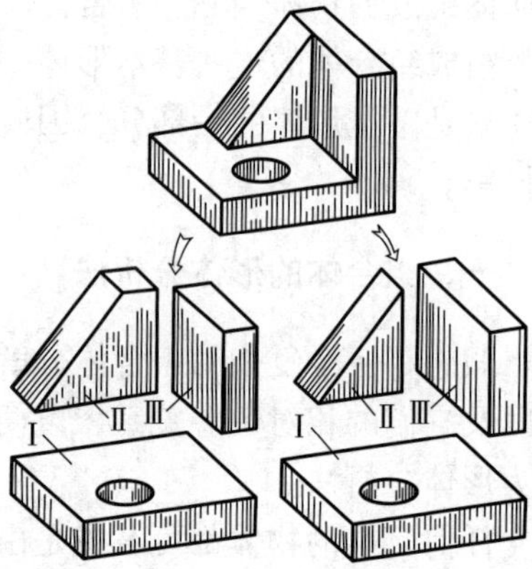

三、组合体的表面连接关系

组合体的表面连接关系有平齐、不平齐、相切和相交四种形式。弄清组合体表面连接关系，对绘图和看图都很重要。

图 4-3　同一组合体的不同组合形式

（一）平齐和不平齐

当两基本形体叠加时，若同一方向上的表面处在同一个平面上，则称该表面平齐（又称共面），此时两平齐面之间无分界线，如图 4-4 所示；若同一方向上的表面处在不同的平面上，则称该表面不平齐（又称相错），此时不平齐面之间有分界线，如图 4-5 所示。

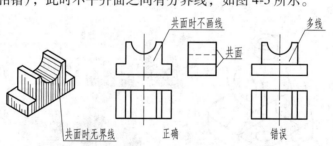

图 4-4　表面平齐

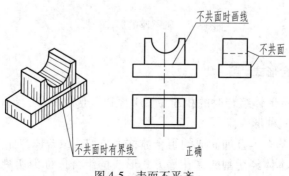

图 4-5　表面不平齐

（二）相切

当两基本形体的表面相切时，两相邻表面形成光滑过渡，其结合处不存在分界线，因此在视图上一般不画出分界线，如图4-6所示。

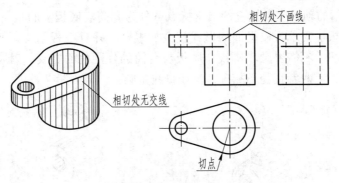

图4-6 两基本体表面相切

（三）相交

当两基本体的表面相交时，其结合处产生交线，该交线应该在视图中画出，如图4-7所示。

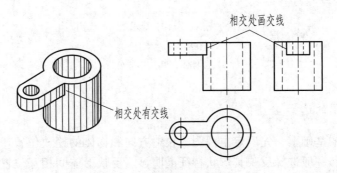

图4-7 两基本体表面相交

任务二 组合体三视图的画法

画组合体的视图时，首先要运用形体分析法将组合体合理地分解为若干个基本形体，并按照各基本形体的形状、组合形式、形体间的相对位置和表面连接关系，逐步地进行作图。实际上就是将复杂物体简单化的一种思维方式。下面结合实例，介绍组合体三视图的画法。

一、叠加型组合体视图的画法

以图4-8所示的轴承座为例，介绍叠加型组合体视图的画图方法和步骤。

（一）形体分析

画组合体视图之前，应对组合体进行形体分析，了解组成组合体的各基本形体的形状、组合形式、相对位置及其在某方向上是否对称，以便对组合体的整体形状有一个总体的概念，为画其视图做好准备。

如图 4-8 所示的轴承座，按它的结构特点可分为套筒、底板、肋板、支承板及凸台五部分。底板、肋板、支承板以平面的形式相叠加组合，并且底板与支承板的后表面平齐；套筒与支承板相切，不需要画轮廓线；肋板与套筒的外圆柱面相交，其交线为两条素线；套筒与凸台相贯，但两者直径不相等，其相贯线是圆弧。

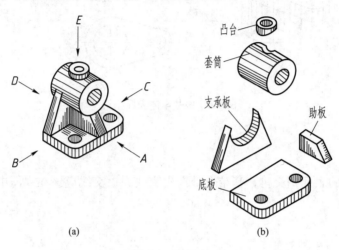

(a)　　　　　　　　　　　　　　　(b)

图 4-8　轴承座

（a）立体图；（b）形体分析

（二）主视图的选择

在形体分析的基础上，先确定主视图的投射方向和物体的摆放位置。三视图中主视图是最主要的视图，一般选择反映其形状特征最明显、反映形体间相互位置关系最多的投射方向作为主视图的投射方向；物体的摆放位置应反映位置特征，并使其表面相对于投影面尽可能多地处于平行或垂直位置，也可选择其自然位置。在此前提下，还应考虑使俯视图和左视图上虚线尽可能地少。

如图 4-9 所示，分别以 A、B、C、D 四个方向作为主视图进行比较，可以看出 A 向较

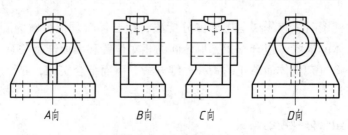

A向　　　　　B向　　　　　C向　　　　　D向

图 4-9　主视图的选择

多地反映了轴承座的形状和位置特征，可见部分较多，故选择 A 向作为轴承座主视图的投影方向。

（三）定比例、布置视图

视图确定后，便要根据组合体的大小，按照国家标准的规定选定作图比例和图幅。在一般的情况下，尽可能采用 1∶1，图幅则要根据所绘视图的面积大小来确定，留足标注尺寸以及标题栏的位置。

（四）绘图方法和步骤

轴承座三视图的画图方法和步骤如图 4-10 所示。

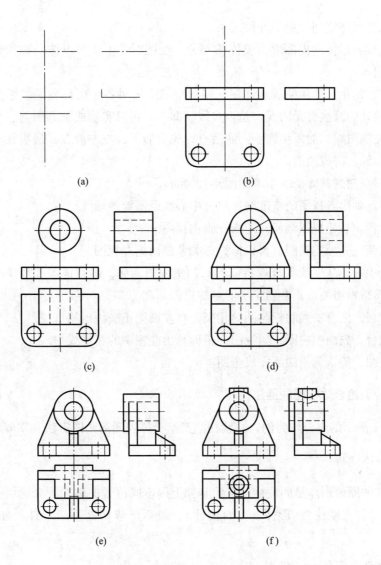

图 4-10　轴承座三视图的绘图步骤

（a）布图；（b）画底板；（c）画圆筒；（d）画支承板；（e）画肋板；（f）画凸台并检查完成全图

（1）画各个视图的作图基准线。通常选组合体中投影有积聚性的对称面、底面（上或下）、端面（左右、前后）或回转轴线、对称中心线作为画各视图的基准线。

（2）按形体分析画各个基本形体的三视图。为了快速而准确地画出组合体的三视图，画底稿时还应注意以下方面：

1）画图时，一般先从形状特征明显的部分入手，先画主要部分，后画次要部分；先画看得见的，后画看不见的；先画圆或圆弧，后画直线。这样有利于保持投影关系，提高作图的准确性。

2）每个形体应先从具有积聚性或反映实形的视图开始，然后画其他投影，并且三个视图最好同时进行绘制，可避免漏线、多线，以确保投影关系正确和提高绘图效率。

3）注意各形体之间表面的连接关系。

4）要注意各形体间内部融为整体的部分。绘图时，不应将形体间融为整体而不存在的轮廓线画出。

5）检查、加粗。底稿完成后，在三视图中依次核对各组成部分的投影关系；分析相邻两形体连接处的画线有无错误，是否多线、漏线；再以实物或轴测图与三视图对照，确认无误后，加深图线。加深步骤：先曲后直，先上后下，先左后右，最后加深斜线，同类线型应一起加深，完成绘图。

轴承座三视图的具体绘图步骤如图 4-10 所示。

1）布图。画出各视图的基准线，对称中心线及圆筒的轴线。

2）画底板。从俯视图画起，凹槽先画主视图。

3）画圆筒。先画主视图，再根据投影关系画出俯左视图。

4）画支承板。从反映支承板特征形状的主视图画起，画俯视图、左视图时，应注意支承板与圆筒是相切关系，准确定出切点的投影。

5）画肋板。注意加强肋板与圆筒相交，在左视图正确画出相贯线。

6）画凸台。先画主视图、俯视图，正确画出左视图的相贯线。

7）检查图，确认无错误后完成全图。

二、切割型组合体视图的画法

以图 4-11 所示的组合体为例，介绍切割型组合体视图的画图方法和步骤。

（一）形体分析

该组合体的原始形体是四棱柱，在此基础上用不同位置的截平面分别切去形体 1（四棱柱）、形体 2（三棱柱）、形体 3（四棱柱），最后形成切割型组合体，如图 4-11（b）所示。

（二）画原始形体的三视图

先画基准线，布好图，再画出其原始形体的三视图，如图 4-12（a）、（b）所示。

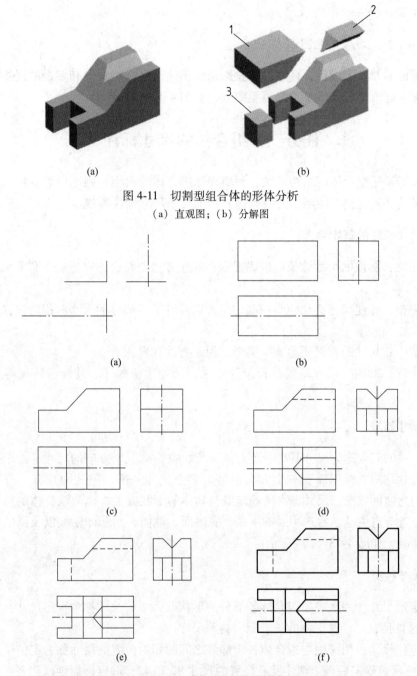

图 4-11　切割型组合体的形体分析

（a）直观图；（b）分解图

图 4-12　切割型组合体三视图的画图方法和步骤

（a）画基准线、位置线；（b）画原始形体的三视图；（c）画切去形体 1 的三视图；

（d）画切去形体 2 的三视图；（e）画切去形体 3 的三视图；（f）加粗可见图线

（三）画截平面的三视图

画各截平面的三视图时，应从各截平面具有积聚性和反映其形状特征的视图开始画起，如图 4-12 （c）~（e） 所示。

（四）检查、加粗可见图线

各截平面的投影完成后，仔细检查投影是否正确，是否有缺漏和多余的图线，准确无误后，按国家标准规定的线型加粗可见图线，如图 4-12 （f） 所示。

任务三　组合体的尺寸标注

视图只能表达组合体的结构形状，而要表达组合体的大小，则不但需要标出尺寸，而且标注的尺寸必须完整、清晰，并符合国家标准关于尺寸标注的规定。

一、尺寸标注的基本要求

（1）正确：标注的尺寸数值应准确无误，标注方法要符合国家标准中有关尺寸注法的基本规定。

（2）完整：标注尺寸必须能唯一确定组合体及各基本形体的大小和相对位置，做到无遗漏、不重复。

（3）清晰：尺寸的布局要整齐、清晰，便于查找和看图。

（4）合理：标注的尺寸既要符合设计要求，又能适应加工、检验、装配等生产工艺要求。

二、尺寸基准

标注尺寸的起点称为尺寸基准。组合体有长、宽、高三个方向的尺寸，每个方向至少应有一个尺寸基准，根据需要一个方向也可有多个尺寸基准，但其中只有一个为主要基准，其他均为辅助基准。尺寸基准的确定既与物体的形状有关，也与该物体的加工制造要求、工作位置等有关。通常选用对称平面、底平面、端面、回转体轴线以及圆的中心线等作为尺寸基准，如图 4-13 （a） 所示。

三、尺寸种类

（1）定形尺寸：用来确定组合体各部分的形状及大小的尺寸称为定形尺寸，如图 4-13 （b） 所示的直径、半径及形体的长、宽、高等尺寸。

（2）定位尺寸：用来确定组合体各个部分之间的相对位置的尺寸称为定位尺寸。如图 4-13 （b） 所示，确定底板上两小圆孔位置的尺寸 82 和 42，确定圆筒轴线到底板底面高度的尺寸 72，这些都属于定位尺寸。

（3）总体尺寸：表示组合体总长、总宽、总高的尺寸称为总体尺寸。如图 4-13 （b） 中的总长 120、总高 105。标注总体尺寸时，往往会出现多余的尺寸，这时就必须对已标定的定位和定形尺寸进行适当调整。

当组合体的一端为回转体时，为考虑加工方便，总体尺寸不直接注出。只标注回转体中心的定位尺寸，如图 4-14 所示。

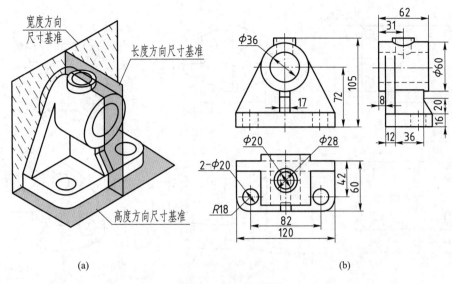

图 4-13　尺寸的标注

（a）尺寸基准；（b）尺寸标注

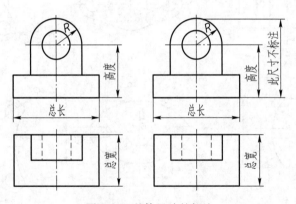

图 4-14　总体尺寸的标注

四、化工设备上常见端盖、底板和法兰盘的标注

图 4-15 所示为化工设备上常见端盖、底板和法兰盘的标注，由该图可知，在板上用作穿螺钉的孔、槽等的中心定位尺寸都应注出，而且由于板的基本形状和孔、槽的分布形式不同。其中心定位尺寸的标注形式也不一样。如在类似长方形板上按长、宽两个方向分布的孔、槽，其中心定位尺寸按长、宽两个方向进行标注；在类似圆形板上按圆周分布的孔、槽，其中心定位尺寸往往是用标注定位圆（用细点画线画出）直径的方法标注。

五、组合体尺寸标注的步骤

标注组合体的尺寸时，首先应运用形体分析法分析形体，找出该组合体长、宽、高三个方向的主要基准，分别注出各基本形体之间的定位尺寸和各基本形体的定形尺寸，然后标注总体尺寸并进行调整，最后校对全部尺寸。

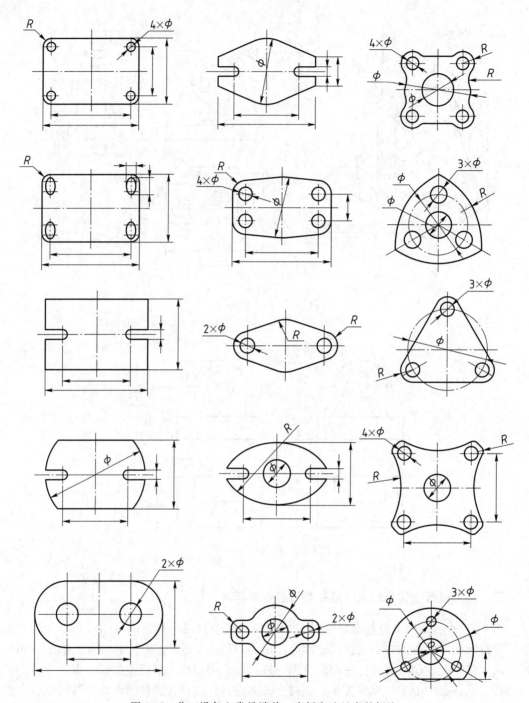

图 4-15　化工设备上常见端盖、底板和法兰盘的标注

现以轴承座为例，说明标注组合体尺寸的具体步骤。

（一）对组合体进行形体分析

将轴承座分成五个基本形体，初步考虑每个基本形体的定形尺寸。

（二）选定尺寸基准

依次确定轴承座长、宽、高三个方向的主要基准：通过套筒轴线的侧平面作为长度方向的主要基准，通过套筒的正平面（后端面）作为宽度方向的主要基准，底板的底面可作为高度方向的主要基准，凸台的顶面为高度方向的辅助尺寸基准，如图 4-13 所示。

（三）逐个标注各基本形体的定形尺寸和定位尺寸

通常首先标注组合体中最主要的基本形体的尺寸，在这个轴承座中是套筒（轴承），然后在余下的基本形体中标注与尺寸基准有直接联系的基本形体的尺寸，最后标注已标注尺寸的基本形体旁边且与它有尺寸联系的基本形体的尺寸。

（1）标注套筒与凸台。因为套筒与凸台相贯，所以高度方向定位尺寸相同，是底板地面到套筒轴线间的高度 72，确定套筒与凸台相对于底板的上下位置；宽度方向的定位尺寸 31，确定套筒与凸台的前后位置，定位尺寸 8 确定套筒与底板的前后位置；定形尺寸 62、φ20、φ28、φ60、φ36，确定其形状大小，如图 4-16（a）所示。

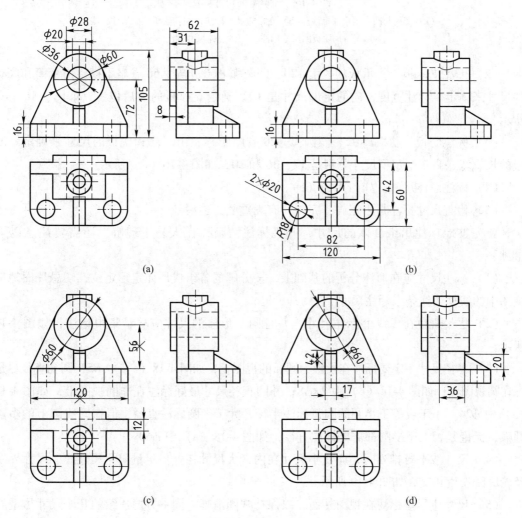

(a)　　　　　　　　　　(b)

(c)　　　　　　　　　　(d)

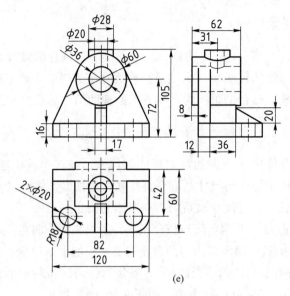

图 4-16　轴承座的尺寸标注

(a) 套筒与凸台的尺寸标注；(b) 底板的尺寸标注；(c) 支承板的尺寸标注；
(d) 肋板的尺寸标注；(e) 总体尺寸标注

（2）标注支承板。支承板的长度 120、凹圆弧 ϕ60、高度 56 省略不标，由套筒和底板的尺寸来确定。标注宽度方向的定形尺寸是 12，确定支撑板的前后位置，如图 4-16（c）所示。

（3）标注肋板。肋板高 42、凹圆弧 ϕ20 省略不标，由套筒和底板的尺寸来确定。肋板的长、宽、高三个定型尺寸分别是 17、36 和 20，如图 4-16（d）所示。

（4）标注总体尺寸。如图 4-16（e）所示。

（5）检查尺寸标注是否正确、完整，有无重复、遗漏。

要完整地标注出组合体的尺寸，并且标注清晰，让人易于理解，还需要注意以下事项：

（1）标注尺寸应在形体分析的基础上，按分解的各组成形体定形定位，切忌片面地按视图中的线框或线条来标注尺寸。

（2）尽量避免在虚线上标注尺寸，并且同一形体的尺寸应尽量集中标注，如图 4-17 所示。

（3）半径尺寸一定要标注在投影为圆弧的视图上，如图 4-18（a）中 R5；圆孔直径尽量标在圆视图上，如图 4-18（a）中 2×ϕ8；外圆直径尺寸最好标注在非圆视图上，如图 4-18（a）中 ϕ24。小于或等于半圆的圆弧标注半径，大于半圆标注直径，但在同一圆上的多段圆弧，无论是否大于半圆都需要标注直径，如图 4-18（a）中 ϕ60。

（4）尺寸线平行排列时，应使小尺寸在内，大尺寸在外。尽量避免尺寸线、尺寸界线及轮廓线发生相交，如图 4-19 所示。

（5）尺寸应尽量标注在视图外面，以保持视图清晰，同一方向连续的几个尺寸尽量放

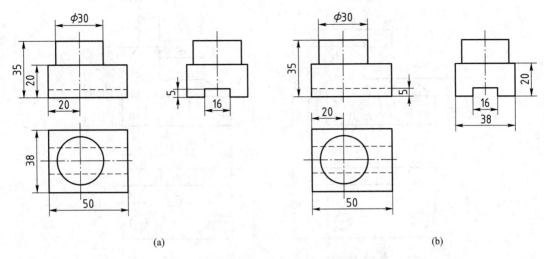

图 4-17　同一形体的尺寸应尽量集中标注

(a) 好；(b) 不好

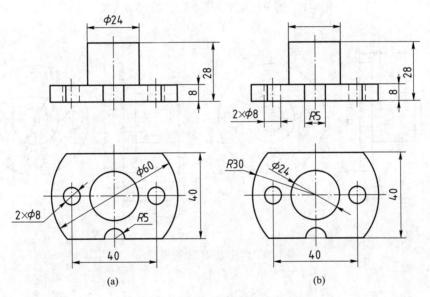

图 4-18　半径、内孔、外圆尺寸的标注

(a) 好；(b) 不好

在同一条尺寸线上，使尺寸标注整齐，如图 4-19 所示。例如，主视中 16、8、6，俯视中 13 与 6、28 与 6 等。

（6）同一方向上内外结构的尺寸，尽量分开加以标注，以便于看图。如图 4-20 中的主视图，外形尺寸 26、6 标注在下方，内部尺寸 12、10 标注在上方。同心圆较多时，不宜集中标注在反映为圆的视图上，避免注成辐射形式。

（7）两形体相交后相贯线自然形成，因此，除了标注两形体各自的定形尺寸以及相对位置尺寸外，不宜在相贯线上标注尺寸，如图 4-21 所示。

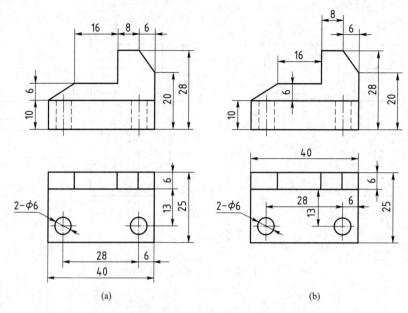

图 4-19　避免尺寸线、尺寸界线及轮廓线相交

（a）好；（b）不好

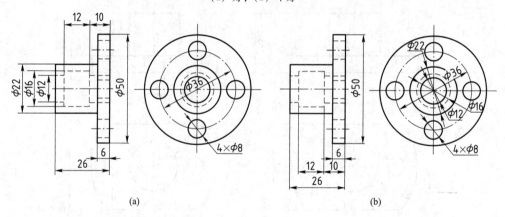

图 4-20　内外结构尺寸分开标注

（a）好；（b）不好

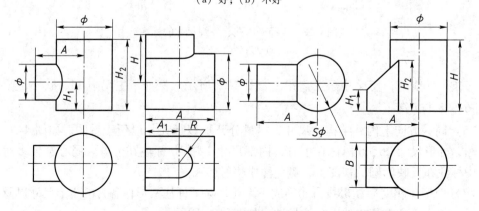

图 4-21　相贯线的尺寸标注

任务四 组合体三视图的识读

画组合体视图是将三维形体用正投影的方法表示成二维图形，而看组合体视图，则立足于二维图形并依据它们之间的投影关系，想象出三维形体。可以说，看图是画图的逆过程。因此，看图同样也要运用形体分析法。但对于复杂的形体，还要对局部的结构进行线面分析，想象出局部结构的形状，从而想象出组合体的空间形状。

一、读图的基本要领

（一）要把几个视图联系起来进行分析

在一般情况下，一个视图不能完全确定组合体的形状。在图 4-22 所示的四组视图中，主视图相同，但四组视图表达的组合体形状却完全不相同；有时，两个视图也不能完全确定组合体的形状，如图 4-23 所示的两组三视图中，主、俯视图相同，但两组三视图表达的组合体形状也不相同。由此可知，看图时不能只看一个或两个视图，表达组合体必须要有反映形状特征的视图，即主视图。看图时，一般应以主视图为中心，将几个视图联系起来进行分析，才能想象出组合体的形状。

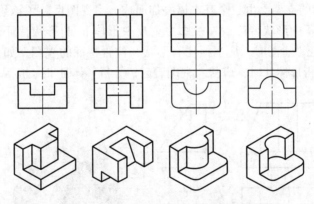

图 4-22 一个视图不能确定物体的形状

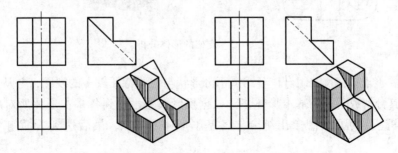

图 4-23 两个视图不能确定物体的形状

（二）寻找特征视图

把物体的形状特征及相对位置反映得最充分的那个视图称为特征视图。

从最能反映组合体形状和位置特征的视图看起。如图 4-24 所示的两组三视图中，主、俯视图完全相同，与左视图结合起来才能看清楚物体。因为主视图是反映主要形状特征的投影，左视图是最能反映位置特征的投影，看图时应先看主视图、左视图。

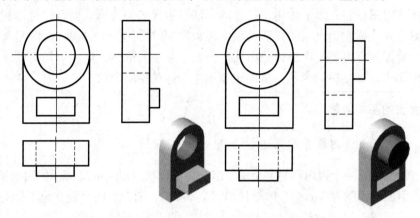

图 4-24　从反应形状和位置特征的视图看起

主视图是反映组合体整体的主要形状和位置特征的视图。但组合体的各组成部分的形状和位置特征不一定全部集中在主视图上，有时是分散于各个视图上。

如图 4-25 所示的支架，由三个基本体叠加而成，主视图反映了该组合体的形状特征，同时也反映了形体 I 的形状特征；左视图主要反映形体 II 的形状特征；俯视图主要反映形体 III 的形状特征。看图时，应当抓住有形状和位置特征的视图，如分析形体 I 时，应从主视图看起；分析形体 II 时，应从左视图看起；分析形体 III 时，应从俯视图看起。

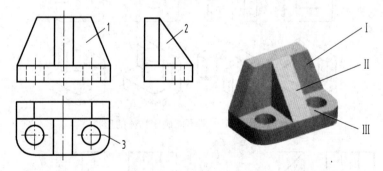

图 4-25　支架的形体分析

看图时要善于抓住反映组合体各组成部分形状与位置特征较多的视图，并从它入手，就能较快地将其分解成若干个基本形体，再根据投影关系，找到各基本形体所对应的其他视图，并经分析、判断后，想象出组合体各基本形体的形状，最后达到看懂组合体视图的目的。

（三）弄清视图中线条与线框的含义

（1）视图中的每一条图线（直线或曲线）表示具有积聚性的面（平面或柱面）的投影，或表示表面与表面（两平面、两曲面或一平面与一曲面）交线的投影，或表示曲面轮廓线在某方向上的投影，如图 4-26 所示。

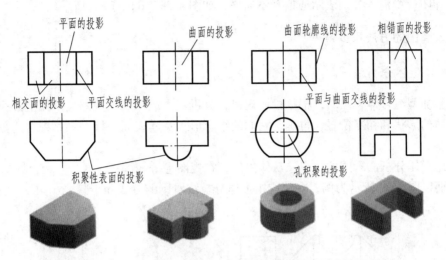

图 4-26　视图中图线和线框的意义

（2）视图中的封闭线框，表示平面、曲面、孔积聚的投影，或表示一个面（平面或曲面）的投影，或表示曲面及其相切的组合面（平面或曲面）的投影，如图 4-27所示。

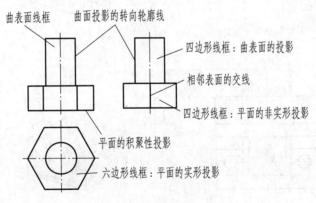

图 4-27　封闭线框的含义

（3）相邻的封闭线框，表示不共面、不相切的两个不同位置的表面，如图 4-28（a）、（b）

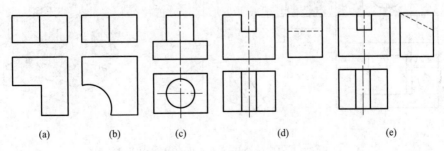

(a)　　　　(b)　　　　(c)　　　　　(d)　　　　　　(e)

图 4-28　相邻封闭线框的含义

所示；线框里有另一线框，表示凸起或凹下的表面，如图 4-28（c）所示；线框边上有开口线框和闭口线框，分别表示通槽和不通槽，如图 4-28（d）、（e）所示。

二、看图的方法和步骤

（一）形体分析法

看叠加型组合体视图时，根据投影规律，分析基本形体的三视图，从图上逐个识别出基本形体的形状和相互位置，再确定它们的组合形式及其表面连接关系，综合想象出组合体的形状。

应用形体分析法看图的特点：从体出发，在视图上分线框。

下面以图 4-29 所示为例，介绍应用形体分析法看图的方法和步骤。

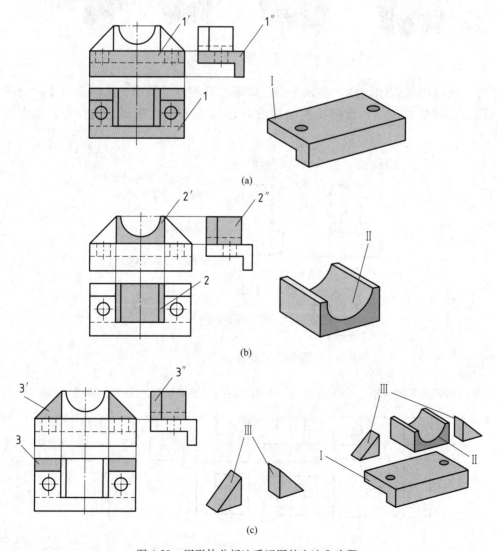

图 4-29　用形体分析法看视图的方法和步骤

（1）划线框，分形体。从主视图看起，并将主视图按线框划分为 1′、2′、3′，并在俯视图和左视图上找出其对应的线框 1、2、3 和 1″、2″、3″，将该组合体分为 Ⅰ、Ⅱ 和 Ⅲ 三部分，如图 4-29 所示。

（2）对投影，想形状。按照"长对正、高平齐、宽相等"的投影关系，从每个基本形体的特征视图开始，找出另外两个投影，想象出每个基本形体的形状，如图 4-29 所示。

（3）合体来，像整体。根据各基本形体所在的方位，确定各部分之间的相互位置及组合形式，从而想象出组合体的整体形状，如图 4-29 所示。

（二）线面分析法

看图时，在应用形体分析法的基础上，对一些较难看懂的部分，特别是对切割型组合体的被切割部位，还要根据线面的投影特性，分析视图中线和线框的含义，弄清组合体表面的形状和相对位置，综合起来想象出组合体的形状。这种看图方法称为线面分析法。线面分析法看图的特点：从面出发，在视图上分线框。

现以图 4-30 所示的压块为例，介绍用线面分析法看图的方法和步骤。

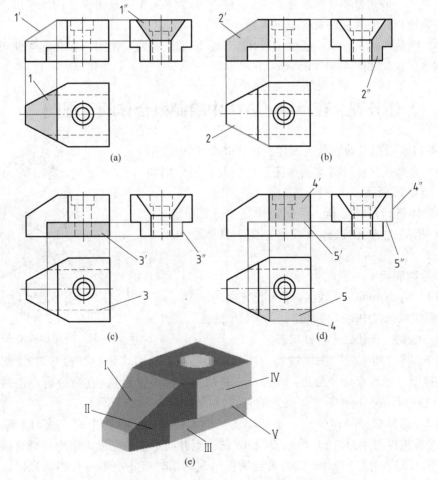

图 4-30　用线面分析法看压块视图的方法和步骤

（a）分析正垂面Ⅰ；（b）分析铅垂面Ⅱ；（c）分析正平面Ⅲ；（d）分析水平面Ⅳ和正平面Ⅴ；（e）压块立体图

　　先分析整体形状，压块三个视图的轮廓基本上都是矩形，因此它的原始形体是一个长方体。再分析细节部分，压块的右上方有一阶梯孔，其左上方和前后面分别被切掉一角。

　　从某一视图上划分线框，并根据投影关系，在另外两个视图上找出与其对应的线框或图线，确定线框所表示的面的空间形状和对投影面的相对位置。

　　（1）压块左上方的缺角。如图 4-30（a）所示，在俯、左视图上相对应的等腰梯形线框 1 和 1″，在主视图上与其对应的投影是一倾斜的直线 1′。由正垂面的投影特性可知，平面 I 是梯形的正垂面。

　　（2）压块左方前后对称的缺角。如图 4-30（b）所示，在主、左视图上相对应的投影七边形线框 2 和 2″，在俯视图上与其对应的投影为一倾斜直线 2。由铅垂面的投影特性可知，平面 II 是七边形铅垂面。同理，处于后方与之对称的位置也是七边形铅垂面。

　　（3）压块下方前后对称的缺块。如图 4-30（c）、（d）所示，它们由两个平面切割而成。其中，一个平面 III 在主视图上为一可见的矩形线框 3′，在俯视图上的对应投影为水平线 3（虚线），在左视图上的对应投影为垂直线 1″。另一个平面 IV 在俯视图上是有一边为虚线的直角梯形 4。在主、左视图上的对应投影分别为水平线 4′和 4″。由投影面平行面的投影特性可知，平面 III 和平面 V 是长方形的正平面，平面 IV 是直角梯形的水平面。压块下方后面的缺块与前面的缺块对称，不再赘述。

　　这样，既从形体上，又从线面的投影上，弄清了压块的三视图，综合起来便可想象出压块的整体形状，如图 4-30（e）所示。

任务五　在 AutoCAD 中绘制组合体的三视图

　　【例 4-1】　根据滑动轴承座图样，在 AutoCAD 中绘制其三视图，并标注尺寸。滑动轴承座三维图及草图分别如图 4-31、图 4-32 所示。

　　对组合体进行形体分析，可知轴承座由五部分组成，如图 4-31 所示，主视图选择 A 投影方向。具体绘图步骤如下：

　　（1）绘制底板 1。

　　步骤 1　启动 AutoCAD 软件，打开已定制的"A4. dwg"文件，并确定状态栏中的"极轴追踪""对象捕捉""动态输入"和"线宽"按钮处于打开状态。

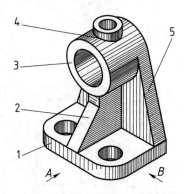

图 4-31　滑动轴承座三维图

　　步骤 2　将"粗实线"图层设置为当前图层，然后利用"矩形"命令 □ 绘制底板长方体的三视图，接着选择"圆角"命令 ⌐，将圆角半径设置为 8，在命令行点击两次"修前（T）"按钮后依次选择需要倒圆角的直线。

　　步骤 3　选择"圆"命令 ⊙，然后单击"对象捕捉"工具栏中的"临时追踪点"按钮 ⚬□，接着捕捉图 4-33（a）所示直线 AB 的中点并向下移动光标，待出现竖直极轴追踪线时输入值"33"并按<Enter>键，接着捕捉出现的临时点并水平向右移动光标，待出现水平极轴追踪线时输入值"20"并按<Enter>键，接着根据命令行提示绘制半径为 5 的圆。

　　步骤 4　绘制上一步所绘圆在主视图中的投影（中心线和两条虚线），并将各线置于

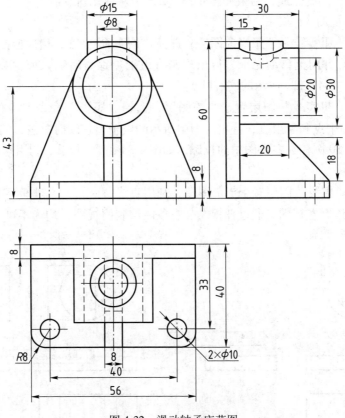

图 4-32　滑动轴承座草图

相应图层。将"点画线"图层设置为当前图层，为俯视图中的圆添加中心线，结果如图
4-33（a）所示。

　　步骤 5　依次选择俯视图中的圆、圆上的中心线，以及主视图中该圆的投影，然后选
择"镜像"命令 ⚠，分别将所选对象以主视图中两条水平直线的中点连线为镜像线进行复
制镜像，结果如图 4-33（b）中主视图和俯视图所示。

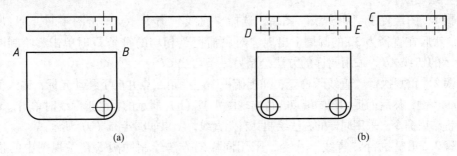

(a)　　　　　　　　　　　　　　　　　　　(b)

图 4-33　绘制底板 1

　　步骤 6　将"点画线"图层置于当前图层，点击"直线"命令 ∕，捕捉左视图 C 点，
向右移动光标，输入 33，绘制左视图中圆的中心线，利用"偏移"命令 ⊑，将中心线向
左右各偏移 5，将偏移后的直线置于"虚线"图层，利用"修剪"命令 ⅀ 剪掉多余图线，

左视图中圆的投影绘制完成，结果如图 4-33（b）中左视图所示。

（2）绘制圆柱筒 3。

步骤 1　将"粗实线"置于当前图层，选择"圆"命令 ⊙，然后捕捉图 4-33（b）所示直线 *DE* 的中点并向上移动光标，待出现竖直极轴追踪线时输入值"43"并按<Enter>键，依次绘制图 4-34（a）所示的同心圆。

步骤 2　将"粗实线"图层置于当前图层，选择"矩形"命令 ▭，然后依次捕捉图 4-34（a）所示的中点和象限点，待出现图中所示的极轴追踪线时单击，如图 4-34（a）所示，绘制直径为 30 圆柱在左视图中的投影，如图 4-34（b）所示。利用同样方法绘制该圆柱俯视图投影。

步骤 3　将"虚线"图层置于当前图层，利用直线命令 ✎，通过捕捉主视图直径为 20 的圆上、下象限绘制左视图，通过捕捉左、右象限绘制俯视图，均为不可见图线，绘制结果如图 4-34（b）所示。

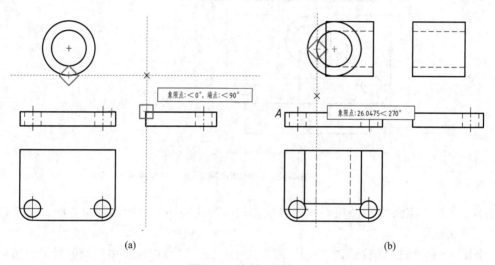

(a)　　　　　　　　　　　　　　　　(b)

图 4-34　绘制圆柱筒 3

（3）绘制肋板 5。

步骤 1　图层置于"粗实线"图层，选择"直线"命令 ✎，单击图 4-34（b）所示的端点 *A*，然后在直径为 30 的圆周上出现"对象捕捉"相切的符号 ♡ 时单击，绘制图 4-35（a）所示的切线 *AB*。采用同样的方法绘制另一条切线 *CD*。

步骤 2　重复执行"直线"命令，捕捉俯视图左上角端点并向下移动光标，输入值"8"后按<Enter>键，然后捕捉切线的端点，待出现图 4-35（b）所示的极轴追踪线时单击，最后按<Enter>键结束命令。采用同样的方法绘制其右侧直线，结果如图 4-35（b）所示。

步骤 3　重复执行"直线"命令，采用同样的方法绘制肋板 5 在左视图中的投影直线，结果如图 4-35（b）所示。

步骤 4　使用"修剪"命令 ✄，修剪俯视图和左视图中多余的线条，将图层置于"虚线"图层，然后选择"直线"命令，绘制肋板 5 在俯视图中不可见的线条，结果如图 4-36 所示。

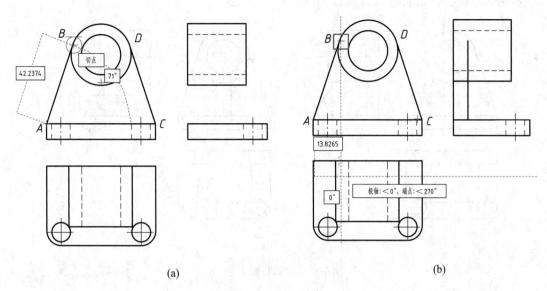

(a)　　　　　　　　　　　　　　　　　(b)

图 4-35　绘制肋板 5（一）

（4）绘制肋板 2。

步骤 1　将"点画线"图层设置为当前图层，然后利用"直线"命令依次绘制三个视图的中心线。

步骤 2　利用"偏移"命令，将主视图和俯视图中的竖直中心线分别向左、右侧偏移 4，将左视图中的直线 *AB* 向其右侧偏移 20，得到直线 *CD*；然后将图层置于"粗实线"图层，选择"直线"命令，捕捉图 4-37 所示的交点并向右移动光标，待其与直线 *AB* 相交时单击，接着水平向右移动光标，待其与直线 *CD* 相交时单击，最后按<Enter>键结束命令。

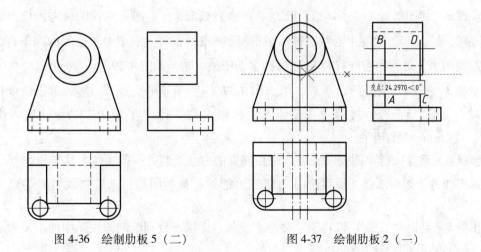

图 4-36　绘制肋板 5（二）　　　　　图 4-37　绘制肋板 2（一）

步骤 3　使用"修剪"命令修剪左视图中多余的线条，然后将图层置于"粗实线"图层，选择"直线"命令，捕捉图 4-38（a）所示的端点 *E* 并单击，输入"@ -12，18"

并按<Enter>键，结果如图4-38（a）所示。

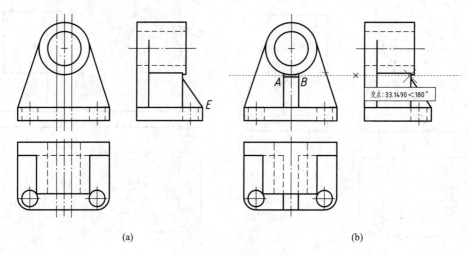

（a）　　　　　　　　　　　　　　　（b）

图4-38　绘制肋板2（二）

步骤4　使用"修剪"命令 ✂ 修剪左视图和俯视图中多余的线条，然后将俯视图中偏移所得到的直线置于"虚线"图层。接着选择"直线"命令，分别以两条虚线的下端点为起点绘制两条竖直直线，结果如图4-38（b）所示。

步骤5　将主视图中偏移所得的两条直线置于"粗实线"图层，然后使用"修剪"命令 ✂ 修剪多余线条，最后使用"直线"命令绘制图4-38（b）所示的直线 *AB*。

（5）绘制凸台4。

步骤1　使用"偏移"命令 ⊏，将主视图中的竖直中心线向其左、右两侧各偏移4、7.5，将水平中心线向上偏移17，然后使用"修剪"命令 ✂ 修剪多余的线条，并将各线置于相应图层，结果如图4-39（a）所示。

步骤2　将图层置于"点画线"图层，单击直线命令 ✎，捕捉左视图最左侧端点向右移动光标，输入15，绘制中心线，然后单击复制按钮 ⧉，将主视图中所绘制的四条直线复制至左视图中，最后利用修剪命令 ✂ 剪掉多余图线，结果如图4-39（a）所示。

步骤3　选择"圆弧"命令 ⌒，单击图4-39（a）所示的交点 *E*，然后单击命令行提示"端点（E）"命令，接着单击交点 *F*，再单击命令行"半径 *R*"命令，输入半径"10"，按<Enter>键结束命令。

步骤4　重复执行"圆弧"命令，采用同样的方法绘制另一条圆弧，其半径为15。然后将各图线置于相应图层，最后使用"修剪"命令 ✂ 修剪图形，修剪结果如图4-39（b）所示。

步骤5　利用"直线"和"圆"命令，在各自图层下分别绘制俯视图中的水平中心线和同心圆，结果如图4-40所示。

（6）标注尺寸。

步骤1　将"标注"图层设置为当前图层。按照绘图顺序，依次单击"标注"工具栏

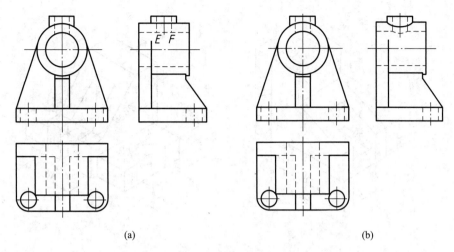

(a)　　　　　　　　　　　　　　　　　　　　　　　(b)

图 4-39　绘制凸台 4（一）

中的"线性"按钮、"直径"按钮或"半径"按钮等逐个形体标注尺寸。

　　步骤 2　对于线性尺寸前需要添加"φ"符号的尺寸标注，可在命令行中单击"多行文字"在尺寸数字前输入"%%C"并按<确定>键，然后选取合适的位置单击即可，其标注结果如图 4-41 所示。

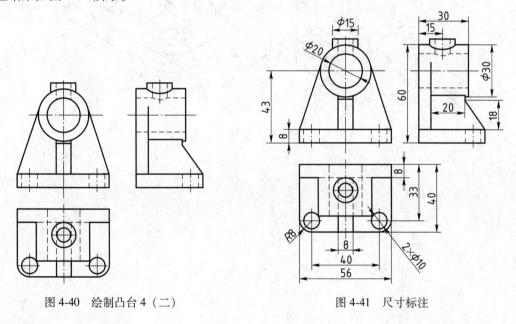

图 4-40　绘制凸台 4（二）　　　　　　图 4-41　尺寸标注

提示：

　　在绘图过程中要灵活运用"夹点"命令和"对象捕捉"进行线段长度的调整和捕捉操作。

习题

利用 AutoCAD 制图如下组合体的三视图，选择适当比例，并标注尺寸。

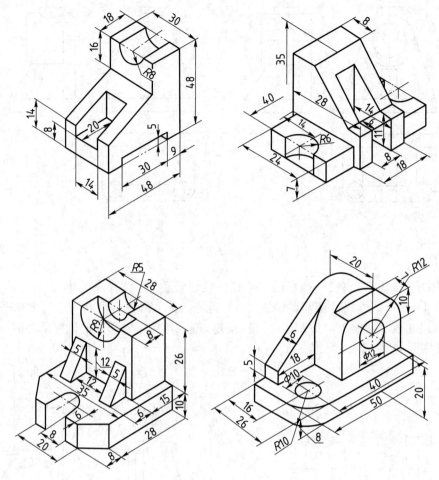

图 4-42　习题图

项目五　机件常用表达方法的应用

前面的有关内容已经介绍了用主、俯、左三个视图来表达物体的形状和大小，在生产实践中，有些简单的机件，用三个视图并配合尺寸标注，可以表达清楚，而有些较为复杂的机件，用三个视图是难以表达清楚的。要想把机件的结构形状表达得正确、完整、清晰，力求制图简便，方便他人看图，就必须增加其表达方法。为此，国家标准《技术制图》和《机械制图》中规定了视图、剖视图、断面图以及其他各种表达方法，满足了这一需求。掌握这些表达方法是正确绘制和阅读机械图样的基本前提。灵活运用这些表达方法清楚、简洁地表达机件是绘制图样的基本原则。

任务一　机件外部形状的表达

根据有关标准和规定，用正投影法所绘制出的物体的图形称为视图（GB/T 17451—1998、GB/T 4458.1—2002）。视图这一术语专指主要用于表达机件的外部结构和形状的图形，视图一般只画机件的可见部分，必要时才画出其不可见部分。

视图通常有基本视图、向视图、局部视图和斜视图。

一、基本视图

基本视图是指机件向基本投影面投射所得的视图。

国家标准《机械制图》图样画法中规定用正六面体的六个面作为基本投影面，将机件放置在六个投影面中，分别向六个基本投影面投射所得到的六个视图称为基本视图，除主视图、俯视图和左视图外，还有右视图、仰视图和后视图，如图5-1所示。

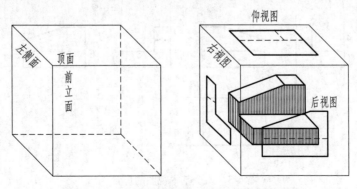

图 5-1　六个基本投影及右、后、仰视图的形成

基本视图名称及其投影方向的规定如下。

主视图：自前向后投射所得的视图。

左视图：自左向右投射所得的视图，配置在主视图右方。

右视图：自右向左投射所得的视图，配置在主视图左方。

俯视图：自上向下投射所得的视图，配置在主视图下方。

仰视图：自下向上投射所得的视图，配置在主视图上方。

后视图：自后向前投射所得的视图，配置在左视图右方。

各投影面的展开方式，如图 5-2 所示。

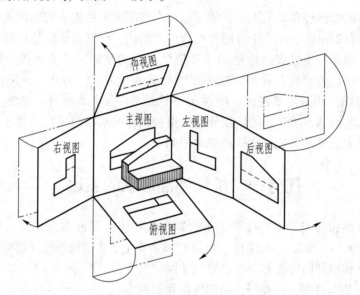

图 5-2　六个基本投影面的展开

基本视图的配置关系如图 5-3 所示。

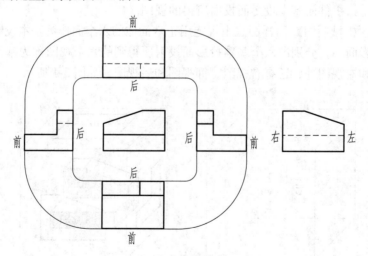

图 5-3　六个基本视图的位置

六个基本视图的位置是按国标规定设置的，在同一张图纸内，按图 5-3 所示配置视图时，一律不标注视图的名称。六个基本视图之间，仍符合"长对正、高平齐、宽相等"的投影规律。除后视图外，各视图的里边（靠近主视图的一边）均表示机件的后面；各视图的外边（远离主视图的一边）均表示机件的前面。在实际画图中，一般并不需要将物体的六个基本视图全部画出，而是根据物体的形状结构特点和复杂程度，选择适当的基本视图（应优先采用主、俯、左视图）。

主视图应尽量反映机件的主要特征，其他视图可根据实际情况选用。基本原则是在完整、清晰地表达机件特征的前提下，使视图数量最少，力求制图简便，看图方便。

除六个基本视图外，国标中还规定了向视图、局部视图和斜视图画法，用来表达机件上某些在基本视图上表达不清楚的部分结构和形状。

二、向视图

向视图是可以自由配置的视图。当基本视图不能按规定的投影关系配置，或不能画在同一张图纸上时，可将其配置在适当位置。为便于识读和查找自由配置后的向视图，应在向视图的上方标注"×"（"×"为大写拉丁字母），同时在相应的视图附近用箭头指明投射方向，并注上同样的字母，如图 5-4 所示。

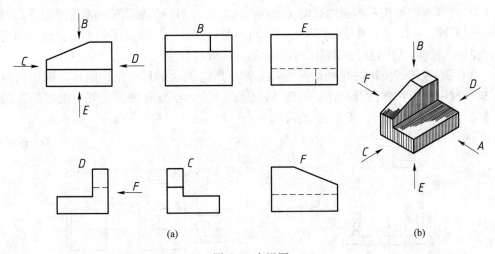

图 5-4 向视图

在实际应用时，要注意以下几点：

（1）向视图是正射所得的视图。相当于移位（不旋转）配置的基本视图，既不能斜射，也不可旋转配置。否则，就不是向视图，而是斜视图或辅助视图。

（2）向视图不能只画出部分图形，必须完整地画出投射所得的图形。否则，正射所得的局部图形就不再是向视图，而是局部视图。

（3）表示投射方向的箭头尽可能配置在主视图上，使得所画向视图与基本视图相一致。而表示后视图投射方向的箭头，则应配置在左视图或右视图上。

三、局部视图

局部视图是将机件的某一部分向基本投影面投射所得的视图。局部视图通常被用来局部地表达机件的外形。

当机件的主体结构已由基本视图表达清楚，还有部分或局部结构未表达完整时，可用局部视图来表达。如图 5-5 所示的机件，采用主、俯两个基本视图，其主要结构已经表达清楚，但左侧凸缘和右侧凸缘的形状尚未表达，因此，若采用两个局部视图来表达，则可使图形更加清晰，重点更为突出。

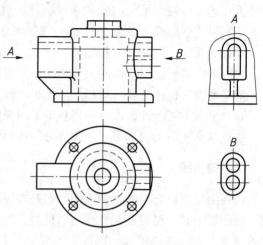

　　画局部视图时，应注意以下几点。

　　（1）局部视图断裂处的边界线应以波浪线（或双折线、细双点画线）表示，如图 5-5 中的 A 视图。当被表达部分的结构是完整的，其图形的外轮廓线呈封闭状态时，波浪线（或双折线、细双点画线）可省略不画，如图 5-5 中 B 局部视图所示。

图 5-5　局部视图

　　（2）局部视图可按基本视图或向视图的形式配置。当局部视图按基本视图配置，即按投影关系配置，中间又无其他视图隔开时，可省略标注；当局部视图是为了合理地利用图纸而按向视图的形式配置时，则应以向视图的标注方法标注。

　　（3）局部视图若按第三角画法配置在视图上所需表示的局部结构附近，则用细点画线（即对称中心线）将两者相连，如图 5-6 所示；无中心线的图形也可用细实线连接两图，如图 5-7 所示，此时，无需另行标注。

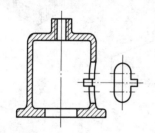

图 5-6　细点画线连接局部视图

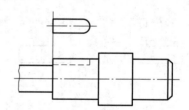

图 5-7　细实线连接局部视图

四、斜视图

　　斜视图是指机件向不平行于任何基本投影面的平面投射所得的视图，用于表达机件倾斜结构的外形，如图 5-8（a）所示的支架。其上的倾斜结构，无法用基本视图反映出倾斜结构表面的真实形状，给读图和绘图带来困难，可以选择一个新的辅助投影面，使它与倾斜表面平行，在该面上得到的视图称为斜视图。斜视图通常只画出倾斜部分的局部外形，而断去其余部分，断裂边界以波浪线或双折线表示，并按向视图的配置形式配置和标注，如图 5-8（b）所示。

　　斜视图一般应配置在箭头所指的方向，并保持投影关系。必要时也可配置在其他适当位置，如图 5-8（c）所示。在不致引起误解时，允许将倾斜的图形旋转配置，此时应在旋转后的斜视图上方标注"×"，并在其后加注旋转符号，旋转符号的画法及标注如图 5-8（d）所示。

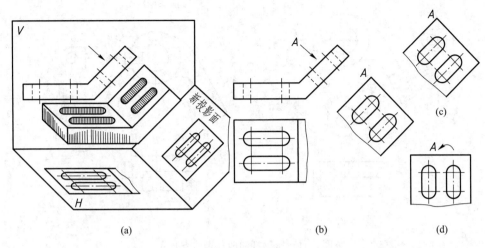

图 5-8 斜视图画法

接下来对压紧杆进行视图绘图分析：

（1）压紧杆结构分析。压紧杆外形较复杂且有倾斜部分，用前面所学的三视图知识难以将其表达清楚，如图 5-9 所示，压紧杆上的倾斜部分在俯视图和左视图上都不反映实形。所以要运用基本视图、局部视图和斜视图等方法，才能表达清楚压紧杆的外部形状。

（2）根据压紧杆的结构特点，选择表达方法。为了表达倾斜结构，可按如图 5-10 所示的方法，在平行于耳板的正垂面上作出耳板的斜视图以反映其实形。

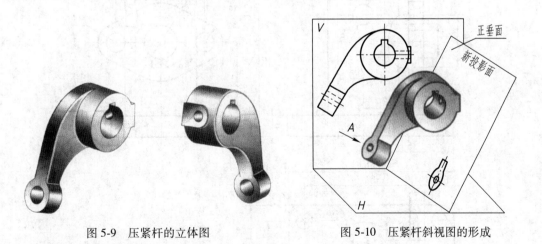

图 5-9 压紧杆的立体图　　　　　图 5-10 压紧杆斜视图的形成

（3）确定表达方案。

方案一：如图 5-11（a）所示，采用一个基本视图（主视图），B 局部视图（代替俯视图），A 斜视图和 C 局部视图。

方案二：为了使图面布局更加紧凑，又便于画图，可以将 C 局部视图画在主视图的右边，将 A 斜视图进行旋转，但要标注清楚，加注旋转符号，如图 5-11（b）所示。

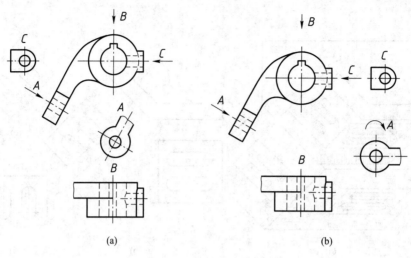

图 5-11　压紧杆的两种表达方案

（a）方案一；（b）方案二

任务二　剖视图的绘制及识读

当表达机件内部结构时，在视图上会出现较多的虚线，如图 5-12 所示，给读图、绘图以及标注尺寸带来不便，为使原来在视图上不可见的部分转化为可见的，从而使虚线变

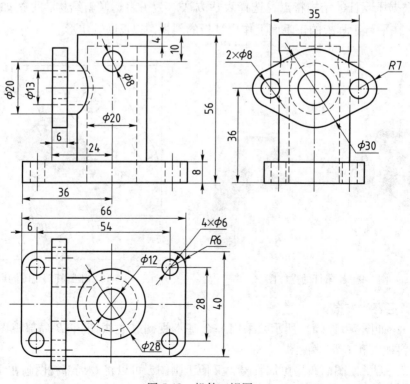

图 5-12　机件三视图

为实线，以提高图形的清晰程度。国家标准《机械制图》规定用"剖视"的方法来表达机件的内部结构。

一、剖视图的基本概念

为了清楚地表达机件的内部结构，假想用剖切面（包括剖切平面和剖切柱面）剖开机件，将处在观察者和剖切面之间的部分移去，而将其余部分向投影面投射所得的图形称为剖视图，简称剖视。

如图 5-13 所示，假想用剖切面将其沿前后对称面剖开，将观察者和剖切面之间的部分移去，剩余的部分向投影面投射，即得到一个剖视的主视图。

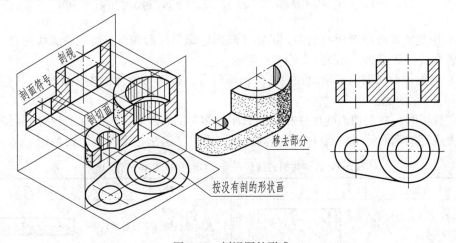

图 5-13　剖视图的形成

主视图采用了剖视图，视图中不可见的部分变为可见的，原有的虚线变成了实线，加上剖面线的作用，使图形更为清晰。

二、剖视图的画法及标注

（一）剖视图的画法

（1）确定剖切面及剖切面的位置。画剖视图的目的是表达物体内部结构的真实形状，因此剖切面一般应通过物体内部结构的对称平面或孔的轴线去剖切物体，如图 5-14（b）所示。

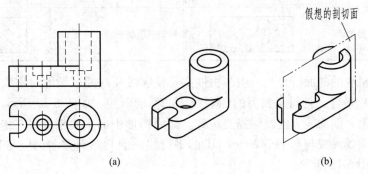

(a)　　　　　　　　　　　　　　　　　　　　　　　(b)

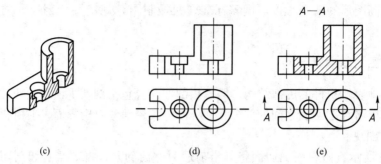

图 5-14　剖视图的画法

(a) 视图；(b) 剖切面剖切；(c) 剖切后；(d) 剖切后的视图；(e) 剖视图

(2) 用粗实线画出剖切面剖切到的物体断面轮廓和其后面所有可见轮廓线的投影，不可见的轮廓线一般不画，如图 5-14 (d) 所示。

(3) 在剖切面切到的断面轮廓内画出剖面符号，以区分物体的实体部分和空心部分，如图 5-14 (e) 所示。

画剖视图时，在剖切面与机件相接触的部分称为剖面区域，国家标准规定在剖面区域上应画上规定的剖面符号。机件材料不同，其剖面符号画法也不同，如表 5-1 所示。

表 5-1　各种材料的剖面符号 (GB/T 4458.6—2002)

材料名称		剖面符号	材料名称	剖面符号
金属材料（已有规定剖面符号者除外）			木质胶合板（不分层数）	
线圈绕组元件			玻璃及供观察用的其他透明材料	
转子、电枢、变压器和电抗器等的叠钢片			液体	
型砂、填砂、粉末冶金、砂轮、陶瓷刀片、硬质合金刀片等			非金属材料（已有规定剖面符号者除外）	
木材	纵剖面		混凝土	
	横剖面		钢筋混凝土	

表示金属材料的剖面符号为一组与机件主要轮廓线或剖面区域的对称线呈 45°（左右倾斜均可）互相平行，且间距相等的细实线，也称剖面线，如图 5-13 所示。同一机件的所有剖面图形上，剖面线方向及间隔要一致。如果图形中的主要轮廓线与水平呈 45°，应将该图形的剖面线画成与水平呈 30°或 60°的平行线，但其倾斜方向仍应与其他图形的剖面线一致，如图 5-15 所示。

（二）剖视图的标注

剖视图标注的目的是帮助看图者判断剖切面通过的位置和剖切后的投射方向，以便找出各相应视图之间的投影关系。

1. 标注的内容

（1）剖切符号。在剖切面的起、止和转折处画上粗短画线（1.5倍粗实线的线宽）表示剖切面的位置；在表示剖切面起、止处的粗短画线上，垂直地画出箭头表示剖切后的投射方向，如图5-14（e）所示。

（2）剖视图名称。在剖视图的上方用大写字母水平标出剖视图的名称"×—×"，并在剖切符号的两侧注上同样的字母，如图5-14（e）所示。如果在一张图上，同时有几个剖视图，则其名称应按字母顺序排列，不得重复。

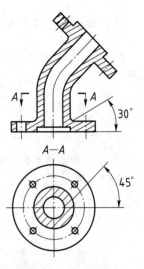

图5-15　特殊角度的剖面线

2. 标注的简化和省略

（1）当剖视图按投影关系配置，中间没有其他图形隔开时，可省略箭头，如图5-14（e）中箭头可省去。

（2）当单一剖切平面通过机件的对称平面或基本对称面，且剖视图按投影关系配置，中间又没有其他图形隔开时，可不标注（图5-14（e）、图5-17均可不标注）。

（三）画剖视图的注意事项

（1）剖视是一个假想的作图过程，因此一个视图画成剖视图后，其他视图仍应按完整机件画出。图5-16所示的俯视图只画一半是错误的。

（2）剖切平面一般应通过机件的对称面或轴线，并与该剖视图所在的投影面平行。

（3）画剖视图时，在剖切面后面的可见轮廓线也应画出，初学者常会忽略这一点而只画出与剖切面重合部分的图形，如图5-16所示，漏画了圆柱孔阶台面。

（4）剖视图上一般不画虚线，以增加图形的清晰性，但若画出少量虚线可减少视图数量时，也可画出必要的虚线，如图5-17所示是必要的虚线，体现了连接板的高度，应该画出。

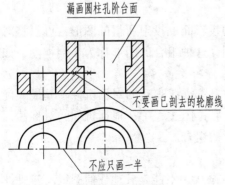

图5-16　画剖视图时注意（一）

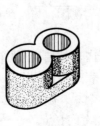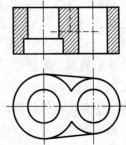

图5-17　画剖视图时注意（二）

三、剖视图的种类与投影分析

剖视图按剖切平面剖开机件的范围不同，可分为全剖视图、半剖视图和局部剖视图三种。

（一）全剖视图

用剖切面将物体完全剖开后所得的剖视图称为全剖视图。全剖视图可由单一的或组合的剖切面完全地剖开机件得到。

全剖视图主要用于表达复杂的内部结构，它不能够表达同一投射方向上的外部形状，因此适用于内形复杂、外形简单的物体，如图 5-18 所示。

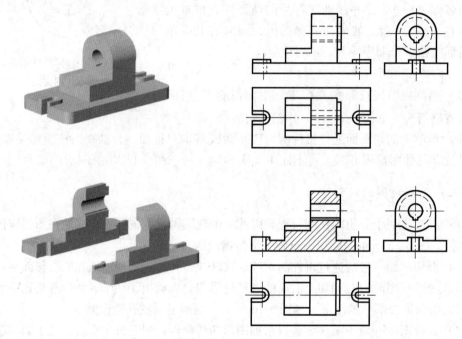

图 5-18　全剖视图

（二）半剖视图

当机件具有对称平面时，在垂直于对称平面的投影面上投射所得的图形，可以将对称中心线作为界，一半画成剖视图，另一半画成视图，这种组合的图形称为半剖视图，如图 5-19 所示。

半剖视图主要适应于内、外结构形状复杂，并且都需要表达的对称机件。其最大优点是在一个图形中可以同时表达机件的内形和外形，在读图过程中，根据机件的对称性，也很容易想象出机件的整体全貌，因此，是一种科学的组合。

画半剖视图时应注意以下几点。

（1）半个视图与半个剖视图的分界线应是细点画线，不能是其他任何图线。若机件虽然对称，但其图形的对称中心线（细点画线）正好与轮廓线重合时，不宜采用半剖视图，

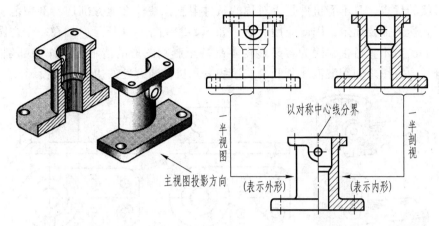

图 5-19　半剖视图（一）

而采用局部剖视图表达。

（2）在半个剖视图中已表达清楚的内形，在另一半视图中其虚线省略不画，但对于孔或槽等，应画出中心线位置，如图 5-20 所示。

（3）当机件的形状接近于对称，而不对称的部分已另有图形表达清楚时，也可画成半剖视图，如图 5-21 所示。

半剖视图的标注方法与全剖视图相同，如图5-20 所示。在半个剖视图中，剖视部分的位置通常按以下原则配置：在主、左视图中位于对称线的右侧；在俯视图中位于对称线的下方。但根据具体需要，也有例外。如图 5-21 所示，则将剖视部分配置在轴线上方。

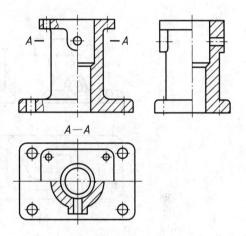

图 5-20　半剖视图（二）

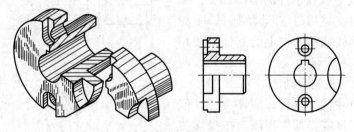

图 5-21　半剖视图（三）

（三）局部剖视图

用剖切面局部地剖开机件所得的剖视图称为局部剖视图。

局部剖视图主要用于表达机件的局部内部结构形状，或不宜采用全剖视图或半剖视图的地方（如轴、连杆、螺钉等实心零件上的某些孔或槽等）。由于它具有同时表达机件内、外结构形状的优点，且不受机件是否对称的条件限制，在什么地方剖切、剖切范围的大小均可根据表达的需要而定，因此应用广泛，如图 5-22～图 5-24 所示。但在一个视图中，选用局部剖的次数不宜过多，因为容易显得零乱甚至影响图形的清晰度。作局部剖视图时，剖开部分与原视图之间用波浪线分开，波浪线表示机件断裂处的边界线的投影。

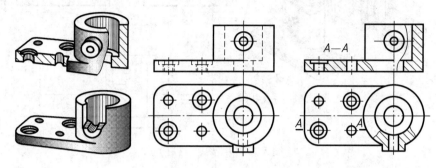

图 5-22　局部剖视图

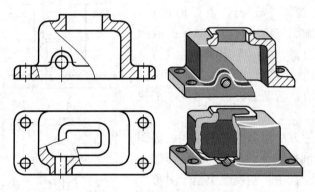

图 5-23　箱体的局部剖视图

画局部剖视图时应注意以下几点：

（1）波浪线应画在机件的实体部分，如遇到孔、槽等中空结构时应自动断开，不能超出视图的轮廓线或和图样上的其他图线相重合，也不能画在其延长线上。如图 5-25 所示，是波浪线的常见错误画法。

（2）局部剖视图一般可以省略标注，但当剖切位置不明显或局部剖视图未按投影关系配置时，则按剖视图的标注方法进行标注，如图 5-22～图 5-24 所示。

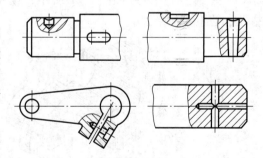

图 5-24　不宜采用全剖视图的局部剖视图示例

（3）当对称机件在对称中心线处有图线而不便于采用半剖视图时，应采用局部剖视图表示，如图 5-26 和图 5-27 所示。

（4）如有需要，允许在剖视图的剖面中再作一次局部剖视，采用这种表达方法时，两个剖面的剖面线方向、间隔应相同，但间隔要互相错开，并用引出线标注其名称，如图 5-28 所示。

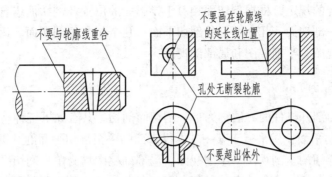

图 5-25 波浪线的错误画法

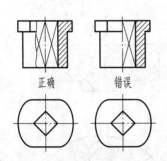

图 5-26 宜采用局部剖视图（一）

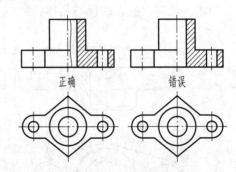

图 5-27 宜采用局部剖视图（二）

（5）当被剖的局部结构为回转体时，允许将该结构的中心线作为局部剖视图与视图的分界线，如图 5-29 所示；这种局部剖视图与半剖视图的区别是，前者强调机件的局部结构为回转体，而后者则强调整个机件应具有对称平面。即如图 5-29 所示的俯视图为局部剖视图，而不是半剖视图。

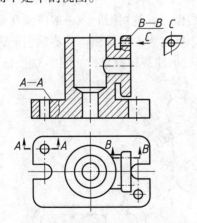

图 5-28 剖视图中再作一次局部剖

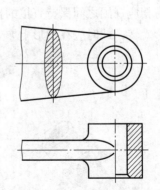

图 5-29 可用中心线代替波浪线

四、剖切面的数量和剖切方法

由于机件内部结构形状变化较多，常需选用不同数量、位置、范围及形状的剖切面来剖切机件，才能把它们的内部结构形状表达得更加清楚、恰当。因此，剖视图能否正确清晰地表达机件的结构形状，剖切面的选择是很重要的。

　　按照国家标准的规定，根据剖切面相对于投影面的位置及剖切面组合的数量，剖切面可分为三类：单一剖切面、几个平行的剖切平面、几个相交的剖切面。运用其中的任何一种都可得到全剖视图、半剖视图和局部剖视图。

（一）单一剖切面

用一个剖切面剖开机件的方法称为单一剖切面剖切，共有如下三种。

（1）单一剖切平面：用平行于某一基本投影面的一个剖切平面剖开机件的方法，如图5-30所示。前面介绍的全剖视图、半剖视图、局部剖视图均为单一剖切平面剖切的图例。

（2）单一剖切柱面：用一个剖切柱面剖开机件的方法。用剖切柱面剖得的剖视图一般采用展开画法，此时，应在剖视图名称后加注"展开"二字，如图5-31所示。

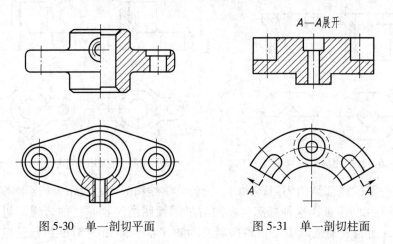

图5-30　单一剖切平面　　　　　　　图5-31　单一剖切柱面

　　（3）单一斜剖切平面：用不平行于任何基本投影面的一个剖切平面剖开机件的方法。这种剖切主要用于表达机件上倾斜部分的内部结构。画剖视图时，一般应画在箭头所指的方向，并与相应视图之间保持直接的投影关系。有时为方便画图，在不致引起误解时，也允许将图形旋转，此时应在图形上方"×—×"后加注旋转符号，如图5-32所示。

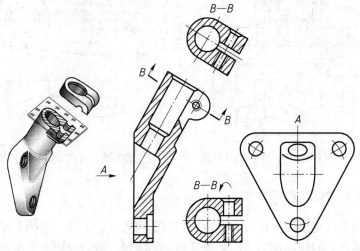

图5-32　用单一斜剖切平面获得的全剖视图

（二）几个平行的剖切平面

用几个平行的剖切平面（且平行于基本投影面）剖开机件的方法，其中各剖切平面的转折处必须是直角。图 5-33 所示为几个平行剖切平面剖切的全剖视图；图 5-34 所示为几个平行剖切平面剖切的半剖视图；图 5-35 所示为几个平行剖切平面剖切的局部剖视图。

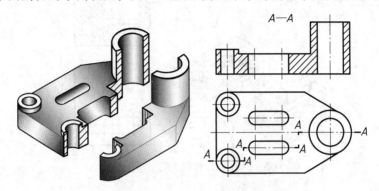

图 5-33　几个平行剖切平面剖得的全剖视图

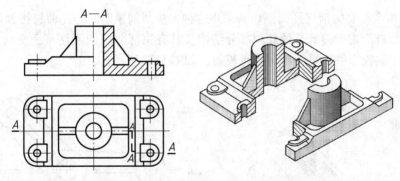

图 5-34　几个平行剖切平面剖切的半剖视图

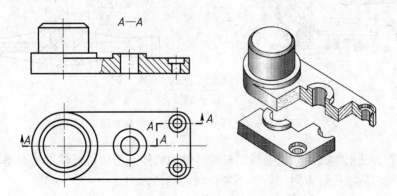

图 5-35　几个平行剖切平面剖切的局部剖视图

用这种剖切方法画剖视图时，一定要把几个平行的剖切平面看作是一个剖切平面来考虑，被切到的结构要素也应认为位于一个平面上，所以在画图时要注意以下几点：

（1）在各剖切平面的转折处不应画出多余的图线。

（2）在图形内不应出现不完整的要素，仅当两个要素在图形上具有公共对称中心线或轴线时，可以中心线或轴线为界，各画一半，如图 5-36 所示。

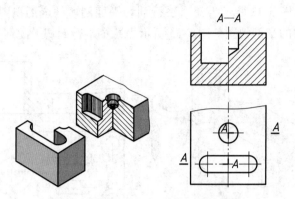

图 5-36　具有公共对称线的剖视图的画法

（三）几个相交的剖切面（交线垂直于某一基本投影面）

（1）用两个相交的剖切平面剖切。采用这种方法画剖视图时，先假想按剖切位置剖开机件，然后将被剖切平面剖开的倾斜部分结构及其有关部分绕两剖切平面交线（旋转轴）旋转到与选定的投影平面平行后再进行投射，如图 5-37 所示。

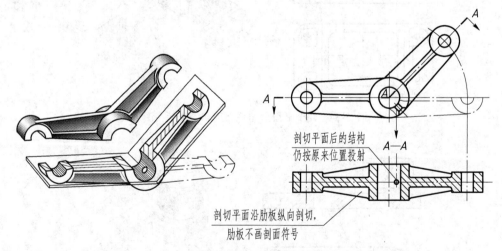

图 5-37　两相交剖切平面剖切的剖视图

这种剖切方法通常适用于具有较明显旋转轴的机件。剖切符号端部与其垂直的箭头表示图形绕轴旋转后的投射方向（箭头不能误认为旋转方向）。

采用相交剖切平面剖切后，剖切平面后面的其他结构一般仍按原来的投影绘制，如图 5-37 中的小孔。当剖切后产生不完整要素时，应将此部分按不剖绘制，如图 5-38 中的臂。

（2）用几个相交（组合）的剖切面剖切。这种剖切方法与两相交剖切平面剖切机件的方法是一样的，所不同的是剖切面的种类或数量增加了，多数是两个以上相交（或组合）的剖切面剖切，如图 5-39 所示，其中剖切面当中除了剖切平面以外，也可能有剖切柱面。有时因机件结构的复杂性还会用到展开画法，若采用展开画法应在剖视图上方标注"×—×展开"字样。

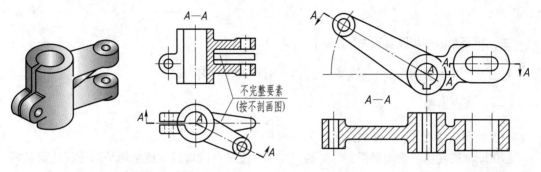

图 5-38 转剖切形成不完整因素的画法 　　　图 5-39 几个相交（组合）剖切面剖切示例

采用几个平行或相交的剖切面剖切时，一定要标注清楚剖切面的剖切位置，并指明视图的投影关系，以免造成误读。具体的标注方法是：在剖视图上方标出剖视图名称"×—×"，在每一个组成剖切面（剖切平面或剖切柱面）迹线的转折处画上剖切符号，在起始和终了的剖切符号端部画上箭头表示投射方向，在每个剖切符号处注上同样的字母。在选择剖切面位置时，一般不应与图形轮廓线重合。当剖视图按规定位置配置，中间又没有其他图形隔开时，可省略箭头，如图 5-33、图 5-34 所示。

任务三　机件断面图的绘制及识读

如图 5-40 所示，该轴的基本结构为同轴阶梯圆柱，它的表面有键槽、倒角、倒圆、退刀槽、中心孔等结构，无法用前面所学的视图、剖视图知识将轴的内外结构形状简洁地表达清楚，为此国家标准《机械制图》规定需要用断面图、局部放大图等方法来表达这类机件的内外结构和形状。

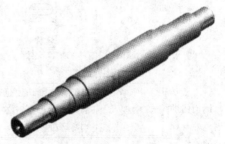

一、断面图的基本概念

图 5-40 轴

假想用剖切面将机件的某处切断，仅画出该剖切面与机件接触部分的图形，称为断面图，简称断面，如图 5-41 所示。

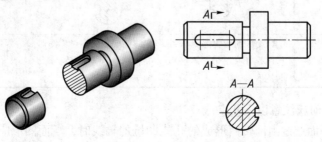

图 5-41 轴上键槽断面图

断面图主要适用于表达轴、肋、轮辐和实心杆件等机件的断面形状。断面图与剖视图不同，断面图一般只画出切断面的形状，而剖视图不仅要画出切断面的形状，还要画出切断面后的可见轮廓的投影。事实上用断面图表达机件的断面形状，图形更加清晰、简洁，同时也便于标注尺寸。

二、断面图的分类及其画法

断面图按其配置的位置不同可分为移出断面和重合断面两种。

（一）移出断面

画在视图轮廓线外面的断面图，称为移出断面。

移出断面的轮廓线规定用粗实线绘制，并尽量配置在剖切符号或剖切平面迹线的延长线上，也可画在其他适当位置，如图 5-41 所示。

移出断面一般用剖切符号表示剖切位置，用箭头表示投射方向，并注上字母，在断面图的上方用同样的字母标出相应的名称"×—×"，如图 5-41 中 *A—A*。移出断面的配置及标注如表 5-2 所示。

表 5-2　移出断面的配置及标注

	配置	断面图的配置与标注的关系		
断面 对称性		配置在剖切线或剖切符号延长线上	移位配置	按投影关系配置
断面图的对称性与标注的关系	对称	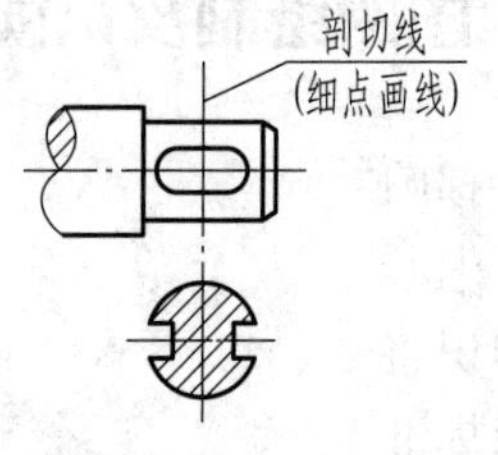	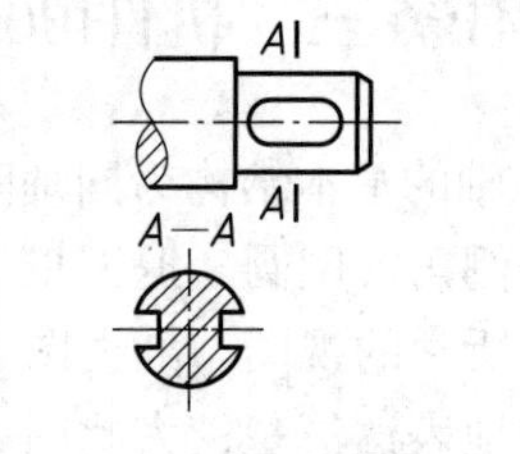	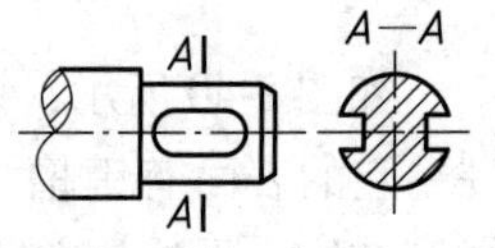
	说明	配置在剖切线延长线上的对称图形：不必标注剖切符号和字母	移位配置的对称图形：不必标注箭头	按投影关系配置的对称图形：不必标注箭头
	不对称	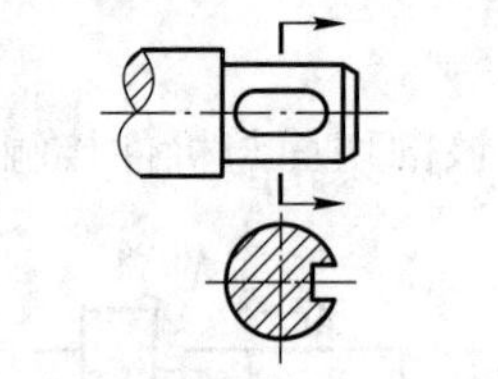	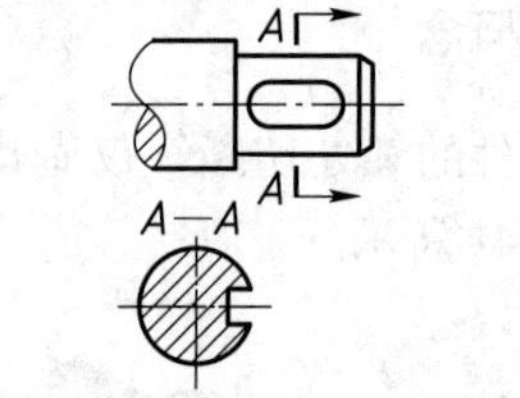	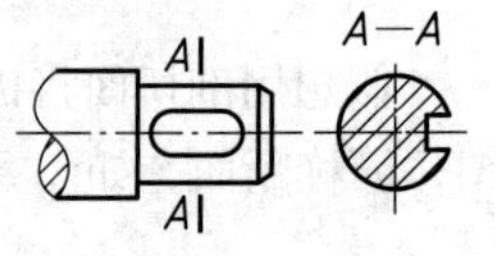
	说明	配置在剖切符号延长线上的不对称图形：不必标注字母	移位配置的不对称图形：完整标注剖切符号、箭头和字母	按投影关系配置的不对称图形：不必标注箭头

画移出断面图时应注意以下几点：

（1）当剖切平面通过由回转面形成的孔或凹坑的轴线时，断面图形应画成封闭的图形，如图 5-42 所示。

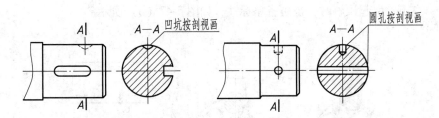

图 5-42　剖切平面通过回转体轴线得到的移出断面图

（2）当剖切平面通过非圆孔，会导致出现完全分离的两个断面时，这些结构应按剖视图要求绘制，如图 5-43 所示。

（3）当断面图形对称时，可画在视图中断处，如图 5-44 所示。

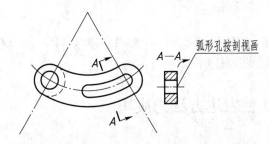

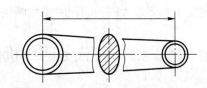

图 5-43　出现两个分离的断面时的移出断面图示例　　　　图 5-44　画在视图中断处的移出断面图

（4）由两个或多个相交的剖切平面剖切得出的移出断面，中间一般应用波浪线断开，如图 5-45 所示。

（5）在不致引起误解时，允许将断面图旋转，如图 5-46 中 *B—B* 和 *C—C* 断面图。

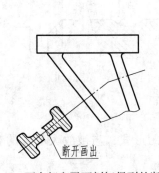

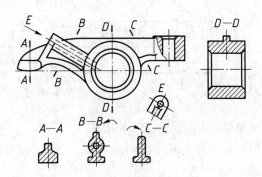

图 5-45　两个相交平面剖切得到的断面图　　　　图 5-46　断面图旋转示例

（二）重合断面

画在视图轮廓线内的断面图，称为重合断面。重合断面的轮廓线用细实线绘制，当视图中的轮廓线与重合断面的图形重叠时，视图中的轮廓线仍需完整、连续地画出，不可间断，如图 5-47 所示。

对称的重合断面不必标注，如图 5-47（a）所示。

不对称的重合断面配置在剖切符号上时，应画出剖切符号和指示投射方向的箭头，不必标注字母；在不致引起误解时，也可省略标注，如图 5-47（b）所示。

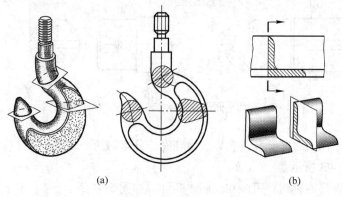

(a)　　　　　　　　　　　　　　　　　　　　　(b)

图 5-47　重合断面图

为了使图形清晰和画图简便，国家标准（GB/T 17452.1—1998 和 GB/T 4458.1—2002）中规定了局部放大图和图样的简化画法，供绘图时选用。

任务四　机件其他表达方法的应用

一、局部放大图

当机件上细小结构在原图上表达不清楚或不便于标注尺寸时，可将这些结构用大于原图形的比例画出的图形称为局部放大图，如图 5-48 中 I、II 部分。

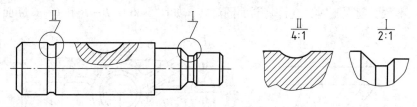

图 5-48　局部放大图

画局部放大图要注意以下几点：

（1）局部放大图可以画成视图、剖视图、断面图的形式，与被放大部分的表达形式无关。

（2）图形所采用的放大比例应根据结构需要而选定，与原图形所采用的比例无关。

（3）同一视图上有几处需要放大时，各个局部放大图的比例也不要求统一。

局部放大图的标注方式：在被放大部位用细实线圈出，用指引线注上罗马数字，在局部放大图的上方用分数形式标注相应的罗马数字和采用的比例，如图 5-48 所示。如机件上被放大部分仅有一处时，只需在局部放大图上方注明所采用的比例。

二、常用简化画法（GB/T 16675.1—1996）

（1）相同结构要素的简化画法：当机件上具有相同结构（齿、槽、孔等），按一定规律分布时，只需画出几个完整的结构，其余用细实线连接或画出中心线位置，但在图上应注明该结构的总数，如图 5-49 所示。

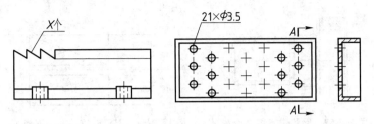

图 5-49　相同结构的简化画法

（2）较小结构的简化画法：对于机件上较小结构，若已有其他图形表示清楚，且又不影响读图时，可不按投影而简化画出或省略。图 5-50（a）所示为较小结构相贯线的简化画法；如图 5-50（b）所示的斜度不大时可按小端画出。

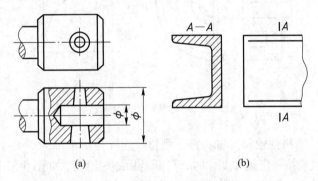

图 5-50　较小结构的简化画法

（3）倾斜小角度的圆或圆弧简化画法：与投影面倾斜的角度小于或等于 30°的圆或圆弧，可用圆或圆弧来代替其在投影面上椭圆、椭圆弧的投影，如图 5-51 所示。

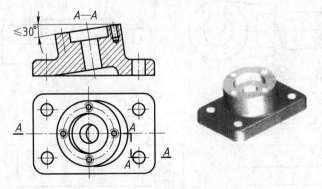

图 5-51　倾斜圆或圆弧的简化画法

（4）滚花部分画法：机件上的滚花部分，可在轮廓线附近用细实线示意画出，如图 5-52 所示。用平面符号（相交的两细实线）表示平面的图形，如图 5-53 所示。

（5）对称机件简化画法：在不致引起误解时，对称机件的视图可以只画 1/2 或 1/4，并在中心线的两端画出两条与其垂直的平行细实线，如图 5-54 所示。

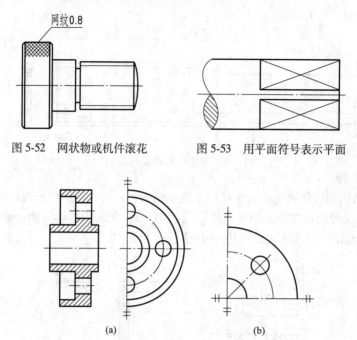

图 5-52　网状物或机件滚花　　　图 5-53　用平面符号表示平面

图 5-54　对称结构的简化画法

（6）折断画法：当机件较长（轴、杆、型材、连杆等，如图 5-55（a）、（b）所示），沿长度方向的形状一致或按一定规律变化时，可断开后缩短绘制，如图 5-55 所示。采用这种画法时，尺寸应按机件原长标注。断裂处的边界线可用波浪线或双点画线绘制。对于实心和空心圆柱，可按图 5-55（c）所示绘制，对于较大的零件，断裂处可用双折线绘制，如图 5-55（d）所示。

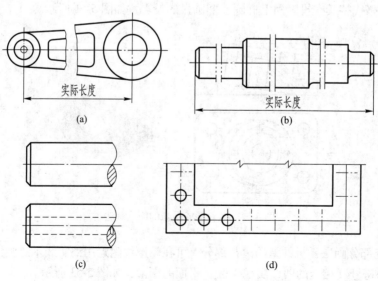

图 5-55　折断画法

（7）假想投影画法：在需要表示剖切平面前的结构时，这些结构按假想投影的轮廓绘制，如图 5-56 所示。

（8）小圆角、小倒角简化画法：在不致引起误解时，零件图中的小圆角、锐边的小倒圆或 45°小倒角允许省略不画，但必须注明尺寸或在技术要求中加以说明，如图 5-57 所示。

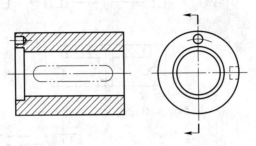

图 5-56 剖切平面前的结构表示法

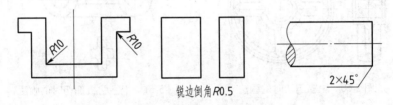

图 5-57 小圆角、倒角的省略画法

（9）相贯线的简化画法：图形中的过渡线、相贯线，在不致引起误解时，可用圆弧或直线代替非圆曲线，如图 5-58（a）所示，也可用模糊画法表示，如图 5-58（b）所示。

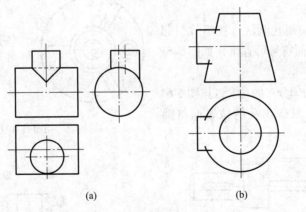

(a)　　　　　　　　(b)

图 5-58 相贯线的简化画法

（10）剖视图中的规定简化画法：

1）对于机件的肋、轮辐、薄壁及板状结构，若按其纵向剖切时，不画剖面符号，而用粗实线将它与其邻接部分分开。当这些结构不按纵向剖切时，应画上剖面符号，如图 5-59～图 5-61 所示。

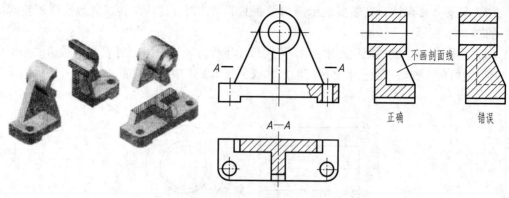

图 5-59　剖视图中肋板的画法

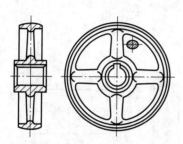

图 5-60　轮辐剖切时的画法

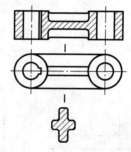

图 5-61　十字肋板剖切时的画法

2）当零件回转体上均匀分布的肋、轮辐、孔等结构不处于剖切平面上时，可将这些结构旋转到剖切平面上画出，其中均布肋板不对称时应按对称画出，如图 5-62 所示。

（11）省略画法：

1）剖面符号的简化画法。在不致引起误解的前提下，剖面符号可省略，如图 5-63 所示。

2）法兰盘上均匀分布的孔允许按图 5-64 所示的方式表示，只画出孔的位置而将圆盘省略。

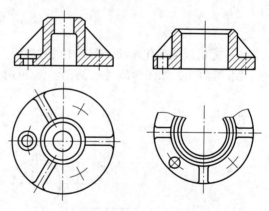

图 5-62　均布孔和肋的简化画法

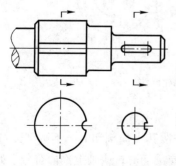

图 5-63　剖面符号的简化

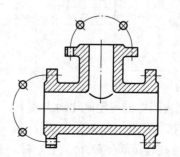

图 5-64　法兰盘上的均布孔的画法

　　3）如果零件上较小结构所产生的交线（即截交线、相贯线），在一个图形中已表示清楚时，其他图形可简化或省略，如图 5-65 所示。

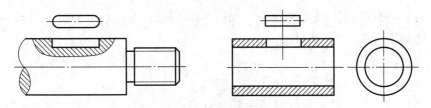

图 5-65　对称结构的简化画法

　　（12）复杂曲面的规定画法：用一系列断面表示机件上较为复杂的变化曲面时，可只画出其断面轮廓，并可配置在同一个位置上，如图 5-66 所示。

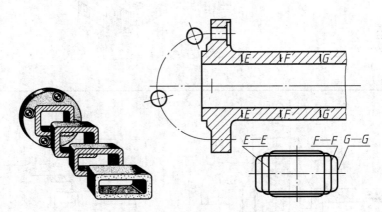

图 5-66　复杂曲面的规定画法

　　（13）左右手零件画法：左右手零件只画一件。对于左右手零件，允许仅画出其中一件，另一件则用文字说明，如图 5-67 所示，其中"LH"表示左件，"RH"表示右件。

　　（14）局部放大的简化画法：局部放大图的简化画法。在局部放大图表达完整的前提下，允许在原视图中简化被放大部位的图形，如图 5-68 所示。

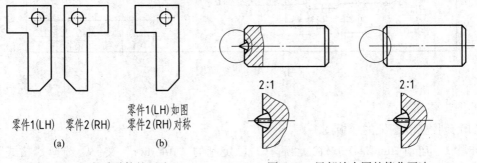

图 5-67　左右手零件的画法
（a）简化前的画法；（b）简化后的画法

图 5-68　局部放大图的简化画法

任务五　在 AutoCAD 中绘制机件的视图

【例 5-1】　根据绘制的支架三维图（如图 5-69 所示）及草图（如图 5-70 所示），使用 AutoCAD 绘制其视图，并标注尺寸。

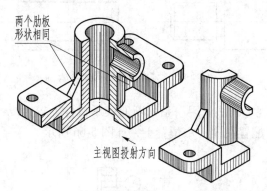

图 5-69　支架立体图

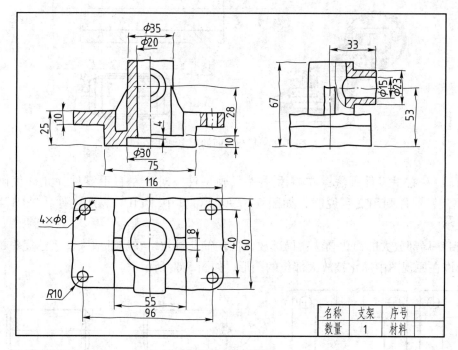

图 5-70　支架草图

绘图步骤如下：

（1）创建 A3 图纸的样板图。

步骤 1　启动 AutoCAD 软件，然后打开已定制的 "A4. dwg" 文件，选择 "格式" → "图形界限" 菜单，根据命令行提示直接按<Enter>键，采用默认的 "0，0" 为图形界线的左下角点，接着输入 "420，297" 并按<Enter>键，即可将图形界限设置为 A3 图纸大小。

步骤 2　确认状态栏中的"极轴追踪""对象捕捉""对象追踪""动态输入"和"线宽"按钮均处于打开状态。单击"修改"工具栏中的"分解"按钮 ，然后选择图框线并按<Enter>键。

步骤 3　选取标题栏和图框的上、下和右边线，然后单击"移动"按钮。将所选对象水平向右移动 210。接着使用"延伸"命令或对象上的夹点将上、下图框线延伸到左边界，最后使用"直线"命令补画标题栏最左侧的边线。

步骤 4　为了便于以后使用 A3 图纸，可选择"文件"→"另存为"菜单，将该图形存储，文件名为"A3 样板图"。

（2）绘制弯板。

步骤 1　将"粗实线"图层设置为当前图层，然后利用"矩形"命令 绘制弯板的俯视图。即执行该命令后选择"圆角"选项，将圆角半径设置为 10，然后绘制长为 116、宽为 60 的圆角矩形。最后将图层置于"点画线"图层，使用"直线"命令绘制该矩形的两条对称中心线，如图 5-71（a）所示。

步骤 2　使用"偏移"命令将竖直中心线分别向其左、右侧偏移 27.5，然后修剪图形，并将这两条偏移直线置于"粗实线"图层，结果如图 5-71（a）中俯视图所示。

步骤 3　将图层置于"粗实线"图层，单击"直线"命令，捕捉竖直中心线的端点并竖直向上移动光标，在合适位置单击后按照图 5-71（a）所示尺寸绘制图形。绘制主视图时，部分图线可利用"对象捕捉追踪"功能参考俯视图绘制。绘制完成后选择"镜像"命令，将主视图中所有图形进行镜像，结果如图 5-71（b）中主视图所示。

提示：

若中心线的比例不合适，则可选择"格式"→"线型"菜单，在打开的对话框中修改线型比例，本例将全局比例因子设置为 20。为了便于读者绘图，编者特意标注图 5-71（a）所示尺寸及辅助线，读者在操作时无须标注。

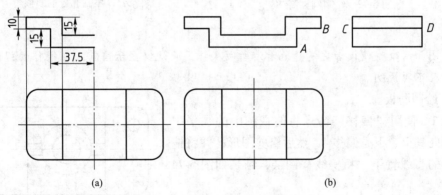

图 5-71　绘制弯板基本图形

步骤 4　确认图层为"粗实线"图层，选择"矩形"命令 ，然后在命令行选择"圆角"选项，将圆角半径设置为 0，接着捕捉图 5-71（b）中的端点 A 并向右移动光标，待出现水平极轴追踪线时在合适位置单击，绘制长度为 60、宽度为 25 的矩形。执行"直线"命令后捕捉图 5-71（b）中的端点 B 并水平向右移动光标，绘制左视图中的直线 CD，结果如图 5-71（b）中左视图所示。

步骤 5　选择"圆"命令，以俯视图中任一圆角的圆心为圆心，绘制半径为 4 的圆，接着绘制该圆的中心线，最后使用"阵列"命令 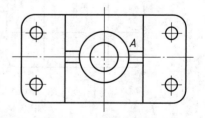 将该圆和中心线分别进行阵列，其参数在命令行依次单击进行设置：行数为 2 行，行间距为 40；列数为 2 列，列间距为 96。

提示：

阵列时，如若默认阵列方向与目标反向时，可单击夹点拖动。

（3）绘制圆柱筒。

步骤 1　确认图层为"粗实线"图层，使用"圆"命令绘制俯视图中的两个同心圆，然后再使用"直线"命令和"对象捕捉"依次绘制该圆柱筒在主视图和左视图中的投影及中心线，如图 5-72 所示，具体尺寸如草图 5-70 所示。

步骤 2　参照图 5-73 所示尺寸绘制主视图中的两条直线，然后绘制弯板上孔在主视图中的投影，以及局部剖视图的样条曲线，最后利用"修剪"命令修剪图形并删除竖直中心线右侧的直线，结果如图 5-73 所示。

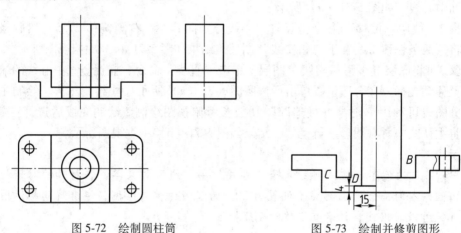

図 5-72　绘制圆柱筒　　　　　　　図 5-73　绘制并修剪图形

提示：

为了图面清晰，使读者更清楚地看清所做操作，此处仅显示当前正在操作的视图，以下类似情况不再说明。

（4）绘制肋板。

步骤 1　使用"偏移"命令将俯视图中的水平中心线分别向其上、下方偏移 4，然后修剪图形，并将偏移所得到的直线置于"粗实线"图层，结果如图 5-74 所示。

步骤 2　确认图层为"粗实线"图层，执行"直线"命令，捕捉图 5-74 所示的端点 A，然后竖直向上

図 5-74　绘制肋板俯视图

移动光标，待竖直极轴追踪线与主视图最底端的水平线相交时单击，绘制长度为 38 的竖直直线，最后单击图 5-73 所示的端点 B，绘制一条斜线，如图 5-75 中主视图所示。

步骤 3　使用"镜像"命令将上一步所绘制的竖直直线和斜线进行镜像，然后选择图 5-73 所示的直线 CD，利用其右侧夹点将该直线拉长，使其与镜像得到的竖直直线相交，

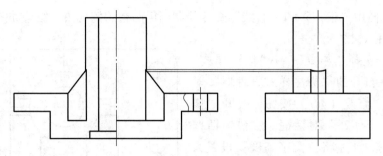

图 5-75 绘制肋板的主视图和左视图

最后使用"修剪"命令修剪图形，结果如图 5-75 中主视图所示。

步骤 4 如图 5-75 左视图所示，使用"直线"命令绘制左视图所示的两条竖直直线，其高度尺寸可通过捕捉主视图所示端点确定。执行"圆弧"命令，以使用圆弧代替椭圆弧（相贯线），即依次单击三点以绘制圆弧，结果如图 5-75 中左视图所示。

步骤 5 将"细实线"图层设置为当前图层，使用"图案填充"命令▨为图形添加剖面线（剖面线疏密是通过调节图案填充对话框里的比例实现的），结果如图 5-76 所示。

（5）绘制圆筒凸台。

步骤 1 使用"圆"命令绘制圆筒凸台在主视图中的投影，并对其进行修剪，然后绘制水平中心线，结果如图 5-76 所示。

步骤 2 将图层置于"点画线"图层，执行"直线"命令，捕捉并追踪图 5-76 所示中心线的 *B* 端点，当水平追踪线与左视图的中心线相交时单击，绘制长度为 33 的直线。使用"偏移"命令将该直线分别向其上、下方各偏移 7.5 和 11.5，执行直线命令将偏移直线右侧连线，将竖直中心线向右

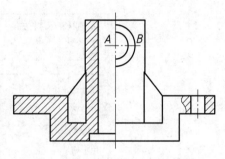

图 5-76 绘制圆筒凸台的主视图

偏移 10。使用"样条曲线"命令绘制局剖视图的边界线，最后对其进行修剪并调整相关直线所在图层，结果如图 5-77（a）所示。

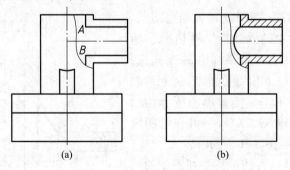

(a)　　　　　　　(b)

图 5-77 绘制圆筒凸台的左视图

步骤 3 执行"圆弧"命令，分别以图 5-77（a）所示的端点 *A*、*B* 为圆弧的起点和终点，绘制半径为 7.5 的圆弧。使用"图案填充"命令绘制剖面线，并使用夹点拉长中心线，结果如图 5-77（b）所示。

步骤 4　使用"偏移"和"直线"命令绘制圆筒凸台的俯视图，结果如图 5-78 所示。

（6）标注尺寸

步骤 1　选择"格式"→"标注样式"菜单，然后在打开的"标注样式管理器"对话框中单击"修改（M）"按钮，打开"修改标注样式：ISO-25"对话框。在该对话框的"文字"选项卡中将"文字高度"设置为"5"，在"符号和箭头"选项卡中将"箭头大小"设置为"5"，然后单击"确认"按钮。

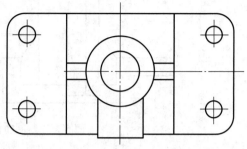

图 5-78　绘制圆筒凸台的俯视图

步骤 2　单击"标注样式管理器"对话框中的"新建（N）"按钮，在打开的对话框中输入"半剖标注样式"，如图 5-79 所示，然后单击"继续"按钮，在打开的对话框中选择"线"选项卡，然后选中"尺寸线"设置区中的"尺寸线 2（D）"复选框和"尺寸界线"设置区中"尺寸界线 2(2)"复选框，其他采用默认设置。依次单击"确定""置为当前（U）"和"关闭"按钮，完成标注样式的创建。

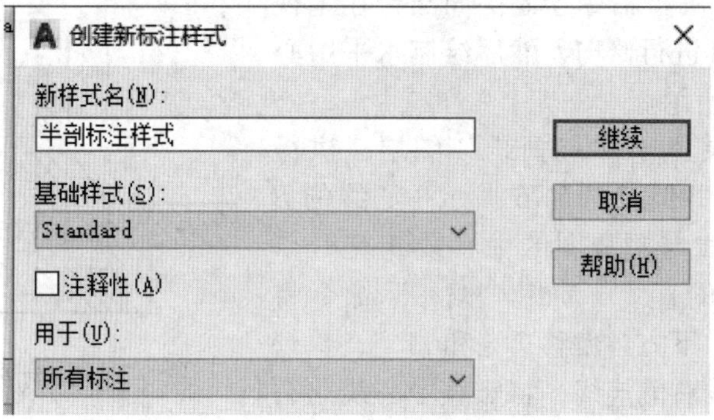

图 5-79　创建新标注样式

步骤 3　将"标注"图层设置为当前图层。单击"标注"工具栏中的"线性"按钮，捕捉图 5-80 所示的端点 A 后水平向右移动光标，待出现水平追踪线时输入值 20，然后向上移动光标，并在合适位置单击。接着单击所标注的尺寸，在尺寸数字前输入"%%c"并在绘图区其他位置单击，结果如图 5-80 所示。

步骤 4　采用同样的方法标注主视图中的尺寸"φ30"，然后打开"样式"工具栏中的"标注样式管理器"列表，从中选择"Standard"选项，单击"置为当前（U）"，然后参照图 5-70，使用"标注"工具栏中的相关命令逐个标注形体尺寸，结果如图 5-81 所示。

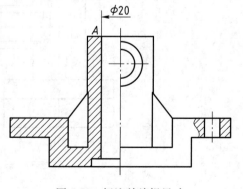

图 5-80　标注并编辑尺寸

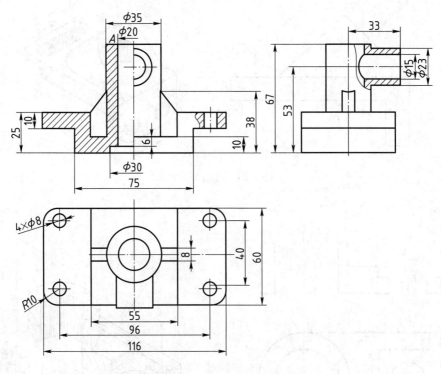

图 5-81　支架最终三视图

 习题

5-1　已知物体的主、俯、左视图，如图 5-82 所示，画出物体的其他 3 个基本视图。

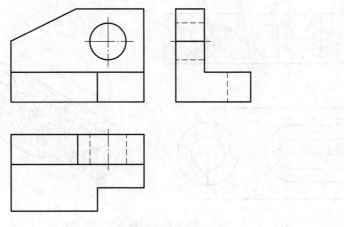

图 5-82　习题 5-1 图

5-2　对照立体图，如图 5-83 所示，看清零件结构形状，画出 A、B 局部视图、C 向斜视图。

5-3　补画剖视图中所缺的图线及剖面线，如图 5-84、图 5-85 所示。

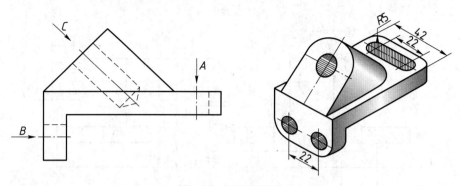

图 5-83　习题 5-2 图

剖视图（1）：

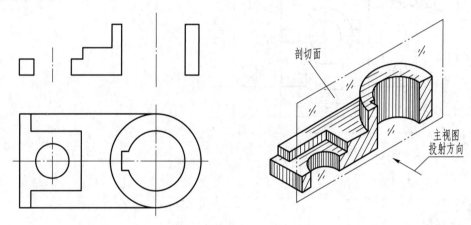

图 5-84　习题 5-3（1）图

剖视图（2）：

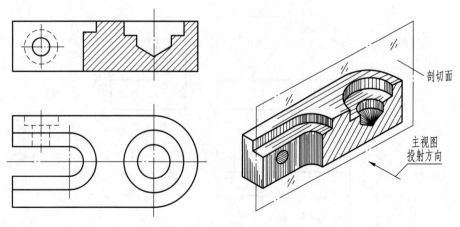

图 5-85　习题 5-3（2）图

5-4　在视图下方的各断面图中选出正确的断面，并在选定的断面图上方和视图中进行标注，如图 5-86~
　　　图 5-88 所示。

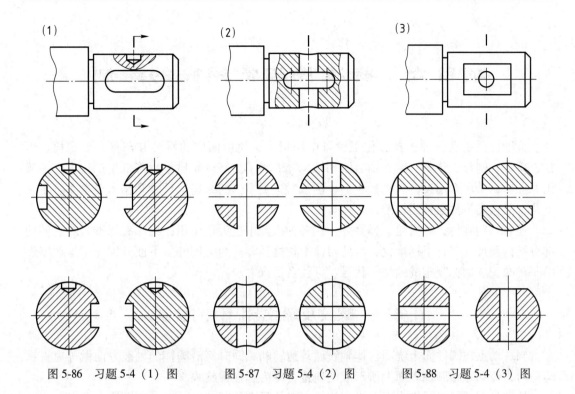

图 5-86　习题 5-4（1）图　　　图 5-87　习题 5-4（2）图　　　图 5-88　习题 5-4（3）图

项目六 标准件与常用件的绘制

标准件是指在各种机器、化工设备中用量大、使用面广的零件和部件，如螺栓、螺柱、螺钉、螺母、垫圈、键、销、滚动轴承等。为了提高产品质量，降低生产成本，一般由专业厂家采用专用设备大批量生产，国家对这类零件的结构、尺寸和技术要求实行了标准化，故这类零件通称为标准件。

还有一些零件，如齿轮、弹簧等，在各种机器中也大量使用，但国家标准只对它们的部分结构和尺寸实行了标准化，因此习惯上称这类零件为常用件。下面分别介绍这些零件的基础知识、国标规定的画法、代号、标注及识读方法。

任务一 螺纹及螺纹紧固件的绘制

当一动点在圆柱面上绕圆柱体轴线做等速转动，同时又沿圆柱的轴线方向做等速直线运动时，该动点在圆柱表面上所形成的轨迹，称为圆柱螺旋线。

螺纹是在圆柱或圆锥表面上沿螺旋线形成的具有相同轴向断面（如等边三角形、正方形、锯齿形等）的连续凸起和沟槽。螺纹是零件上常见的一种结构，分为内螺纹和外螺纹两种，成对使用。加工在圆柱或圆锥外表面上的螺纹称为外螺纹，加工在圆柱或圆锥内表面（孔）上的螺纹称内螺纹。

一、螺纹的绘制

（一）螺旋线的形成

如图 6-1 所示，动点 A 沿圆柱的母线作等速直线运动，同时又绕圆柱轴线做等速旋转运动，动点 A 在圆柱表面上的运动轨迹称为圆柱螺旋线。动点 A 旋转一周沿轴向移动的距离称为导程。

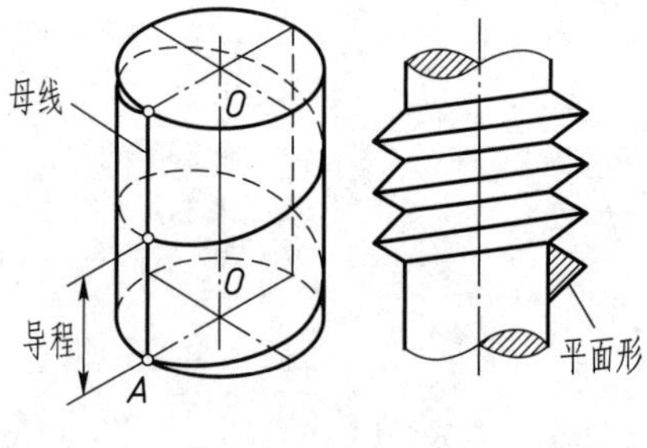

图 6-1 螺纹的形成

（二）螺纹的形成

在生产中螺纹是按照图 6-1 所示的螺旋线的形成原理在车床上车削加工而成的。如图 6-2 所示，工件做等速旋转运动，刀具沿轴向作等速移动，即可在工件上加工出螺纹。对于直径较小的螺纹，可用板牙或丝锥加工，如图 6-3 所示。

（三）螺纹的基本要素

螺纹有牙型、直径、螺距和导程、线数、旋向五个基本要素。

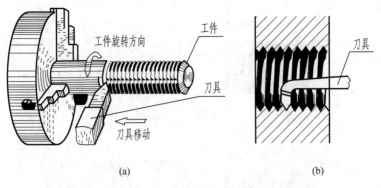

(a)　　　　　　　　　　　　(b)

图 6-2　螺纹的车削加工

(a) 加工外螺纹；(b) 加工内螺纹

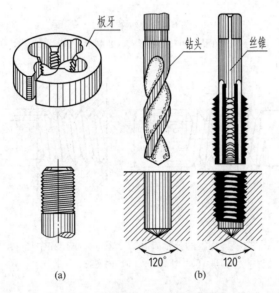

(a)　　　　　　　　　　　　(b)

图 6-3　用板牙、丝锥加工螺纹

(a) 加工外螺纹；(b) 加工内螺纹

（1）牙型。螺纹牙型是指通过螺纹轴线剖面上的螺纹轮廓线形状。常见的螺纹牙型有三角形、梯形、锯齿形和矩形等，如图 6-4 所示。

（2）公称直径。如图 6-5 所示，螺纹直径分为大径、中径、小径，外螺纹直径用大写字母，内螺纹直径用小写字母。

1）大径 d、D：与外螺纹牙顶或内螺纹牙底相重合的假想圆柱的直径称为螺纹大径。

2）小径 d_1、D_1：与外螺纹牙底或内螺纹牙顶相重合的假想圆柱的直径称为螺纹小径。

3）中径 d_2、D_2：中径是母线通过牙型上沟槽和凸起宽度相等位置的假想圆柱（称为中径圆柱）直径。

生产中常用公称直径代表螺纹的直径尺寸，不管内螺纹还是外螺纹，公称直径都指的是螺纹的大径。

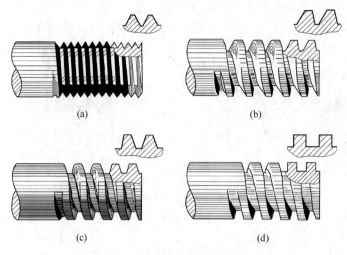

图 6-4　螺纹的牙型

（a）三角形；（b）锯齿形；（c）梯形；（d）矩形

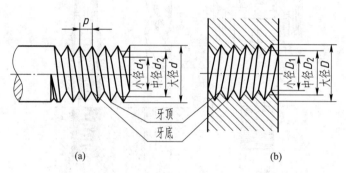

图 6-5　螺纹的公称直径（大径）、小径和中径

（a）外螺纹；（b）内螺纹

（3）线数 n。线数 n 有单线和多线之分。沿一条螺旋线形成的螺纹，称为单线螺纹，如图 6-6（a）所示。沿轴向等距分布的两条或两条以上的螺旋线所形成的螺纹，称为双线或多线螺纹，如图 6-6（b）所示。

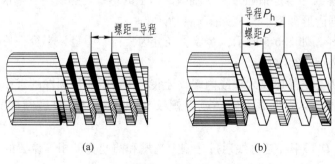

图 6-6　螺纹的螺距、导程及线数

（a）单线螺纹；（b）双线螺纹

（4）螺距 P 和导程 P_h。如图 6-6 所示，螺距是指螺纹相邻两牙在中径线上对应两点之间的距离，用 P 表示；导程是指一条螺旋线上的相邻两牙在中径线上对应两点之间的距离，常用 P_h 表示：$P_h = nP$。

（5）旋向。旋向是指螺纹旋进的方向。顺时针旋转时旋入的螺纹称为右旋螺纹；逆时针旋转时旋入的螺纹称为左旋螺纹。判别旋向时，将螺纹轴线垂直放置，若螺纹自左向右上升则为右旋螺纹，反之为左旋螺纹，如图 6-7 所示。

为了便于设计计算和加工制造，国家对上述五项要素中的牙型、直径和螺距都作了一系列规定。凡是牙型、直径和螺距符合国家标准的螺纹称为标准螺纹。而牙型符合标准、直径或螺距不符合标准的，称为特殊螺纹，标注时，应在牙型符号前加"特"字。对于牙型不符合标准的，如方牙螺纹，称为非标准螺纹。

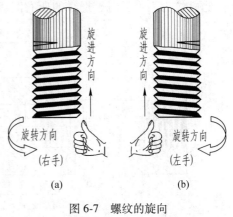

图 6-7　螺纹的旋向
（a）右旋螺纹；（b）左旋螺纹

（四）螺纹的规定画法

由于螺纹已经标准化，因此无需按其真实投影画图，如需要了解详细结构和尺寸，查阅相关手册即可。国家标准（GB/T 4459.1—1995）规定了螺纹在机械图样中的画法。

1. 外螺纹的画法

如图 6-8（b）所示，在平行于螺纹轴线的视图中，螺纹牙顶圆的投影（指大径）用粗实线表示，牙底圆的投影（指小径）用细实线表示，在螺杆的倒角或倒圆部分也应画出；螺纹终止线用粗实线表示。小径通常画成大径的 0.85 倍。在垂直于螺纹轴线的投影面的视图中，表示牙底圆的细实线只画约 3/4 圆，此时，螺杆倒角的投影省略不画。当外螺纹被剖切时，剖切部分的螺纹终止线只画到小径处，剖面线画到表示牙顶圆的粗实线，如图 6-8（c）所示。

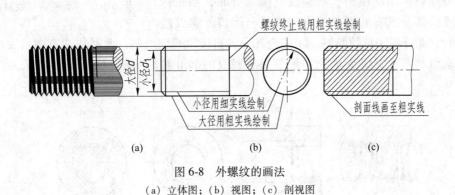

图 6-8　外螺纹的画法
（a）立体图；（b）视图；（c）剖视图

2. 内螺纹的画法

如图 6-9 所示，在平行于螺纹轴线的投影面的视图中，内螺纹通常画成剖视图，牙顶圆的投影（指小径）用粗实线表示，牙底圆的投影（指大径）用细实线表示，螺纹终止线用粗实线表示。剖面线画到表示牙顶圆的粗实线。在垂直于螺纹轴线的投影面的视图中，表示牙底圆的细实线只画约 3/4 圆，此时，螺纹上倒角的投影省略不画。

当螺纹为不可见时，螺纹的所有图线均用虚线绘制，如图 6-9（c）所示。

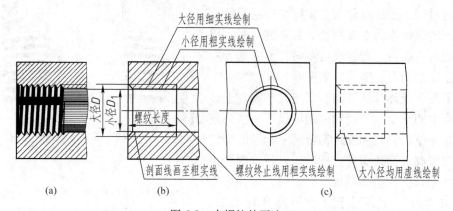

(a)　　　　　　　　(b)　　　　　　　　(c)

图 6-9　内螺纹的画法
(a) 立体图；(b) 剖视图；(c) 视图

对于盲孔的内螺纹，由于其加工时的顺序是先用钻头在实体上钻一个光孔，然后用丝锥在已加工好的光孔上攻丝（即内螺纹），所以画盲孔的内螺纹时要与其加工方法相适应，应注意以下几点。

（1）螺纹深度有钻孔深度和螺孔深度两种，一般情况下钻孔深度超出螺孔深度约 $0.5D$。

（2）为画图方便，钻孔底部画出顶角为 120° 锥顶角，如图 6-10（实际钻头的顶角为 118°）所示。

（3）钻孔的直径与内螺纹小径相同。

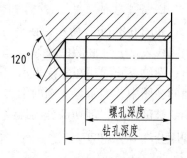

图 6-10　盲孔的内螺纹画法

3. 螺纹连接的画法

内、外螺纹旋合在一起时，称为螺纹连接。画螺纹连接部分一般采用剖视图。画螺纹连接部分时，制图标准规定连接部分既有外螺纹又有内螺纹，但按外螺纹绘制，此时，螺杆按未剖切绘制。未旋合部分各自按原规定绘制，此时应注意表示大小径的粗、细实线对齐（螺纹要素要相同），其外螺纹的倒角圆要画出，如图 6-11 所示。

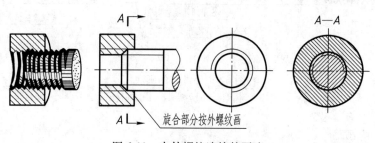

图 6-11　内外螺纹连接的画法

图 6-12 表示了不同螺纹孔的旋合长度、螺孔深度及钻孔深度的尺寸关系。对于粗牙普通螺纹，其旋合长度 $L_1 = (0.5 \sim 1.5)d$。由于一般连接螺纹多为中等旋合长度的粗牙普通螺纹，所以画螺纹连接图时可按如下关系来画：

（1）旋合长度 $L_1 = (0.5 \sim 1.5)d$；

（2）螺孔深度一般取 $L_1 + 0.5d$；

（3）钻孔深度一般取 $L_1 + d$。

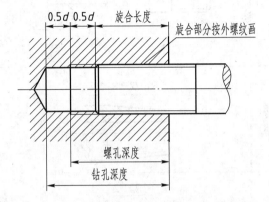

图 6-12　旋合长度、螺孔深度及钻孔深度的尺寸关系

（五）常用螺纹的种类及标注螺纹

1. 螺纹种类

螺纹按用途不同主要分为连接和紧固螺纹、传动螺纹两大类。

（1）连接和紧固螺纹是起连接和紧固作用的螺纹。常用的有三种标准螺纹：普通螺纹（粗牙普通螺纹和细牙普通螺纹）、管螺纹（用螺纹密封的管螺纹和非螺纹密封的管螺纹）以及锥管螺纹。

（2）传动螺纹是用于传递动力和运动的螺纹。常用的有梯形螺纹和锯齿形螺纹。

2. 螺纹标注

由于各种螺纹的画法都相同，因而国家标准规定，必须用规定的标记进行标注，以区别不同种类、特点及精度等。各种常用螺纹的标注方式及示例如表 6-1 所示。

表 6-1　螺纹的标记

螺纹类别	特征代号	标　记　示　例		说　　明
普通螺纹 GB/T 197—2003	M	M30-5g6g-S 粗牙螺纹	M20×2LH-6H 细牙螺纹	1. 粗牙普通螺纹不标注螺距； 2. 右旋螺纹不标注旋向，左旋标注"LH"； 3. 中径和顶径公差带相同时只标注一个代号，如 6H； 4. 螺纹旋合长度为中等旋合长度可省略不标

螺纹类别	特征代号		标 记 示 例	说 　 明
非螺纹密封的管螺纹 GB/T 7307—2001	G		G1 1/2-A G1 1/2-LH	1. 不标注螺距； 2. 右旋螺纹旋向不标； 3. G 右边的数字为管螺纹尺寸代号； 4. 应标注外螺纹公差等级代号，内螺纹不标注
用螺纹密封的管螺纹 GB/T 7306.1—2000 GB/T 7306.2—2000	圆锥外螺纹	R_1 R_2	R_1 1/2 或 R_2 1/2	R_1、R_2 右边的数字为管螺纹尺寸代号
	圆锥内螺纹	R_c	R_c 1/2	R_c 右边的数字为管螺纹尺寸代号
	圆柱内螺纹	R_p	R_p 1/2	R_p 右边的数字为管螺纹尺寸代号
梯形螺纹 GB/T 5796.4—2005	T_r		T_r36×12(P6)-7H	1. 单线标注螺距、多线标注导程（P 为螺距）； 2. 右旋螺纹省略不标，左旋标注"LH"； 3. 螺纹旋合长度为中等旋合长度可省略不标； 4. 只标注中径公差带代号
锯齿形螺纹 GB/T 13576.1—1992	B		B40×7LH-8c	

（1）普通螺纹。普通螺纹的标记及格式如下所示。

| 特征代号 | 公称直径 | × | Ph 导程(P 螺距) | – | 公差带代号 | – | 旋合长度代号 | – | 旋向 |

例如，M30×2-5g6g-S-LH。

1）特征代号。普通螺纹用 M 表示，分为粗牙和细牙两种。

2）公称直径。公称直径是指螺纹的大径，如示例中 30。

3）导程（螺距）。普通螺纹是最常用的连接螺纹，有粗牙与细牙之分。粗牙普通螺纹螺距省略不标。细牙普通螺纹多用于薄壁或紧密连接的零件上，其螺距比粗牙普通螺纹小，又有多个螺距可选用，因此在代号中必须标明螺距。如示例中表示细牙螺纹螺距为 2mm。

4）旋向。常用的右旋螺纹不注旋向，左旋螺纹需加注"LH"。

5）公差带代号。表达的是螺纹的精度。通常注出中径和顶径公差带代号，代号中外螺纹字母用小写，内螺纹字母用大写，如 7g、6H。当中、顶径公差带代号相同时，只注一个，如示例中 5g6g。

6）旋合长度代号。螺纹旋合长度分为短旋合长度（S）、中等旋合长度（N）、长旋合长度（L）。由于多处使用中等旋合长度，规定省略不注。

例如，M30×2-5g6g-S。

（2）管螺纹。管螺纹包括用螺纹密封的管螺纹和非螺纹密封的管螺纹两种。

1）非螺纹密封的管螺纹标记内容及格式为：

| 螺纹特征代号 | 尺寸代号 | 公差等级代号 | － | 旋向代号 |

非螺纹密封的管螺纹的螺纹特征代号用 G 表示。

管螺纹标注中的"尺寸代号"并非大径数值，而是指管螺纹的管子通径尺寸，单位为英寸，这类螺纹需用指引线自大径圆柱（或圆锥）母线上引出标注，作图时可根据尺寸代号查出螺纹大径尺寸，如尺寸代号为"1"时，螺纹大径为 33.249mm。

公差等级代号分 A、B 两个精度等级。对外管螺纹，需注公差等级代号，内螺纹不标此项代号。

2）用螺纹密封的管螺纹包括圆锥内螺纹与圆锥外螺纹、圆柱内螺纹与圆锥外螺纹两种连接形式，其标注格式为：

| 螺纹特征代号 | 尺寸代号 | － | 旋向代号 |

螺纹特征代号分别为：

①R_c 表示圆锥内螺纹；

②R_p 表示圆柱内螺纹；

③R 表示圆锥外螺纹。

尺寸代号同上，也是以英寸为单位。

右旋螺纹可不标旋向代号，左旋螺纹标"LH"。

（3）梯形螺纹。梯形螺纹的标注方法与普通螺纹基本一致。

梯形螺纹的牙型符号为"T_r"。右旋可不标旋向代号，左旋时标"LH"。旋合长度只分中（N）、长（L）两组，N 可省略不注。

（4）锯齿形螺纹。锯齿形螺纹的标注方法同梯形螺纹。锯齿形螺纹的牙型符号为"B"。

（5）特殊螺纹及非标准螺纹的标注。

标注特殊螺纹时，应在牙型代号前加注"特"，必要时也可注出极限尺寸。如"特

$T_r50×5$"。非标准牙型的螺纹应画出牙型并注出所需尺寸及有关要求，如图 6-13 所示。

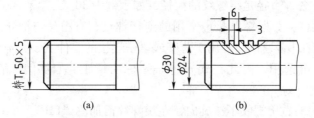

(a)　　　　　　　　　　(b)

图 6-13　特殊螺纹及非标准螺纹的标注
（a）特殊螺纹；（b）非标准螺纹

二、常用螺纹紧固件

（一）常用螺纹紧固件的种类及其标记

螺纹紧固件是起连接和紧固作用的一些零件，常见的有螺栓、螺母、垫圈、螺钉及双头螺柱等，如图 6-14 所示。这些零件的结构、尺寸均已标准化，使用时可按要求根据相关标准外购。

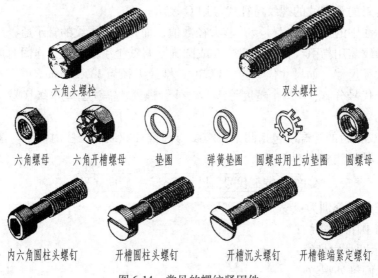

图 6-14　常见的螺纹紧固件

常用螺纹紧固件的视图、主要尺寸及规定标记示例如表 6-2 所示。

表 6-2　常用螺纹紧固件的标记

名称及标准号	简　图	标记示例
六角头螺栓-C 级 GB/T 5780—2000	M12　80	螺栓 GB/T 5780　M12×80 　螺纹规格 d＝12mm、公称长度 l＝80mm、性能等级 4.8 级、不经表面处理、C 级六角螺栓

名称及标准号	简　图	标记示例
双头螺柱 GB/T 899—1988		螺柱 GB/T 899　M12×70 B 型、两端均为粗牙普通螺纹、螺纹规格 $d=12mm$、公称长度 $l=70mm$、性能等级 4.8 级、不经表面处理的双头螺柱
开槽盘头螺钉 GB/T 65—2000		螺钉 GB/T 65　M6×30 表示螺纹规格 $d=6mm$、公称长度 $l=30mm$、性能等级 4.8 级、不经表面处理的 A 级开槽盘头螺钉
开槽沉头螺钉 GB/T 68—2000		螺钉 GB/T 68　M10×60 表示螺纹规格 $d=10mm$、公称长度 $l=60mm$、性能等级 4.8 级、不经表面处理的 A 级开槽沉头螺钉
十字槽沉头螺钉 GB/T 819.1—2000		螺钉 GB/T 819.1 M10×40 表示螺纹规格 $d=10mm$、公称长度 $l=40mm$、性能等级 4.8 级、H 型十字槽、不经表面处理的 A 级开槽十字沉头螺钉
I 型六角螺母-C 级 GB/T 41—2000		螺母 GB/T 41　M12 表示螺纹规格 $d=12mm$、性能等级 5 级、不经表面处理的 C 级六角螺母
平垫圈-C 级 GB/T 95—2002		垫圈 GB/T 95 12 100HV 表示公称尺寸 $d=12mm$、性能等级为 100HV 级、不经表面处理的平垫圈
弹簧垫圈 GB/T 93—1988		垫圈 GB/T 95 12 表示公称尺寸 $d=12mm$、材料为 65Mn、表面氧化的标准型弹簧垫圈
开槽锥端紧定螺钉 GB/T 71—1985		螺钉 GB/T 71 M10×35 表示螺纹规格 $d=10mm$、公称长度 $l=35mm$、性能等级 14H 级、表面氧化处理的开槽锥端紧定螺钉

（二）螺纹紧固件的连接画法

螺纹紧固件连接的基本形式有：螺栓连接、双头螺柱连接、螺钉连接。应按需要选择连接方式。下面分别介绍各种连接的画法。

1. 螺栓连接

螺栓主要用于连接不太厚并能钻成通孔的两个零件，如图6-15所示。

画螺栓连接图时，应根据各零件的标记，按其相应标准中的各部分尺寸绘制。但为了方便作图，通常可按其各部分尺寸与螺栓大径 d 的比例关系近似画出，如图6-15（b）所示，其比例关系如表6-3所示。

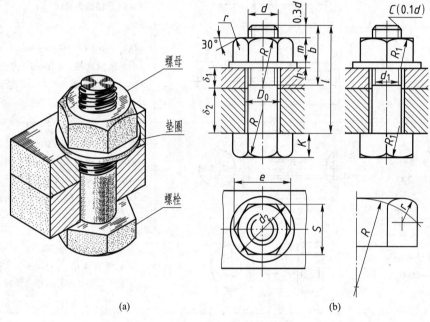

(a)　　　　　　　　　　　　(b)

图6-15　螺栓及其连接画法

（a）立体图；（b）近似画法

表6-3　螺栓紧固件近似画法的比例关系

部位	尺寸比例	部位	尺寸比例	部位	尺寸比例
螺栓	$b=2d$；$e=2d$；$R=1.5d$；$c=0.1d$；$k=0.7d$；$d_1=0.85d$；$R_1=d$；s 由作图决定	螺母	$e=2d$；$R=1.5d$；$m=0.7d$；$R_1=d$；r 由作图决定；s 由作图决定	垫圈	$h=0.15d$；$d_2=2.2d$
				被连接件	$D_0=1.1d$

画螺栓连接图应注意以下几点。

（1）当剖切平面通过连接件的轴线时，螺栓、螺母及垫圈等均按不剖切绘制。

（2）在剖视图中，两相邻零件的剖面线方向应相反。但同一零件在各个剖视图中，其剖面线倾斜方向和间距应相同。

（3）两个零件的接触面只画一条粗实线；凡不接触的表面，不论间隙多小，在图中都应画出两条线（如螺栓与孔之间应画出间隙）。

（4）在剖视图中，当剖切平面通过紧固件轴线时，紧固件均按不剖切绘制。

2. 双头螺柱连接

当两个被连接零件中，有一个较厚或不适宜加工通孔时，常采用双头螺柱连接。如图6-16 所示，双头螺柱的两端均制有螺纹，较短的一端（旋入端）用来旋入下部较厚零件的螺孔。较长的另一端（紧固端）穿过上部零件的通孔（孔径 $D_0 \approx 1.1d$）后，套上垫圈，然后拧紧螺母即可完成连接。螺柱连接图通常也采用近似画法，如图6-16（b）、（d）所示。

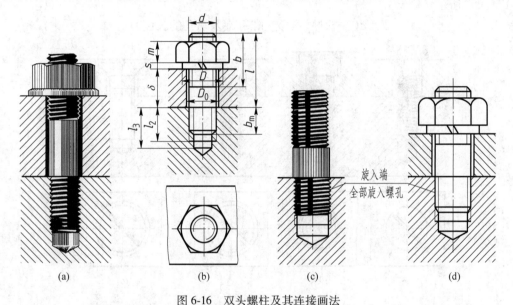

图 6-16　双头螺柱及其连接画法

（a）立体图（一）；（b）剖视图（一）；（c）立体图（二）；（d）剖视图（二）

画螺柱连接图应注意以下几点。

（1）旋入端的螺纹终止线应与结合面平齐，表示旋入端已足够地拧紧。

（2）双头螺柱旋入端的长度 b_m 与被旋入零件的材料有关。（钢 $b_m = d$；铸铁或铜 $b_m = 1.25d \sim 1.5d$；轻金属 $b_m = 2d$）。

（3）由图6-16（b）可知，螺柱的公称长度：$L \geqslant \delta + s$（垫圈厚）$+ m$（螺母厚）$+ 0.3d$（伸出端），然后选取与估算值相近的标准长度值作为 L 值。

（4）旋入端螺孔深度取 $l_2 = b_m + 0.5d$，钻孔深取 $l_3 = b_m + d$。

（5）弹簧垫圈常采用比例画法：$D = 1.5d$，厚度 $s = 0.2d$，$m = 0.1d$，或用约两倍粗实线宽的粗线绘制。弹簧垫圈的开槽方向为水平方向向左斜60°。

3. 螺钉连接

螺钉按其用途可分为连接螺钉和紧定螺钉。前者用来连接零件；后者主要用来固定零件。

（1）连接螺钉。螺钉连接如图6-17 所示，一般用于被连接件一薄一厚、受力不大且需要经常拆装的场合，它的连接图画法除头部形状外，其他部分与螺栓、双头螺柱相似。

被连接的下部零件做成螺孔，上部零件做成通孔（孔径一般取 1.1d）、将螺钉穿过上部零件的通孔，然后与下部零件的螺孔旋紧，即完成连接。

画螺钉连接图时应注意以下几点。

1）螺纹终止线不应与结合面平齐，而应画在盖板的范围内，以表示当盖板被压紧时螺钉尚有拧紧的余地。

2）具有槽沟的螺钉头部，在画主视图时，槽沟应被放正，而在俯视图中规定画成45°倾斜，如图 6-17（a）、（c）、（d）所示。

3）螺钉的螺纹长度应比旋入螺孔的深度 b_m 大，一般取 2d。

4）螺钉的公称长度 l 应先按下式计算，然后查表选取相近的标准长度值，如图 6-17（d）所示。

$$l = \delta(盖板厚) + b_m(螺钉旋入螺孔的长度)$$

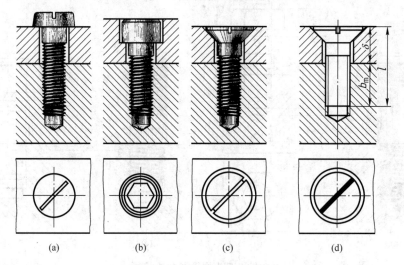

图 6-17　螺钉及其连接画法

（a）开槽盘头螺钉；（b）内六角圆柱头螺钉；（c）开槽沉头螺钉；（d）开槽沉头螺钉连接画法

（2）紧定螺钉。紧定螺钉常用来防止两个相互配合零件发生相对运动。如图 6-18 所示，用开槽锥端紧定螺钉限定轮和轴的相对位置。图 6-18（a）表示零件图上螺孔和锥坑的画法，图 6-18（b）为装配图上的画法。

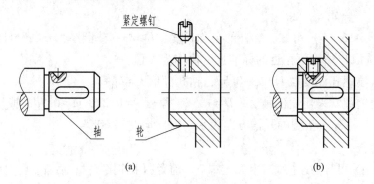

图 6-18　紧定螺钉及其连接画法

（3）螺母防松。为了防止螺母松动而脱落，保证连接的紧固，常采用弹簧垫圈，如图6-19所示；两个重叠的螺母图6-20所示；或用开口销，如图6-21所示；也可用槽形螺母以及止动垫圈予以锁紧，如图6-22所示。

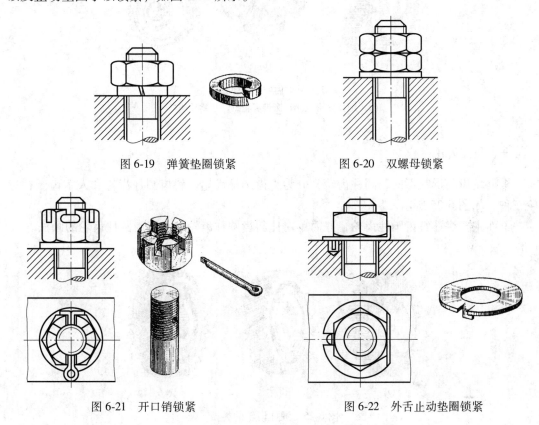

图6-19　弹簧垫圈锁紧　　　　　　　图6-20　双螺母锁紧

图6-21　开口销锁紧　　　　　　　图6-22　外舌止动垫圈锁紧

任务二　绘制直齿圆柱齿轮零件图及齿轮啮合图

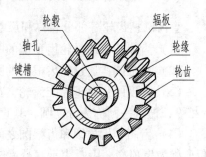

齿轮是广泛用于机械设备中的传动零件，它不仅可以用来传递动力，而且还可以改变转速或旋转方向。齿轮的常见结构如图6-23所示，它的最外部分为轮缘，其上有轮齿，中间部分为轮毂，轮毂中间有轴孔和键槽，轮缘和轮毂之间通常由辐板或轮辐连接。

图6-23　齿轮的结构

根据两轴的相对位置，齿轮可分为以下三类。

（1）圆柱齿轮：用于两平行轴之间的传动，如图6-24（a）所示。

（2）圆锥齿轮：用于两相交轴之间的传动，如图6-24（b）所示。

（3）蜗轮蜗杆等：如图6-24（c）所示。

其中，圆柱齿轮根据轮齿的方向不同，又可分为直齿、斜齿、人字齿等，如图6-24所示。

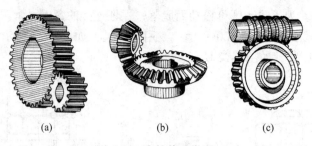

图 6-24　齿轮传动类型

（a）圆柱齿轮；（b）圆锥齿轮；（c）蜗轮蜗杆

一、圆柱齿轮

根据轮齿的形状不同，圆柱齿轮又分为直齿圆柱齿轮、斜齿圆柱齿轮和人字齿圆柱齿轮三种。如图 6-25 所示。

下面主要讲述直齿圆柱齿轮，并简单对比斜齿圆柱齿轮和人字齿圆柱齿轮的画法。

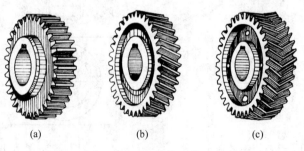

图 6-25　圆柱齿轮的类型

（a）圆柱直齿轮；（b）圆柱斜齿轮；（c）圆柱人字齿轮

（一）直齿圆柱齿轮的名称、代号及尺寸关系

直齿圆柱齿轮各部分名称和尺寸关系如图 6-26 所示。

（1）齿顶圆：通过轮齿顶部的圆，其直径用 d_a 表示。

（2）齿根圆：通过轮齿根部的圆，其直径用 d_f 表示。

（3）分度圆：对于标准齿轮，在齿顶圆和齿根圆之间有一圆，此圆上的齿厚 s 与槽宽 e 相等，把这一圆称为分度圆，其直径用 d 表示。

（4）齿高：齿顶圆和齿根圆之间的径向距离，用 h 表示。齿顶圆和分度圆之间的径向距离称为齿顶高，用 h_a 表示。分度圆和齿根圆之间的径向距离称为齿根高，用 h_f 表示。齿高 $h = h_a + h_f$。

（5）齿距、齿厚、齿槽宽：在分度圆上相邻两齿对应点之间的弧长称为齿距，用 p 表示。一个轮齿齿廓间的弧长称为齿厚，用 s 表示；相邻两个轮齿齿槽间的弧长称为齿槽宽，用 e 表示。对于标准齿轮，$s = e$，$p = s + e$。

（6）压力角 α：在一般情况下，两相啮合轮齿的齿廓在接触点处受力方向与运动方向

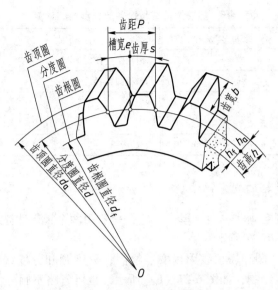

图 6-26　圆柱齿轮各部分的名称

之间的夹角。若接触点在分度圆上，则为两齿廓公法线与两分度圆公切线的夹角，分度圆上的压力角为标准压力角，标准压力角为 20°，用 α 表示。

（7）模数：模数是齿距与圆周率的比值，即 $m=p/\pi$，单位为 mm。为了简化计算，规定模数是计算齿轮各部分尺寸的主要参数，且已标准化，如表 6-4 所示。

表 6-4　标准模数系列（GB/T 1357—1987）

第一系列	1, 1.25, 1.5, 2, 2.5, 3, 4, 5, 6, 8, 10, 12, 16, 20, 25, 32, 40, 50
第二系列	1.75, 2.25, 2.75, (3.25), 3.5, (3.75), 4.5, 5.5, (6.5), 7, 9, (11), 14, 18, 22, 28, (30), 36, 45

注：优先选用第一系列，其次是第二系列，括号内的数值尽可能不选。

如果用 z 表示齿轮的齿数，则分度圆的周长 = 齿数 × 齿距 = 分度圆直径 × 圆周率，即周长 $=zp=\pi d$；所以 $d=zp/\pi=mz$。因此：

1）模数 m 是设计和制造齿轮的重要参数。

2）模数表示了轮齿的大小，模数大，则齿距 p 也大，随之齿厚 s 也增大。因而齿轮的承载能力也大。

3）不同模数的齿轮，要用不同模数的刀具来加工制造。

（8）齿数 z：齿数不是标准值，其大小可根据设计要求而定。但由于存在加工方法的限制，齿数最小不能小于 17，否则就会产生根切现象。

（9）中心距 a：两啮合齿轮轴线之间的距离称为中心距，以 a 表示，在标准情况下大小为：

$$a = d_1/2 + d_2/2 = m(z_1 + z_2)/2$$

直齿轮各部分尺寸计算关系如表 6-5 所示。

表 6-5   标准圆柱直齿轮各部分参数的计算

名　称	代号	计　算　公　式	名　称	代号	计　算　公　式
分度圆直径	d	$d = mz$	齿顶圆直径	d_a	$d_a = d + 2h_a = m(z + 2)$
齿顶高	h_a	$h_a = m$	齿根圆直径	d_f	$d_f = d - 2h_f = m(z - 2.5)$
齿根高	h_f	$h_f = 1.25m$	中心距	a	$a = \dfrac{1}{2}(d_1 + d_2) = \dfrac{1}{2}m(z_1 + z_2)$
齿高	h	$h = h_a + h_f = 2.25m$	齿距	p	$p = \pi m$

（二）直齿圆柱齿轮的规定画法

（1）单个齿轮的规定画法。对于单个齿轮，一般用两个视图表达，或用一个视图加一个局部视图表示，如图 6-27 所示。

1）在视图中，齿顶圆和齿顶线用粗实线绘制；分度圆和分度线用细点画线绘制；齿根圆和齿根线用细实线绘制，如图 6-27（b）所示，也可省略不画。

2）通常将平行于齿轮轴线的视图画成剖视图，在剖视图中，当剖切平面通过齿轮的轴线时，轮齿一律按不剖处理，齿根线用粗实线绘制，如图 6-27（c）所示。

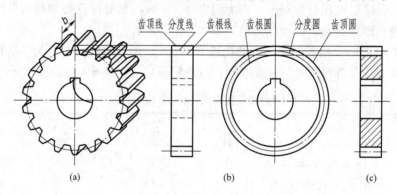

图 6-27   直齿圆柱齿轮的画法

（a）直齿圆柱齿轮；（b）不剖的画法；（c）剖视的画法

3）圆柱齿轮齿形的表示方法为：直齿轮不做任何标记，若为斜齿或人字齿，可用三条与齿线方向一致的细实线表示其形状，如图 6-28 所示。

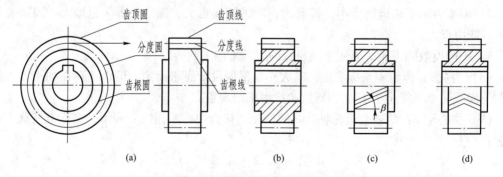

图 6-28   圆柱齿轮齿形的表示

（a）视图；（b）剖视图；（c）斜齿；（d）人字齿

（2）齿轮啮合的规定画法。齿轮的啮合图，常用两个视图表达，一个为垂直于齿轮轴线的视图，另一个为平行于齿轮轴线的视图或剖视图，如图 6-29 所示。

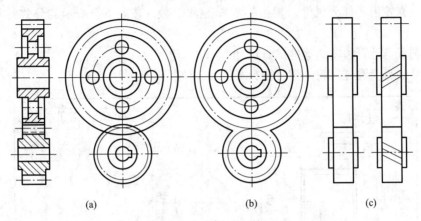

(a)　　　　　　　　(b)　　　　(c)

图 6-29　齿轮啮合的画法

两个标准齿轮相互啮合时，两轮分度圆相切，此时分度圆又称为节圆。

1）在垂直于轴线的视图中，啮合区内的齿顶圆有两种画法，一种是将两齿顶圆用粗实线完整画出，如图 6-29（a）所示；另一种是将啮合区内的齿顶圆省略不画，如图 6-29（b）所示。节圆用细点画线绘制。

2）在平行于齿轮轴线的视图中，啮合区的齿顶线不需画出，节线用粗实线绘制，如图 6-29（c）所示。

3）在平行于齿轮轴线的剖视图中，当剖切平面通过两啮合齿轮的轴线时，在啮合区内，主动齿轮的轮齿用粗实线绘制，从动齿轮的轮齿被遮挡的部分用虚线绘制，也可省略不画。

（三）直齿圆柱齿轮的测绘

直齿圆柱齿轮的测绘步骤如下。

（1）数出齿数 z。

（2）测出齿顶圆直径 d_a。当齿数是偶数时，d_a 可直接量出，如图 6-30（a）所示。当齿数是奇数时，应先测出孔径 D_1 及孔壁到齿顶的间距离 H，则 $d_a = 2H + D_1$，如图 6-30（b）所示。

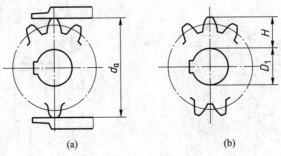

(a)　　　　　　(b)

图 6-30　齿顶圆直径的测量
（a）齿数为偶数；（b）齿数为奇数

（3）确定模数 m。根据 $m = d_a / (z + 2)$，求出模数，然后根据标准值校核，取较接近的标准模数。

（4）计算轮齿各部分尺寸。根据标准模数和齿数，按表 6-5 所示的公式计算 d、d_a、d_f 等。

（5）测量与计算齿轮的其他部分尺寸。

（6）绘制直齿圆柱齿轮的零件图，如图 6-31 所示。

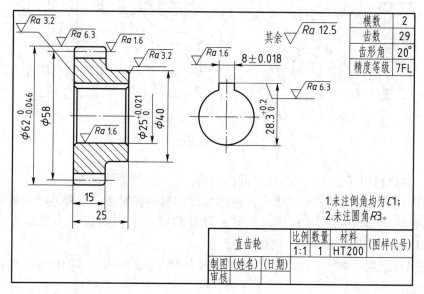

图 6-31　直齿圆柱齿轮的零件图

二、直齿圆锥齿轮

（一）直齿圆锥齿轮各部分名称及尺寸关系

直齿圆锥齿轮用于垂直相交两轴间的传动，如图 6-32 所示。由于锥齿轮的轮齿分布

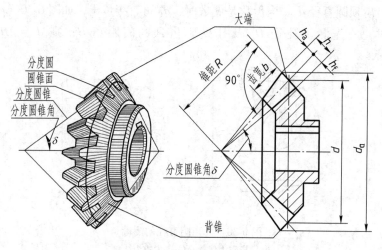

图 6-32　圆锥齿轮各部分名称

在圆锥表面上，所以轮齿沿齿宽方向由大端向小端逐渐变小，故轮齿全长上的模数、齿高、齿厚等都不相同。国家标准规定以大端参数为标准值。因此通常所说的锥齿轮的模数、齿顶圆直径、分度圆直径、齿顶高等都是指的大端参数。

直齿锥齿轮几何尺寸计算的基本参数有模数 m、齿数 z 和分度圆锥角 δ。其轮齿部分的尺寸计算如表 6-6 所示。

表 6-6 标准圆柱锥齿轮各部分参数的计算

名 称	代 号	计 算 公 式
分度圆锥角	δ	$\tan\delta_1 = \dfrac{z_1}{z_2}$，$\tan\delta_2 = \dfrac{z_2}{z_1}$ 或 $\delta_2 = 90° \delta_1$
齿顶高	h_a	$h_a = m$
齿根高	h_f	$h_f = 1.2m$
分度圆直径	d	$d = mz$
齿顶圆直径	d_a	$d_a = d + 2h_a\cos\delta = m(z + 2\cos\delta)$
齿根圆直径	d_f	$d_f = d - 2h_f\cos\delta = m(z - 2.4\cos\delta)$
锥距	R	$R = \dfrac{d_1}{2\sin\delta_1} = \dfrac{d_2}{2\sin\delta_2}$
齿宽	b	$b \leqslant 4m$ 或 $b \leqslant \dfrac{1}{3}R$
齿顶角	θ_a	$\cot\theta_a = h_a/R$
齿根角	θ_f	$\cot\theta_f = h_f/R$

（二）单个圆锥齿轮的规定画法

单个锥齿轮的轮齿画法与圆柱齿轮相近，要点如下。

（1）一般用两个视图表达，也可以用一个视图加一个局部视图表示。

（2）平行于轴线的视图常取剖视图。

（3）在垂直于齿轮轴线的视图中，规定用粗实线画出大端和小端的顶圆，用细点画线画出大端的分度圆，大、小端齿根圆及小端分度圆均不画出。

（4）除轮齿按上述规定画法外，齿轮其余部分均按投影绘制，如图 6-33 所示。

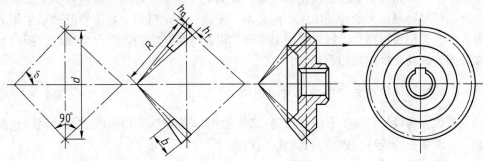

图 6-33 圆锥齿轮的画法

圆锥齿轮的零件图表达如图 6-34 所示。

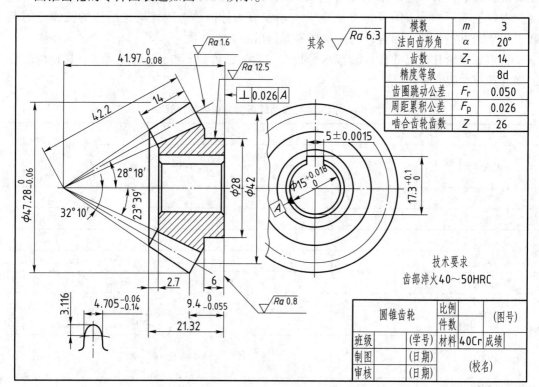

模数	m	3
法向齿形角	α	20°
齿数	Z_r	14
精度等级		8d
齿圈跳动公差	F_r	0.050
周距累积公差	F_p	0.026
啮合齿轮齿数	Z	26

技术要求
齿部淬火40～50HRC

圆锥齿轮	比例		（图号）
	件数		
班级	（学号）	材料40Cr	成绩
制图	（日期）		（校名）
审核	（日期）		

图 6-34　圆锥齿轮零件图

（三）锥齿轮的啮合画法

（1）锥齿轮的啮合条件为：一对齿轮的模数相等，节锥相切。

（2）节圆锥顶点交于一点，轴线相交为 90°，即 $\delta_1 + \delta_2 = 90°$，$\tan\delta_1 = z_1/z_2$，同理 $\tan\delta_2 = z_2/z_1$。其画图步骤，如图 6-35 所示。

三、蜗杆、蜗轮

蜗杆、蜗轮传动，一般用于轴线垂直交叉的场合。蜗杆、蜗轮传动最大的特点是具有反向自锁作用，即蜗杆为主动，蜗轮为从动，反向则自锁，故常用于减速机构。同时蜗轮蜗杆传动，可以得到很大的传动比，结构紧凑、传动平稳，但传动效率较低。最常用的蜗杆为圆柱形，类似梯形螺杆。蜗轮类似斜齿圆柱齿轮，由于它们垂直交叉啮合，所以为了增加接触面，蜗轮常加工成凹形环面。

（一）蜗杆、蜗轮的主要参数及计算关系

（1）模数：为设计和加工方便，规定以蜗杆的轴向模数 m_x 和蜗轮的端面模数 m_t 为标准模数，一对啮合的蜗杆、蜗轮，其模数应相等。

（2）蜗杆直径系数 q：蜗杆分度圆直径 d_1 与轴向模数 m_x 之比，称为蜗杆的直径系数。q 为规定的标准值，如表 6-7 所示。即 $q = d_1/m_x$，则 $d_1 = qm_x$。

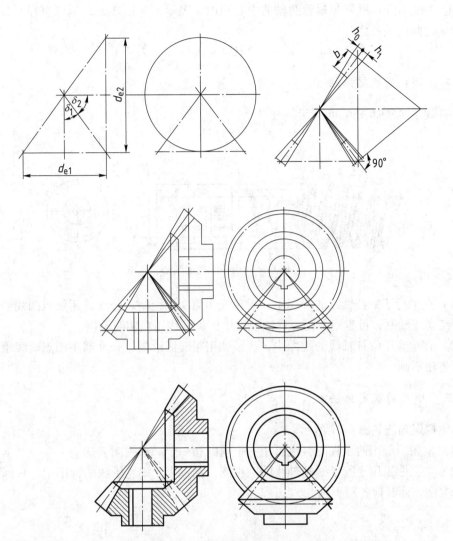

图 6-35　锥齿轮的啮合画法及步骤

表 6-7　轴向模数与蜗杆直径系数

m_x	1	1.5	2	2.5	3	4	5	6	8	(9)	10	12	14	16	18	20	25
q	14	14	13	12	12	11	10	9	8	8	8	8	9	9	8	8	8

　　蜗杆直径系数 q 的意义在于对某一模数值时的蜗杆分度圆直径作了限定，从而减少了蜗轮滚刀的数量。

　　（3）导程角 γ 与螺旋角 β：一对互相啮合的蜗杆、蜗轮，蜗轮的螺旋角 β 与蜗杆的导程角 γ 应大小相等，方向相同。当蜗杆的 q 和 z_1 选定后，蜗杆圆柱上的导程角就唯一确定了。

$$\tan\gamma = \frac{导程}{分度圆周长} = \frac{蜗杆头数 \times 轴向齿距}{分度圆周长} = \frac{z_1 P_x}{\pi d_1} = \frac{z_1 \pi m}{\pi m q} = \frac{z_1}{q}$$

（4）中心距 a：蜗杆与蜗轮两轴的中心距用 a 表示，与模数 m、蜗杆直径系数 q 和蜗轮齿数 z_2 之间的关系为：

$$a = (d_1 + d_2)/2 = m(q + z_2)/2。$$

（二）蜗杆的规定画法

蜗杆规定画法如图 6-36 所示。

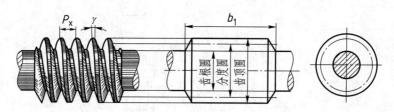

图 6-36　蜗杆的规定画法

（1）在平行于蜗杆轴线的视图中，齿顶线用粗实线绘制，分度线用细点画线绘制，齿根线用细实线绘制，可省略不画，在剖视图中，齿根线用粗实线绘制。

（2）在垂直于蜗杆轴线的视图中，齿顶圆用粗实线绘制，分度圆用细点画线绘制，齿根圆可省略不画。

（三）蜗轮的规定画法

蜗轮规定画法如图 6-37 所示。

（1）蜗轮一般用两个视图，也可用一个视图和一个局部视图表达。

（2）主视图采用平行于蜗轮轴线的剖视图，在垂直于蜗轮轴线的视图中，只画出最大圆和分度圆，而其他各圆不画。

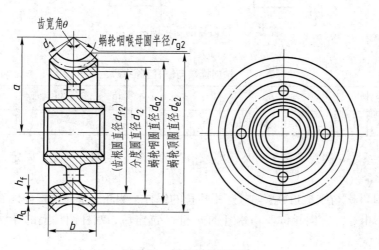

图 6-37　蜗轮的规定画法

（四）蜗杆蜗轮的啮合画法

蜗杆蜗轮啮合画法如图6-38所示。

（1）在蜗杆为圆的视图上，蜗轮与蜗杆投影重合部分，只画蜗杆，如图6-38（a）所示。

（2）在剖视图中，当剖切平面通过蜗轮的轴线时，蜗杆的齿顶圆用粗实线绘制，而蜗轮轮齿被遮挡部分可省略不画，如图6-38（b）所示。

（3）在蜗轮为圆的视图上，啮合区内蜗轮的节圆与蜗杆的节线相切。

（4）在垂直于蜗轮轴线的视图中，啮合部分用局部剖视表达，蜗杆的齿顶线画至与蜗轮的齿顶圆相交为止，如图6-38（b）所示。

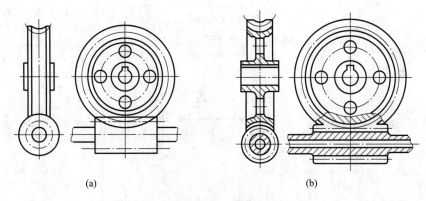

(a)　　　　　　　　　　　　(b)

图6-38　蜗杆蜗轮啮合的规定画法

任务三　键联结及销连接的画法

键主要用于联结轴与轴上的传动件（如凸轮、带轮和齿轮等），以便与轴一起转动，传递扭矩和旋转运动，如图6-39所示。由于键联结的结构简单，工作可靠，装拆方便，所以被广泛应用。

一、常用键的画法及标注

常用的键有普通平键、半圆键和钩头楔键等。其中，普通平键应用最广，根据其头部的结构不同可分圆头普通平键（A型）、方头普通平键（B型）、单圆头普通平键（C型）三种形式，如图6-40所示。

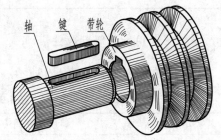

图6-39　键联结的应用

（一）常用键的标记

键已标准化，其结构形式、尺寸和标记都有相应的规定，如表6-8所示。

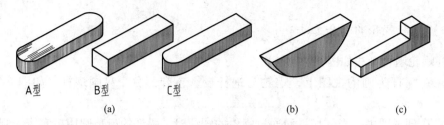

图 6-40　常用键的种类

（a）普通平键；（b）半圆键；（c）钩头楔键

表 6-8　常用键的结构及标注

名　称	标 准 号	图　例	标　记
普通平键	GB/T 1096—2003	*C 或 r*　*R*=0.5*b*	键 16×100　GB/T 1096—2003 圆头普通平键 *b* = 16mm，*h* = 10mm，*L* = 100mm
半圆键	GB/T 1099—2003	*C 或 r*	键 6×25　GB/T 1099—2003 半圆键 *b* = 6mm，*h* = 10mm，d_1 = 25mm，*L* = 24.5mm
钩头楔键	GB/T 1565—2003	45°　∠1:100　*C 或 r*	键 18×100　GB/T 1565—2003 钩头楔键 *b* = 18mm，*h* = 11mm，*L* = 100mm

（二）常用键的联结画法

常用键的联结画法如表 6-9 所示。

表 6-9　常用键的联结画法

名称	联结的画法	说　明
普通平键	主视图采用局部剖视图，左视图采用全剖视图	（1）键侧面为工作面，应接触； （2）顶面有一定间隙； （3）键的倒角或圆角省略不画； （4）*b* 为键宽；*h* 为键高；*t* 为轴上键槽深度；t_1 为轮毂上键槽深度； （5）以上代号的数值，均可根据轴的公称直径 *d* 从相应标准中查出

名称	联结的画法	说　　明
半圆键	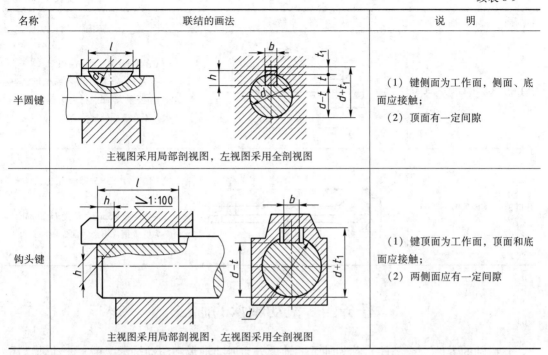主视图采用局部剖视图，左视图采用全剖视图	（1）键侧面为工作面，侧面、底面应接触； （2）顶面有一定间隙
钩头键	主视图采用局部剖视图，左视图采用全剖视图	（1）键顶面为工作面，顶面和底面应接触； （2）两侧面应有一定间隙

二、销及其连接

销主要用于零件间的连接和定位。常用的有圆柱销、圆锥销和开口销等。销是标准件，其结构简图、标记和尺寸如表6-10所示，其连接画法如图6-41所示。

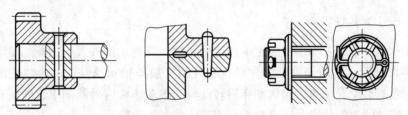

图6-41　销连接的画法

表6-10　常用销的简图和标记

名称	标　准　号	图　　例	标　　记
圆锥销	GB/T 117—2000	A型(磨削)1:50　r_1　r_2　$Ra 0.8$　断面 $\sqrt{Ra 6.3}$　d　a　l　a B型(车削或冷镦) $\sqrt{Ra 3.2}$	销 GB/T 117 10×60（圆锥销的公称直径是指小端直径） 圆锥销公称直径 $d=10$mm，公称长度 $l=60$mm，材料为35钢、热处理硬度为28~38HRC 表面氧化处理

名称	标准号	图例	标记
圆柱销	GB/T 119.1—2000	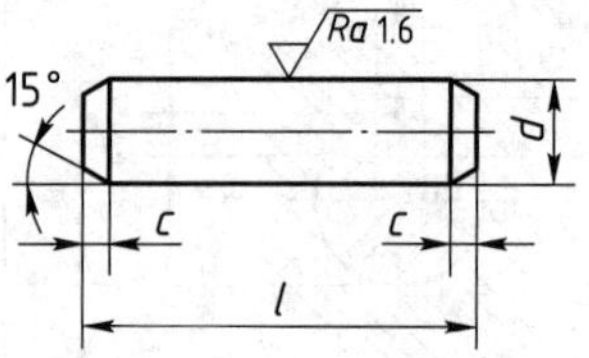	销 GB/T 119.1　8 m6×30 公称直径 $d = 8mm$，公称长度 $l =$ 30mm，公差为 m6，材料为钢，不经淬火，不经表面处理
开口销	GB/T 91—2000	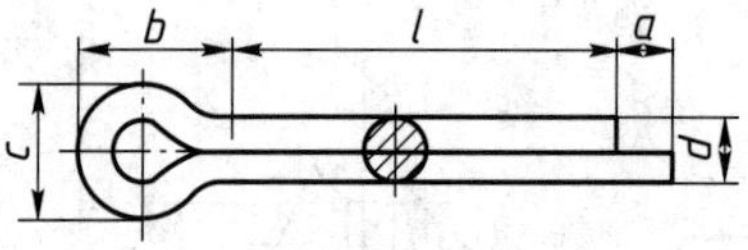	销 GB/T 91　5×50（销孔的直径＝公称直径） 公称直径 $d = 5mm$，长度 $l = 50mm$，材料为低碳钢，不经表面处理

任务四　滚动轴承的画法

支撑轴的零件（或部件）称为轴承，轴承分为滑动轴承和滚动轴承两种。滚动轴承属于标准件，它的摩擦阻力小、精度高、结构紧凑、维护简单，因此应用广泛，且规格、形式已形成标准系列，用户可根据要求选用。

一、滚动轴承的结构和种类

（一）滚动轴承的组成

滚动轴承是一个组合标准件，它由四部分组成，即轴承的外圈、内圈、滚动体、支撑架，如图 6-42 所示。内圈用来与轴颈装配，外圈一般与轴承座装配，为防止滚动体轴向移动，内、外圈都设有滚道。当内圈相对转动时，滚动体在内外圈的滚道内滚动。保持架的作用是将滚动体均匀地隔开，避免相邻滚动体接触产生磨损。

滚动轴承的工作方式有三种：外圈固定不动，内圈旋转；内圈固定不动，外圈旋转；内、外圈均旋转。常见的是外圈固定不动，内圈旋转。

（二）滚动轴承的类型

滚动轴承的类型很多，按照承受载荷的不同可分为以下三种。

（1）向心轴承：主要承受径向载荷，常用的有深沟球轴承，如图 6-42（a）所示。

（2）向心推力轴承：能同时承受径向和轴向载荷，常用的有圆锥滚子轴承，如图 6-42（b）所示。

（3）推力轴承：只承受轴向载荷，常用的有推力轴承，如图 6-42（c）所示。

按滚动体形状不同可分为圆球轴承、圆柱轴承、圆锥滚子轴承、球面轴承、滚针滚子轴承等几种类型。

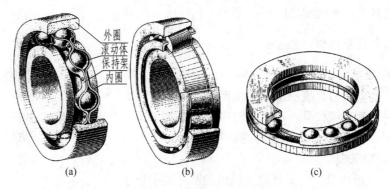

(a)　　　　　　　(b)　　　　　　　(c)

图 6-42　滚动轴承的类型

二、滚动轴承的代号

滚动轴承的代号用数字或字母加数字组成，如轴承 6206 或轴承 N1006。完整的代号包括前置代号、基本代号和后置代号三部分。

（一）基本代号的组成

基本代号由轴承类型代号、尺寸系列代号和内径代号三部分自左至右顺序排列组成。

（1）类型代号。类型代号表示轴承的基本类型，用阿拉伯数字或大写英文字母表示，如表 6-11 所示。

表 6-11　轴承类型代号

代　号	轴承类型	代　号	轴承类型
0	双列角接触球轴承	7	角接触球轴承
1	调心球轴承	8	推力圆柱滚子轴承
2	调心滚子轴承和推力调心滚子轴承	N	圆柱滚子轴承
3	圆锥滚子轴承	NN	双列或多列圆柱滚子轴承
4	双列深沟球轴承	U	外球面球轴承
5	推力球轴承	QJ	四点接触球轴承
6	深沟球轴承		

（2）尺寸系列代号。尺寸系列代号由轴承的宽（高）度系列代号和直径系列代号组合而成，用两位数字表示。它主要用来区别内径相同而宽（高）度和外径不同的轴承。常用滚动轴承尺寸系列代号可查阅有关标准或滚动轴承手册。

（3）内径代号。内径代号表示滚动轴承的公称直径，一般用两位阿拉伯数字表示。内径代号为 00、01、02、03 时，分别表示滚动轴承内径 $d = 10mm$、$12mm$、$15mm$、$17mm$；内径代号为 04～96 时，代号数字乘以 5 即为滚动轴承内径；公称内径为 22mm、28mm、32mm、500mm 或大于 500mm 时，用公称内径毫米数直接表示内径代号，但其与尺寸系列代号之间用"/"分开；滚动轴承内径为 1～9mm（整数）时，用公称内径毫米数直接表示内径代号，对深沟及角接触球轴承直径系列 7、8、9，内径代号与尺寸系列代号之间用"/"分开；滚动轴承内径为 0.6～10mm（非整数）时，用公称内径毫米数直接表示内径代号，在其与尺寸系列代号之间用"/"分开。

（二）基本代号示例

（1）轴承 6208。

1）6——类型代号，表示深沟球轴承；

2）2——尺寸系列代号，表示 02 系列（0 省略）；

3）08——内径代号，表示公称内径 40mm。

（2）轴承 N1006。

1）N——类型代号，表示外圈无挡边的圆柱滚子轴承；

2）10——尺寸系列代号，表示 10 系列；

3）06——内径代号，表示公称内径 30mm。

（三）前置代号和后置代号

前置代号和后置代号是轴承在结构形状、尺寸、公差、技术要求等有所改变时，在其基本代号左、右添加的补充代号。具体内容可查阅有关的国家标准。

三、滚动轴承画法

常见的滚动轴承画法如表 6-12 所示。

表 6-12　常用滚动轴承名称、类型、画法

轴承名称、类型及标准号	类型代号	查表主要数据	规 定 画 法	特 征 画 法	装配示意图
深沟球轴承 GB/T 276—1994	6	D、d、B	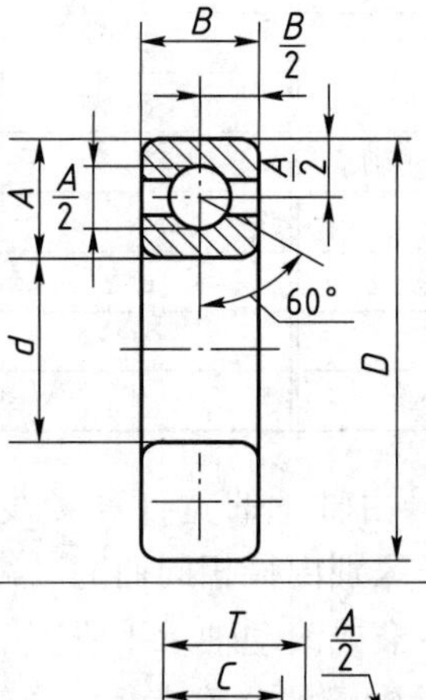	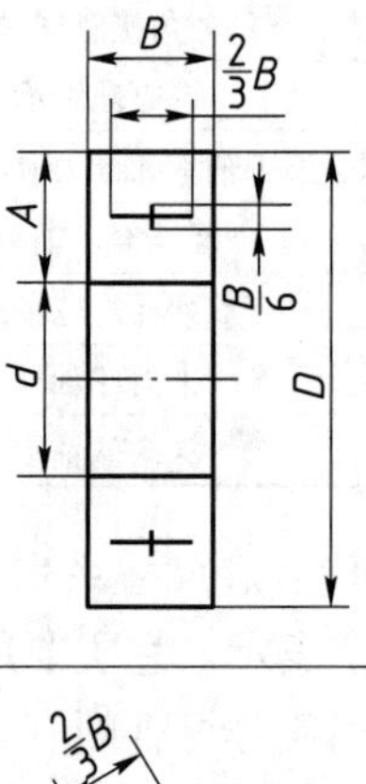	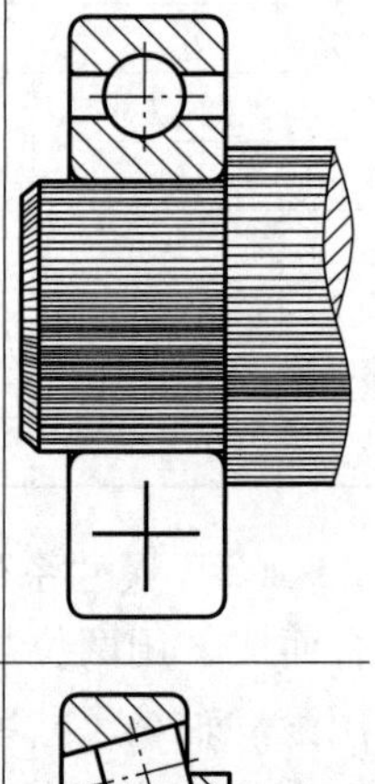
圆锥滚子轴承 GB/T 297—1994	3	D、d、B、T、C	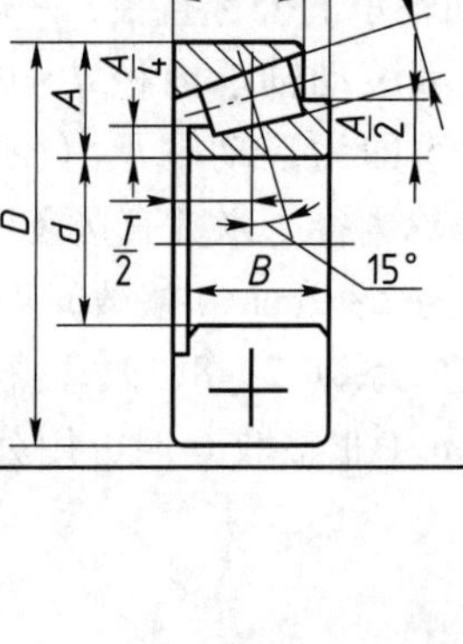	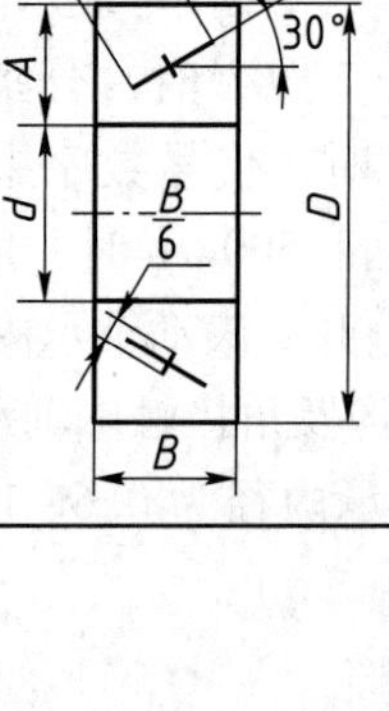	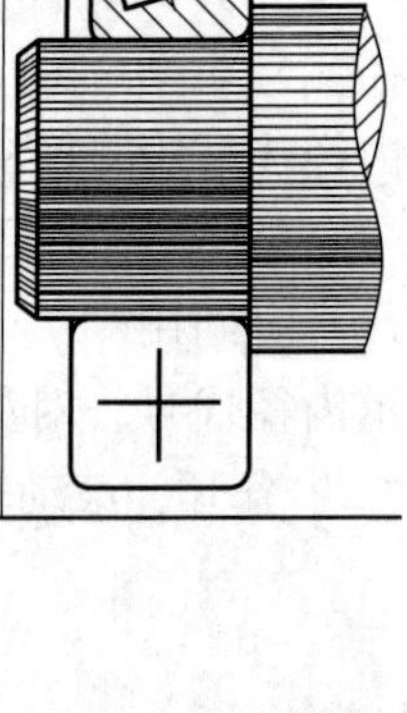

续表 6-12

轴承名称、类型及标准号	类型代号	查表主要数据	规 定 画 法	特 征 画 法	装配示意图
推力球轴承 GB/T 301—1995	5	D、d、T			

（一）通用画法

在剖视图中，当不需要确切地表示滚动轴承的外形轮廓、载荷特性、结构特征时，可用通用画法示意表示，其画法是用矩形线框及位于线框中央正立的十字形符号表示。十字形符号不应与矩形线框接触，如图 6-43（a）所示。如需确切地表示滚动轴承的外形，则应画出其断面轮廓，中间十字符号画法与上面相同，如图 6-43（b）所示。通用画法的尺寸比例，如图 6-44 所示。

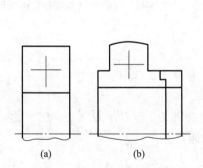

图 6-43　滚动轴承通用画法

（a）不表示外形轮廓；（b）画出外形轮廓

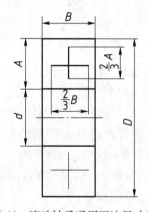

图 6-44　滚动轴承通用画法尺寸比例

（二）规定画法和特征画法

如需要表达滚动轴承的主要结构时，可采用规定画法或特征画法。此时轴承的滚动体不画剖面线，各套圈可画成方向和间隔相同的剖面线。规定画法一般只绘制在轴的一侧，另一侧用通用画法绘制。在装配图中，滚动轴承的保持架及倒角等可省略不画。深沟球轴承、圆锥滚子轴承和推力球轴承的规定画法及尺寸比例如表 6-12 所示。

任务五　弹簧的画法

弹簧具有储存能量的特性，所以在机械设备中广泛地用来减振、夹紧、测力等。它的种类很多，有螺旋弹簧、碟形弹簧、平面涡卷弹簧、板弹簧及片弹簧等。常见的螺旋弹簧又有压缩弹簧、拉伸弹簧及扭力弹簧等，如图 6-45（a）、（b）、（c）所示。本节主要介绍圆柱螺旋压缩弹簧的尺寸计算和画法，其他弹簧可参考查阅相关规定。

一、圆柱螺旋压缩弹簧的基本尺寸

圆柱螺旋压缩弹簧的基本尺寸及其在图中的标注，如图 6-46 所示。

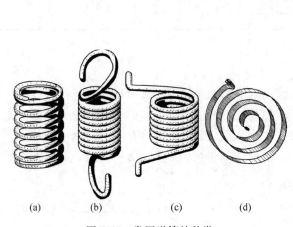

(a)　　(b)　　(c)　　(d)	
图 6-45　常用弹簧的种类	图 6-46　压缩弹簧各部分名称和尺寸

（1）线径 d：弹簧钢丝的直径。

（2）弹簧直径。

1）弹簧外径 D：弹簧的最大直径。

2）弹簧内径 D_1：弹簧的最小直径，$D_1 = D - 2d$。

3）弹簧中径 D_2：弹簧内、外直径的平均直径，即 $D_2 = (D + D_1)/2 = D_1 + d = D - d$。

（3）节距 t：相邻两有效圈上对应点间的轴向距离。

（4）弹簧圈数。

1）支承圈数 n_2：为了使弹簧工作时受力均匀，保证弹簧的端面与轴线垂直，弹簧两端的几圈一般都要靠紧并将端面磨平。这部分不产生弹性变形的圈数，称为支承圈。支承圈数一般为 1.5 圈、2 圈、2.5 圈，常用的为 2.5 圈，即两端各并紧 1.25 圈，其中包括磨平 3/4 圈。

2）有效圈数 n：除支承圈数外，保持相等节距的圈数称为有效圈数。

3）总圈数 n_1：有效圈数与支承圈数之和，即 $n_1 = n + n_2$。

（5）自由长度 H_0：弹簧在不受外力时，处于自由状态的长度，$H_0 = nt + (n_2 - 0.5)d$，当支承圈 $n_2 = 2.5$ 时，$H_0 = nt + 2d$。

（6）弹簧钢丝的展开长度 L：制造弹簧的簧丝长度，$L \approx n_1\sqrt{(\pi D_2)^2 + t^2}$。

二、圆柱螺旋压缩弹簧的规定画法

圆柱螺旋压缩弹簧可以画成视图、剖视图和示意图三种形式，如图 6-47 所示。

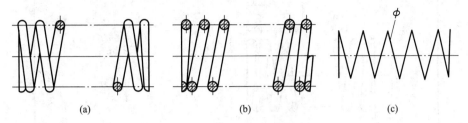

图 6-47 压缩弹簧的表达形式
（a）视图；（b）剖视图；（c）示意图

剖视图画图步骤如图 6-48 所示。

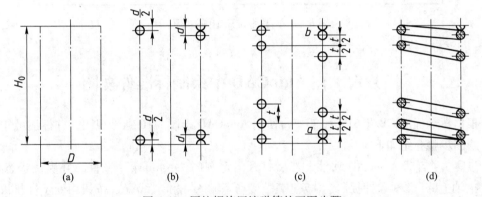

图 6-48 圆柱螺旋压缩弹簧的画图步骤
（a）根据 D 作出左右两条中心线，根据 H_0 确定高度；（b）根据 d 画出两端支承圈的小圆；
（c）从圆心 a 和 b 起，根据 t，画出几个有效圈的小圆；（d）按右旋作相应小圆的外公切线，再画剖面线

（1）在平行于弹簧轴线的剖视图中，弹簧各圈的轮廓线应画成粗实线。

（2）螺旋弹簧均可画成右旋，但左旋弹簧，不论画成左旋或右旋，一律要注出旋向"左"字。

（3）弹簧如要求两端并紧且磨平时，不论支承圈的圈数多少和末端贴紧情况如何，均按图 6-48 绘制。

（4）有效圈数在四圈以上的弹簧，中间部分可以省略，并允许适当缩短图形的长度。但表示弹簧轴线和钢丝中心线的点画线仍应画出。

三、弹簧的零件图

图 6-49 所示为圆柱螺旋压缩弹簧的零件图，在主视图上方用斜线表示外力与弹簧变形之间的关系，代号 F_1、F_2 为工作负荷，F_j 为极限负荷。

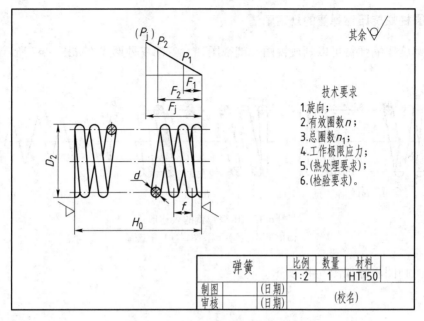

图 6-49　圆柱螺旋压缩弹簧零件图

任务六　在 AutoCAD 中绘制标准件视图

根据螺母标准 GB/T 6170—2015，使用 AutoCAD 绘制 M16 螺母视图，并标注尺寸。

绘图步骤介绍如下：

步骤 1　启动 AutoCAD 软件，然后打开已定制的 "A4. dwg" 文件，并确认状态栏中的 "极轴追踪" "对象捕捉" "对象追踪" "动态输入" 和 "线宽" 按钮均处于打开状态。

步骤 2　将 "点画线" 图层设置为当前图层，并利用 "直线" 命令 ✏ 绘制中心线。

步骤 3　将 "粗实线" 图层设置为当前图层，并利用 "圆" 命令 ⊙ 绘制 $\phi 23.2$ 圆以及表示螺纹外径的圆弧和内径的圆，如图 6-50（a）所示。

步骤 4　利用 "多边形" 命令 ⬡ 绘制正六边形（外切于圆 $\phi 23.2$），如图 6-50（b）所示。

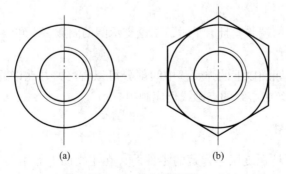

(a)   (b)

图 6-50　主视图绘制

步骤5 利用"矩形"命令▢、"直线"命令✏和"修剪"命令🗲绘制螺母的左视图，如图 6-51（a）所示。

步骤6 利用"图案填充"命令▦填充剖面线，如图 6-51（b）所示。

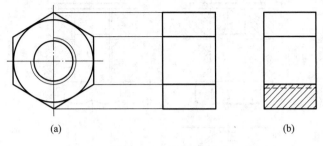

（a）　　　　　　　　　　　　　　　　（b）

图 6-51　左视图绘制

螺母完成图如图 6-52 所示。

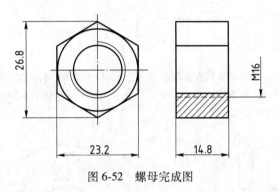

图 6-52　螺母完成图

提示：

螺母的近似画法中需要绘制螺母左视图的圆弧倒角，具体数值可查国家标准（GB/T 6170—2015）获得。此处作图采用简化画法，省略圆弧倒角的绘制。

 习题

6-1　螺纹的种类及标注。读懂下列标记的含意，并按项填入表 6-13 中（有的项目需查表确定）。

表 6-13　习题 6-1 表

代号 项目	螺纹种类	内、外螺纹	大径	小径	导程	螺距	线数	旋向	公差带		旋合长度
									中径	顶径	
M20—6g											
M24×1.5—6h											
M16—6H											
G1 1/4—LH											
Tr52×16(P8)—8H											

6-2 补全螺栓连接三视图（见图 6-53）中所缺的图线。

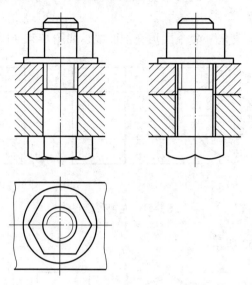

图 6-53 习题 6-2 图

6-3 直齿圆柱齿轮的画法。已知直齿圆柱齿轮齿顶圆直径 $d=80$，$z=38$，求出 $m=$（   ）mm，分度圆直径 $d=$（   ）mm，齿根圆直径 $d_f=$（   ）mm，试完成图 6-54 中齿轮部分绘图（1∶1），并标出齿顶圆直径尺寸和分度圆直径尺寸。

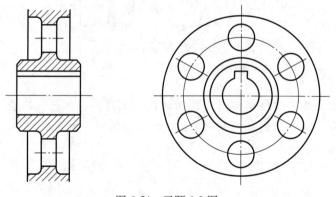

图 6-54 习题 6-3 图

项目七 化工设备图的识读及绘制

化学工业的产品多种多样，它们的生产方法也各有不同。但是，化工生产过程大都可归纳为一些基本操作，如蒸发、冷凝、吸收及干燥等，称为单元操作。为了使物料发生各种反应，进行各种单元操作，就需要使用各种专用的化工设备。表示化工设备的形状、大小、结构和制造安装等技术要求的图样称为化工设备图。化工设备图也是按正投影法和机械制图国家标准绘制的，但由于化工设备的结构特点、制造工艺及技术要求等与一般机械有所不同，因而化工设备图在内容、画法和某些要求方面与之前学的机械图也有所区别。本章着重介绍这方面的内容。

任务一 化工设备图概述

一、化工设备的分类

化工设备的种类很多，结构、形状、大小各不相同。常见的典型化工设备按其作用来分有四类，如图7-1所示。

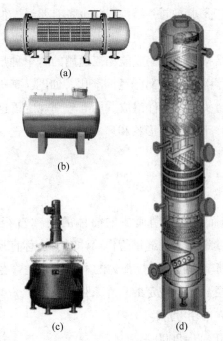

图 7-1 常见的化工设备
(a) 换热器；(b) 容器；(c) 反应器；(d) 塔器

（1）换热器：用于两种不同温度的介质进行热量交换，以达到加热或冷却的目的。

（2）容器：用于贮存物料，按形状分有圆柱形、方形、球形等，而以圆柱形容器应用最广。

（3）反应器（釜）：用于物料进行化学反应，或进行搅拌、沉降、换热等操作。

（4）塔器：用于吸收、精馏等化工单元操作，其高度和直径一般相差很大。

二、化工设备图的内容

图7-2所示为立式容器的装配图，从图中可以看出化工设备图除具有机械装配图所有的内容外，还有以下内容：

（1）管口符号和管口表。设备上所有的管口（物料进出口、仪表管口等），均需注出符号（按小写字母顺序编号）。管口表是说明设备上所有管口的符号、用途、规格、连接面形式等内容的一种表格，供配料、制作、检验、使用时参考。

（2）技术特性表。用以说明该设备重要技术特性指标的一览表，其内容包括：工作压力、工作温度、容积、物料名称、传热面积，以及其他表示该设备重要特性的内容。

三、化工设备的常用零部件

各种化工设备虽然工艺要求不同，结构形状也各有差异，但是往往都有一些相同的零部件，如设备的支座、法兰、人（手）孔、连接各种管口的法兰等。为了便于设计、制造和检修，把这些零部件的结构形状统一成能相互通用的若干种规格，这些零件被称为通用零部件。化工设备的通用零部件，大都已经标准化。如图7-3所示的容器，它由筒体、支座、法兰、接管、人孔、封头等零部件组成。标准分别规定了这些零部件在各种条件（如压力、大小、使用要求等）下的结构形状和尺寸。设计、制造、检验、使用这些零部件都以标准为依据。

（一）筒体

筒体一般由钢板卷焊而成，卷制而成的筒体的公称直径多指筒体内径。当 DN ≤ 500mm 时，可直接使用无缝钢管，无缝钢管作筒体时，公称直径系指筒体外径。筒体较长时，可用法兰连接或多个筒节焊接而成。筒体的主要尺寸是直径、高度、壁厚，筒体直径应符合《压力容器公称直径》中所规定的尺寸系列。

规定标记：名称　公称直径×厚度　H（L）

例：筒体　DN1000×10　$H = 2000$

表示筒体的内径为1000，厚度为10，高度为2000，卧式筒体用 L 代替 H。

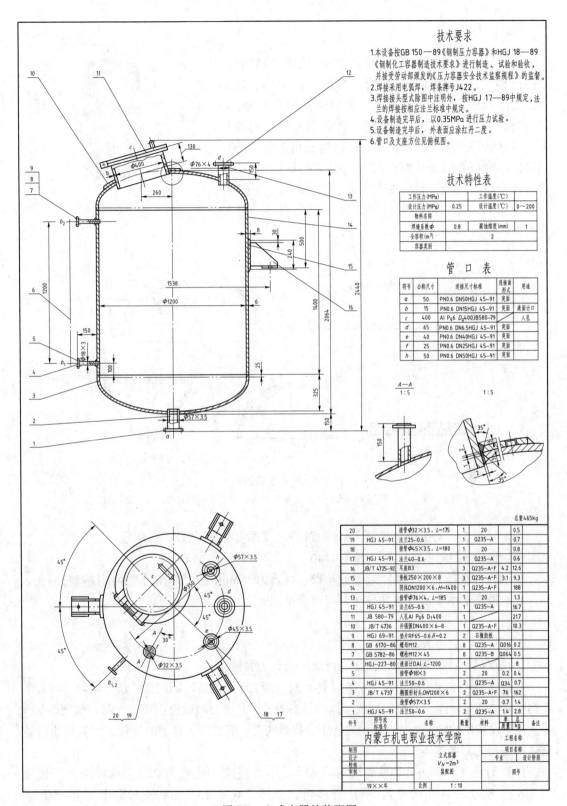

技术要求

1. 本设备按GB 150—89《钢制压力容器》和HGJ 18—89《钢制化工容器制造技术要求》进行制造、试验和验收，并接受劳动部颁发的《压力容器安全技术监察规程》的监督。
2. 焊接采用电弧焊，焊条牌号J422。
3. 焊接接头型式除图中注明外，按HGJ 17—89中规定，法兰的焊接按相应法兰标准中规定。
4. 设备制造完毕后，以0.35MPa进行压力试验。
5. 设备制造完毕后，外表面应涂红丹二度。
6. 管口及支座方位见俯视图。

技术特性表

工作压力(MPa)		工作温度(℃)	
设计压力(MPa)	0.25	设计温度(℃)	0～200
物料名称			
焊缝系数φ	0.8	腐蚀熔度(mm)	1
全容积(m³)			2
容器类别			

管 口 表

符号	公称尺寸	连接尺寸标准	连接面形式	用途
a	50	PN0.6 DN50HGJ 45—91	突面	
b	15	PN0.6 DN15HGJ 45—91	突面	液面计口
c	400	Al Pg6 Dg400JB580—79		人孔
d	65	PN0.6 DN6.5HGJ 45—91	突面	
e	40	PN0.6 DN40HGJ 45—91	突面	
f	25	PN0.6 DN25HGJ 45—91	突面	
h	50	PN0.6 DN50HGJ 45—91	突面	

A—A
1:5

1:5

总重465kg

件号	图号或标准号	名称	数量	材料	单重kg	总重kg	备注
20		接管φ32×3.5, L=175	1	20		0.5	
19	HGJ 45—91	法兰25—0.6	1	Q235—A		0.7	
18		接管φ45×3.5, L=180	1	20		0.6	
17	HGJ 45—91	法兰40—0.6	1	Q235—A		0.6	
16	JB/T 4725—92	耳座B3	3	Q235—A·F	4.2	12.6	
15		垫板250×200×8	3	Q235—A·F	3.1	9.3	
14		阴体DN1200×6, H=1400	1	Q235—A·F		188	
13		接管φ76×4, L=185	1	20		1.3	
12	HGJ 45—91	法兰65—0.6	1	Q235—A		16.7	
11	JB 580—79	人孔Al Pg6 D1400	1			21.7	
10	JB/T 4736	补强圈DN400×6—8	1	Q235—A·F		10.3	
9	HGJ 69—91	垫片RF65—0.6 δ=0.2	2	石橡胶板			
8	GB 6170—86	螺母M12	8	Q235—A	Q016	0.2	
7	GB 5782—86	螺栓M12×45	8	Q235—B	Q064	0.5	
6	HGJ—227—80	液面计DAl L=1200	1			8	
5		接管φ18×3	2	20	0.2	0.4	
4	HGJ 45—91	法兰50—0.6	2	Q235—A	Q34	0.7	
3	JB/T 4737	椭圆封头DN1200×6	2	Q235—A·F	76	162	
2		接管φ57×3.5	2	20	0.7	1.4	
1	HGJ 45—91	法兰50—0.6	2	Q235—A	1.4	2.8	

内蒙古机电职业技术学院

制图		立式容器 $V_N=2m^3$ 装配图	工程名称	
设计			项目名称	
校核			专业	设计阶段
审核			图号	
19××年		比例 1:10		

图7-2　立式容器的装配图

（二）封头

封头是设备的重要组成部分，它与筒体一起构成设备的壳体。常见的封头形式有：蝶形、椭圆形、球形、锥形及平板等，如图 7-4 所示，其中椭圆形封头最为常见。封头和筒体可以直接焊接，形成不可拆卸的连接，也可以分别焊上法兰，通过螺纹连接构成可拆卸的连接。当筒体由钢板卷焊而成时，与之相对应的椭圆形封头公称直径为封头内径，封头的类型代号为 EHA。当采用无缝钢管作筒体时，筒体所对应的封头公称直径为外径，其类型代号为 EHB。

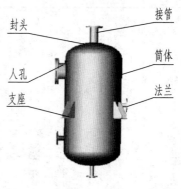

图 7-3　容器

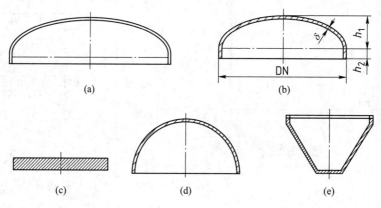

图 7-4　各种形状封头

（a）蝶形封头；（b）椭圆形封头；（c）平板形封头；（d）半圆形封头；（e）锥形封头

规定标记为：封头类型代号　公称直径×名义厚度-材料牌号　标准号
例：EHB 325×12-16MnR　JB/T 4746
表示公称直径为 325、名义厚度为 12、材质为 16MnR 的以外径为基准的椭圆形封头。标准椭圆形封头的规格和尺寸系列可参见附表。

（三）法兰

法兰连接是可拆卸连接，在化工行业应用较为普遍。

法兰就是连接（一般用焊接）在筒体、封头或管子一端的一圈圆盘，盘上均匀分布若干个螺栓孔，两节筒体（或管子）或筒体与封头通过一对法兰用螺栓连接在一起，如图 7-5 所示。化工设备用的标准法兰有管法兰和压力容器法兰。前者用于管子的连接，后者用于设备筒体（或封头）的连接。

（1）管法兰。管法兰常见的结构形式有：平焊法兰（代号为 PL）、对焊法兰（代号为 WN）、螺纹法兰（代号为 Th）等多种，如图 7-6 所示。法兰密封面形式主要有平面（代号为 RF）、凹凸面（代号为 MFM）和榫槽面（代号为 TG）等，如图 7-7 所示。

图 7-5 法兰连接

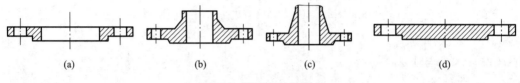

图 7-6 管法兰结构形式

（a）板式平焊法兰；（b）对焊法兰；（c）整体法兰；（d）法兰盖

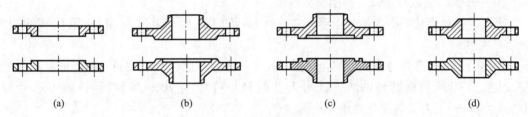

图 7-7 管法兰密封面形式

（a）凸面；（b）凸凹面；（c）榫槽面；（d）全平面

规定标记：国标 名称 法兰类型代号 公称直径 公称压力 密封面型式 钢管壁厚 材料牌号 其他

例：HG 20593 法兰 PL 300-2.5 MFM 20

表示管法兰的公称直径为 300、公称压力为 2.5MPa、凸面密封、材料为 20 号钢的板式平焊管法兰（参见附表 7）。

（2）压力容器法兰。压力容器法兰的结构形式有三种：甲型平焊法兰、乙型平焊法兰和长颈对焊法兰。压力容器法兰的密封面形式有平密封面（代号为 RF）、凹（代号为 FM）凸（代号为 M）密封面和榫（代号为 T）槽（代号为 G）密封面、环链接面（代号为 RJ）等，如图 7-8 所示。

规定标记：法兰名称及代号 密封面形式代号 公称直径-公称压力/法兰厚-法兰总高

国标法兰厚度与法兰总高度均采用标准值时，两部分均可省略。

例：法兰 RF 800-1.0 JB/T 4701—2000

表示密封面形式为平密封面、公称直径为 800、公称压力为 1.0MPa 的甲型平焊法兰（参见附表 8）。

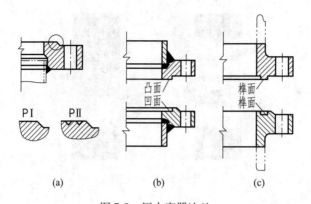

图 7-8　压力容器法兰

（a）甲型平焊法兰；（b）乙型平焊法兰；（c）长颈对焊法兰

（四）人孔与手孔

为了便于安装、检修或清洗设备内部的装置，需要在设备上开设人孔和手孔。人孔、手孔的基本结构类似，如图 7-9 所示，通常是在短节（或管子）上焊一法兰，盖上人（手）孔盖，法兰与盖板之间用螺栓连接。

手孔的直径应使操作人员戴上手套并握有工具的手能顺利通过。标准规定有 DN50 和 DN250 两种。

人孔的大小，既要考虑人的安全进出，又要尽量减少因开孔过大而使器壁强度削弱过多。人孔有圆形和椭圆形两种，圆形人孔的最小直径为 400mm，椭圆孔最小尺寸为400mm×300mm。人孔与手孔规格参见附表 9。

（五）支座

设备的支座是用来支承设备的重量和固定设备的位置的，设备中常用的支座有适用于立式设备的悬挂式支座和适用于卧式设备的鞍式支座。

（1）悬挂式支座又称耳座，广泛用于立式设备。在设备周围一般分布四个悬挂式支座，小型设备也可用两个或三个支座。它的结构由两块肋板、一块底板和一块垫板焊接而成，垫板焊在设备的筒体上，底板上有螺栓孔，以用螺栓将设备固定在楼板或钢梁等的基础上，如图 7-10 所示。

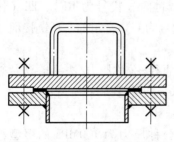

图 7-9　人（手）孔的基本结构

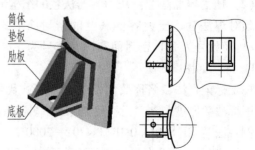

图 7-10　悬挂式支座

耳座有 A 型、AN 型（不带垫板）、B 型、BN 型（不带垫板）四种类型。A 型、AN 适型用于一般立式设备。B 型、BN 型有较宽的安装尺寸，适用于带保温层的立式设备。有关尺寸参见附表 10。

规定标记：标准编号 名称 类型 支座号

例：JB/T 4725—1992 悬挂式支座 B5

表示 B 型带垫板 5 号悬挂式支座。

（2）鞍式支座广泛用于卧式设备，结构如图 7-11 所示。卧式设备一般用两个鞍座支承，当设备较长或较重，超出支座的支承范围，应增加支座数目。鞍式支座分为轻型（代号 A）和重型（代号 B）两种，其结构和尺寸参见附表 11。每种类型的鞍座又分为 F 型（固定型）和 S 型（滑动型）。F 型和 S 型的最大区别在地脚螺栓孔，F 型是圆形孔，S 型是长圆孔，二者成对使用，目的是在设备热胀冷缩时，活动支座可以调节两支座之间的距离，不致于有附加应力。

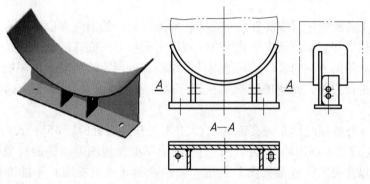

图 7-11 鞍式支座

规定标记：标准编号 名称 类型 公称直径 地脚螺栓类型

例：JB/T 4712—1992 鞍座 B 800-F

表示公称直径为 800，重型带垫板，固定式鞍式支座。

（六）补强圈

补强圈用于加强壳体开孔过大处的强度，其结构如图 7-12 所示。

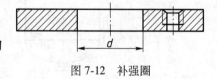

图 7-12 补强圈

补强圈厚度和材料一般都与设备壳体相同。补强圈结构尺寸参见附表 12。

规定标记：标准编号 名称 公称直径 坡口类型 材料

标记示例：JB/T 4736—2002 补强圈 DN100×8-D-Q235-B

表示厚度为 8、接管公称直径为 100、坡口类型为 D 型、材料为 Q235-B 的补强圈。

任务二　化工设备图的视图表达

化工设备装配图的表达方法应与化工设备的结构特点相适应。因此，在叙述表达方法之前，首先简单介绍一下化工设备的结构特点。

一、化工设备的结构特点

各种化工设备，由于工艺要求不同，其结构形式、形状大小和安装方式也各有差异。但通过对典型设备的分析，可以归纳出结构上的一些共同点。

（1）化工设备的主体结构多为钢板卷制而成的回转体，结构较简单。

（2）壳体上有较多的开孔和管口，用以安装各种零部件和连接各种管道。

（3）化工设备的各部分结构尺寸相差悬殊，且大量采用焊接结构。

（4）广泛采用标准化零部件。

二、化工设备图的视图表达特点

（一）多次旋转的表达方法

化工设备上各种管口或零部件分布在壳体周围，它们的周向方位可在俯（左）视图中确定，其轴向位置和它们的结构形状则在主视图上采用多次旋转的表达方法。即假想将分布于设备上不同周向方位的管口及其他附件的结构，分别旋转到与主视图所在投影面平行的位置，然后进行投射，得到视图或剖视图，这种表达方法一般都不作标注，如图 7-13 所示。

图中人孔 a 是按顺时针方向旋转 30°、人孔 b 是按逆时针旋转 45°，人孔 c 是按逆时针旋转 30°，在主视图上画出的。必须注意主视图上不能出现图形重叠的现象。但这些结构的周向方位要以左视图（或俯视图）为准，如左视图（或俯视图）不能准确地表示管口的方位，可另外绘制管口方位图表示各接管的方位，如图 7-14 所示。

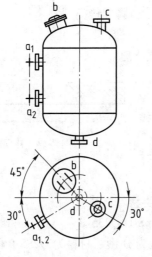　　　　　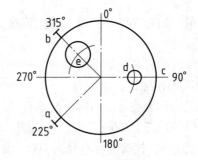

图 7-13　多次旋转的表达方法　　　　图 7-14　管口方位图

（二）局部结构的表示方法

化工设备的各部分结构尺寸相差悬殊，且大量采用焊接结构。对应的局部结构表达方法有：

（1）按缩小比例画出的视图中，细部结构和焊缝很难表达清楚，常采用局部放大图（又称节点图）或夸大画法表达这部分结构。如图7-15所示，原图为单线的简化画法，而放大图则画出三个局部剖视图。

（2）对于设备的壁厚、垫片厚等小尺寸结构，无法按比例画出时，可不按比例，适当夸大地画出它们的厚度。如图7-16中所示的垫片厚度、图7-17中所示设备的壁厚，即未按比例夸大画出的。

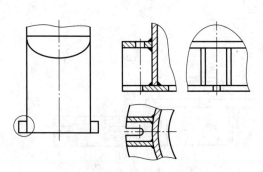

图7-15　局部放大图的表达方法

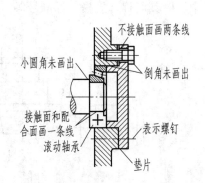

图7-16　规定画法、夸大画法、简化画法

（三）断开和分段（层）的表达方法

化工设备高度（或长度）与直径相差悬殊，采用断开和分段（层）的表达方法。较长（或较高）的设备，沿长度（或高度）方向相当部分的结构形状相同或按规律变化或重复时，可采用断开画法，即用双点画线将设备从重复结构或相同结构处断开，使图形缩短，节省图幅、简化作图。如图7-17所示，填料塔填料层处采用断开画法。当设备较高又不宜采用断开画法时，可采用分段（层）的表达方法，如图7-18所示。也可以按需要把某一段或某几段塔节，用局部放大图画出它的结构形状。

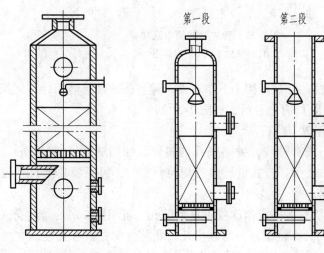

图7-17　断开画法　　　　　　图7-18　分段表达方法

（四）简化画法

化工设备中大量使用标准件，对此可采用简化画法。

（1）常见工艺结构的简化画法。零件上常见的工艺结构（如倒角、圆角、退刀槽等），在装配图中允许不画，如图7-16所示。

（2）标准零部件或外购零部件的简化画法。有标准图或外购的零部件，在装配图中可按比例只画出表示特征的简单外形，如图7-19中的电动机、填料箱、人孔等。但须在明细栏中注明其名称、规格、标准号等。

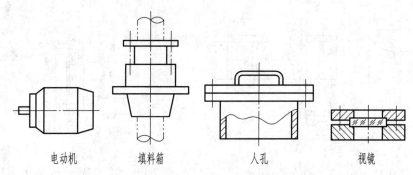

电动机　　　　　　填料箱　　　　　　人孔　　　　　　视镜

图7-19　标准、外购零部件的简单画法

（3）管法兰的简化画法。装配图中管法兰的画法可按图7-20所示形式简化表示。其规格、连接面形式等则在明细栏及管口表中注明。

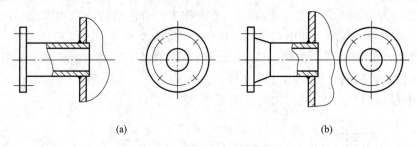

(a)　　　　　　　　　　　　　　　　　　(b)

图7-20　管法兰的简单画法
(a) 平焊法兰；(b) 对焊法兰

（4）液面计的简化画法。在装配图中，带有两个接管的玻璃管液面计，可用点画线和符号"+"（应用粗实线画出）简化表示，如图7-21所示。

（5）重复结构的简化画法。

1）螺栓孔可只画中心线和轴线，省略圆孔的投影，如图7-22（a）所示。螺栓连接可用符号"×"（粗实线）表示。若数量较多且均匀分布时，可只画几个符号表示其分布方位，如图7-22（b）所示。

2）多孔板上的直径相同且按一定角度规则排列的孔，可用按一定的角度交叉的细实线表示出孔的中心位置及孔的分布范围，只需画出几个孔并注明孔数和孔径，如图7-23（a）所示；若孔径相同且以同心圆的方式排列时，其简化画法如图7-23（b）所示；多孔板在剖视图中，可只画出孔的中心线，如图 7-23（c）所示。

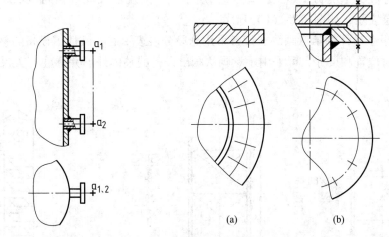

图 7-21 液面计的简化画法　　　　图 7-22 螺栓孔和螺栓连接的简化画法

（a）螺栓孔；（b）螺栓连接

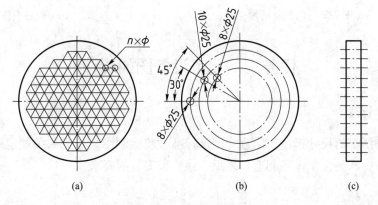

图 7-23 多孔板的简化画法

3）设备中可用细点画线表示密集的按规律排列的管子（如列管式换热器中的换热管），但至少要画出其中一根管子，如图 7-24 所示。

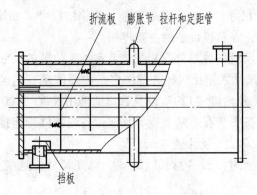

图 7-24 密集管子的简化画法

　　4）设备中相同规格、材料和堆放方法相同的填充物，可用相交细实线表示，并标注出有关尺寸和文字说明，如图7-25（a）所示。不同规格或规格相同但堆放方法不同的填充物须分层表示，如图7-25（b）所示。

　　（6）设备整体的示意画法。设备采用分段分层表示后，破坏了设备的整体形状、有关结构的相对位置和尺寸，可采用示意画法画出设备的整体外形并标注有关尺寸，如图7-26所示。

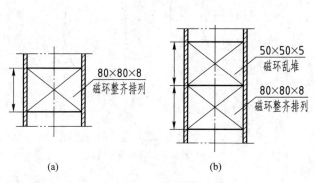

图7-25　填充物的简化画法

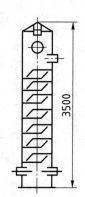

图7-26　设备整体的示意画法

任务三　化工设备图的标注

一、尺寸标注

　　化工设备图上的尺寸标注，除遵守国家标准《机械制图》中的有关规定外，应结合化工设备的特点，满足化工设备制造、装配、检验、安装的要求。

（一）尺寸种类

　　化工设备图与机械装配图一样，不要求注出所有零部件的全部尺寸。但由于化工设备图可直接用于设备的制造，故需标注的尺寸数量比装配图要多一些。化工设备一般标注下列几类尺寸。

　　（1）特性（规格）尺寸。反映设备的性能、规格的尺寸。如筒体的内径"$\phi450$"、筒体高度"3032"等尺寸，表示该设备的主要规格。

　　（2）装配尺寸。表示设备各零件间装配关系和相对位置的尺寸，是制造化工设备的重要依据。化工设备图的尺寸数量比机械装配图多，主要体现在这类尺寸上。如决定管口d装配位置的尺寸"300"和角度"120"以及管口的伸出长度"100"。

　　（3）安装尺寸。设备安装在地基上或与其他设备或部件相连接时所需尺寸。如支座上地脚螺栓孔的中心距"$\phi722$"及孔径"$\phi23$"。

　　（4）外形（总体）尺寸。设备总长、总宽、总高尺寸，这类尺寸供设备在运输、安装时使用。

　　（5）其他尺寸。化工设备图根据需要还应注出如下几项。

1）零件的规格尺寸。

2）设计的重要尺寸，如壁厚。

3）不另行绘图的零件的有关尺寸。

（二）尺寸标注的特点

从设计要求和制造工艺来看，化工设备比一般机械的尺寸精确度要低得多，因此尺寸标注的要求与机械图也有所不同。如化工设备图中的轴向尺寸常常采用链式注法，并允许注成封闭的尺寸链；某些较大尺寸常常在尺寸数字前加"~"表示近似；有些尺寸数字加括号"（ ）"以示参考之意。

化工设备图的尺寸基准的选择较简单，一般以设备壳体轴线作为径向基准，以设备筒体和封头的环焊缝或设备法兰的断面以及支座的底面等为轴向基准，如图 7-27 所示。

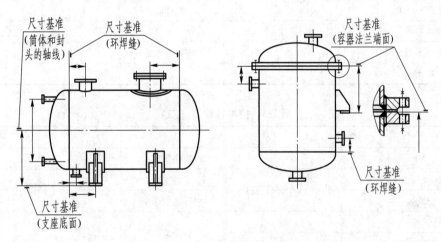

图 7-27　化工设备常用的尺寸基准

二、管口符号与管口表

管口符号一律用小写拉丁字母（a、b、c）编写，规格、用途及连接面形式不同的管口、均应单独编写管口符号。管口符号的编写顺序、应从主视图的左下方开始，按顺时针方向依次编写。其他视图上的管口符号，则应根据主视图中对应的符号进行注写。

管口表一般都画在明细栏的上方，其规定格式如表 7-1 所示。填写管口表时应注意：

（1）管口表"符号"栏内的字母应和视图中管口的符号相同，按 a、b、c 顺序，自上而下填写。当管口规格、用途及连接面形式完全相同时，可合并成一项填写，如 a_{1-2}。

（2）"公称尺寸"栏内填写管口公称直径。无公称直径的管口，按管口实际内径填写。

（3）"连接尺寸、标准"栏填写对外连接管口的有关尺寸和标准；不对外连接的管口（如人孔、视镜等）不填写具体内容，用细斜线表示。螺纹连接管口填写螺纹规格。

表 7-1　管口表

符号	公称尺寸	连接尺寸、标准	连接面形式	用途或名称

三、技术特性表

技术特性表是表明设备的主要技术特性的一种表格。一般都放在管口表的上方。其格式有两种，分别适用不同类型的设备，如表 7-2 和表 7-3 所示。

表 7-2　技术特性表（一）

工作压力/MPa		工作温度/℃	
设计压力/MPa		设计温度/℃	
物料名称			
焊缝系数		腐蚀裕度/mm	
容器类别			

表 7-3　技术特性表（二）

项目	管程	壳程	项目	管程	壳程
工作压力/MPa			换热系数		
工作温度/℃			焊缝系数		
设计压力/MPa			腐蚀裕度/mm		
设计温度/℃			容器类别		
物料名称					

读表可知技术特性表的内容包括工作压力、工作温度、设计压力、设计温度、物料名称等，对于不同类型的设备，需增加有关内容。如容器类，增填全容积（m^3）；反应器类，增填全容积、搅拌转速等；换热器类，增填换热面积等；塔类，增填设计风压、地震烈度等。

四、技术要求

技术特性表用表格的形式列出设备的设计、制造、使用的主要参数，如设计压力、工作压力、设计温度、工作温度、容积等技术特性。技术要求用文字说明设备在制造、检验时应遵守的规范和规定。

五、零部件序号，明细栏和标题栏

对化工设备所有零部件进行编号，并在明细栏中填写其名称、规格、数量、材料、图号或标准号等内容。标题栏用以填写设计单位、设备名称、图号、比例以及相关责任者的签名和日期等内容。

任务四　化工设备图的识读

一、读化工设备图的基本要求

通过对化工设备图的阅读，主要达到下列要求：

（1）了解设备的用途、工作原理、结构特点和技术特性。

（2）了解设备上各零部件之间的装配关系和有关尺寸。

（3）了解设备零部件的材料、结构、形状、规格及作用。

（4）了解设备上的管口数量和方位。

（5）了解设备在制造、检验和安装等方面的技术要求等。

二、阅读化工设备图的方法和步骤

化工设备图的阅读与机械装配图的阅读过程大体相同，下面以图 7-28 为例，进一步说明化工设备图的读图方法和步骤。

（一）概括了解

从标题栏、明细栏、技术特性表等可知，该设备是列管式固定管板换热器，用于使两种不同温度的物料进行热量交换，壳体内径为 800，换热管长度为 3000，换热面积 $F = 107.5 m^2$，绘图比例为 1：10，由 28 种零部件组成，其中有 11 种标准件。

管程内的介质是水，工作压力为 0.45MPa，操作温度为 40℃，壳程内的介质是甲醇，工作压力为 0.5MPa，操作温度为 67℃。换热器共有 6 个接管，其用途、尺寸见管口表。

该设备采用了主视图、A—A 剖视图、4 个局部放大图和 1 个示意图，另外画有件 20 的零件图。

（二）详细分析

（1）视图分析。主视图采用局部剖视，表达了换热器的主要结构，各管口和零部件在轴线方向的位置和装配情况；为省略中间重复结构，主视图还采用了断开画法；管束仅画出了一根，其余均用中心线表示。

各管口的周向方位和换热管的排列方式用 A—A 剖视图表达。

局部放大图Ⅰ、Ⅱ表达管板与有关零件之间的装配连接关系。为了表示出件 12 拉杆的投影，将件 9 定距管采用断裂画法。示意图表达了折流板在设备轴向的排列情况。

（2）装配连接关系分析。简体（件 24）和管板（件 4、件 18），封头和容器法兰（两件组合为管箱件 1、件 21）采用焊接，具体结构见局部放大图Ⅰ；各接管与壳体的连接，补强圈与简体及封头的连接均采用焊接；封头与管板采用法兰连接；法兰与管板之间放有垫片（件 27）形成密封，防止泄漏；换热管（件 15）与管板的连接采用胀接，见局部放大图Ⅳ。

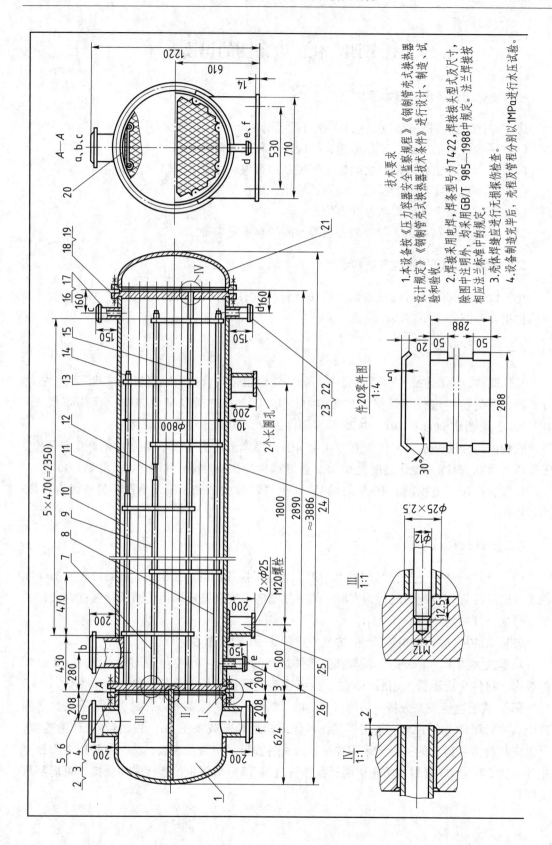

技术要求

1.本设备按《压力容器安全监察规程》《钢制管壳式换热器设计规定》《钢制管壳式换热器技术条件》进行设计、制造、试验和验收。

2.焊接采用电焊,焊条型号为T422,焊条接头型式及尺寸,除图中注明外,均采用GB/T 985—1988中的规定。法兰焊接按相应法兰标准中的规定。

3.壳体焊缝应进行无损探伤检查。

4.设备制造完毕后,壳程及管程分别以1MPa进行水压试验。

件20零件图
1:4

Ⅲ
1:1

Ⅳ
1:1

I
1:1
30°
10
27
28
13
60°
60°
II
1:1
4
12
10
折流板排列水平投影示意图
264
6 256×13(=3328)

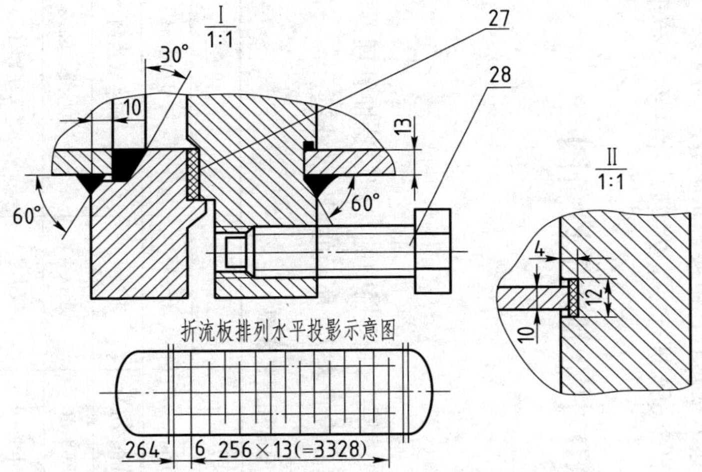

技术特性表

名称	管程	壳程
设计压力/MPa	0.6	0.6
工作压力/MPa	0.45	0.5
设计温度/℃	100	100
操作温度/℃	40	67
物料名称	循环水	甲醇
程数	Ⅱ	Ⅰ
腐蚀裕度/mm	1.5	2
焊缝系数φ	0.85	0.85
容器类别	Ⅰ	
换热面积/m²	107.5	

管　口　表

符号	公称尺寸	连接尺寸，标准	连接面形式	用途或名称
a	200	PN1 DN200JB/T 81	平面	冷却水出口
b	200	PN1 DN200JB/T 81	凹面	甲醇蒸气入口
c	20	PN1 DN20JB/T 81	凹面	放气口
d	70	PN1 DN70JB/T 81	凸面	甲醇物料出口
e	20	PN1 DN20JB/T 81	凸面	排净口
f	200	PN1 DN200JB/T 81	平面	冷却水入口

设备总质量：3540kg

序号	图号或标准号	名称	数量	材料	备注
28	S20—056—3	顶丝M20	8	Q235-A	
27	JB/T 4704	垫片800—0.6	1	耐油橡胶石棉板	
26	JB/T 81	法兰20—10	1	Q235-A	
25	JB/T 4712	鞍座BI 800—F·S	2	Q235-A·F	
24		筒体Φ800	1	16MnR	*l*=2908
23	JB/T 81	法兰70—10	1	Q235-A	
22		接管Φ76×4	1	10	*l*=157
21	JB/T 4737	椭圆封头DN800×10	1	Q235-A	
20	S20—056—1	防冲板	1	Q235-A	
19	JB/T 4704	垫片800—0.6	1	耐油橡胶石棉板	
18	S20—056—2	后管板	1	16MnR	
17	JB/T 81	法兰20—10	1	Q235-A	
16		接管Φ25×3	2	10	*l*=155
15		换热管Φ25×2.5	472	10	*l*=3000
14	GB/T 41	螺母M12	16		
13	S20—056—3	折流板	14	Q235-A	*t*=10
12	S20—056—3	拉杆Φ12	6	10	*l*=2800
11	S20—056—3	拉杆Φ12	2	10	*l*=2320
10		定距管Φ25×2.5	8	10	*l*=930
9		定距管Φ25×2.5	20	10	*l*=460
8		定距管Φ25×2.5	2	10	*l*=856
7		定距管Φ25×2.5	6	10	*l*=386
6	JB/T 81	法兰200—10	1	Q235-A	
5		接管Φ219×6	1	10	*l*=217
4	S20—056—2	前管板	1	16MnR	
3	GB/T 41	螺母M20	48		
2	GB/T 5780	螺栓M20×40	48		
1	S20—056—2	管箱	1		

(设计单位)		比例	材料
		1:10	
制图	固定管板换热器 Φ800×3000	质量	
设计		S20—056—1	
描图			
审核		共3张第1张	

图 7-28　换热器装配图

拉杆（件 12）左端螺纹旋入管板，拉杆上套入定距管用以固定折流板之间的距离，见局部放大图Ⅲ；折流板间距等装配位置的尺寸见折流板排列示意图；管口轴向位置与周向方位可由主视图和 A—A 剖视图读出。

（3）零部件结构形状分析。设备主体由筒体（件 24）、封头（件 1、件 21）组成。筒体内径为 800，壁厚为 10，材料为 16MnR，筒体两端与管板焊接成一体。左右两端封头（件 1、件 21）与设备法兰焊接，通过螺栓与筒体连接。

换热管（件 15）共有 472 根，固定在左、右管板上。筒体内部有弓形折流板（件 13）14 块，折流板间距由定距管（件 9）控制。所有折流板用拉杆（件 11、12）连接，左端固定在管板上（见放大图Ⅲ），右端用螺栓锁紧。折流板的结构形状需阅读折流板零件图。

鞍式支座和管法兰均为标准件，其结构、尺寸需查阅有关标准确定。

管板另有零件图，其他零部件的结构形状读者自行分析。

（4）了解技术要求。从技术要求可知，该设备按《钢制管壳式换热器设计规定》《钢制管壳式换热器技术条件》进行设计、制造、试验和验收，采用电焊，焊条型号为 T422。制造完成后，要进行焊缝无损探伤检查和水压试验。

（三）归纳总结

由上面的分析可知，换热器的主体结构由筒体和封头构成，其内部有 472 根换热管和 14 块折流板。设备工作时，冷却水从接管 f 进入换热管，由接管 a 流出；甲醇蒸气从接管 b 进入壳体，经折流板曲折流动，与管程内的冷却水进行热量交换后，由接管 d 流出。

任务五　在 AutoCAD 中绘制化工设备图

抄画如图 7-29 所示的储罐设备图。

一、设置绘图环境

（1）设置图层及线型。点击功能区或"图层"工具栏中的"图层特性管理器"按钮，打开"图层特性管理器"对话框，创建并设置表 7-4 所示的图层及线型。

表 7-4　化工设备图层和线型

序号	图层名	颜色	线型	线宽	用途
1	粗实线	绿色	Continuous	0.5	可见轮廓线
2	细实线	白色	Continuous	默认	细实线绘制
3	点画线	红色	CENTER	默认	中心线、轴线
4	文字	白色	Continuous	默认	文字标注
5	尺寸	白色	Continuous	默认	标注尺寸、技术要求代号等
6	辅助线	白色	Dot2	默认	作图辅助线
7	剖面线	白色	Continuous	默认	图案填充

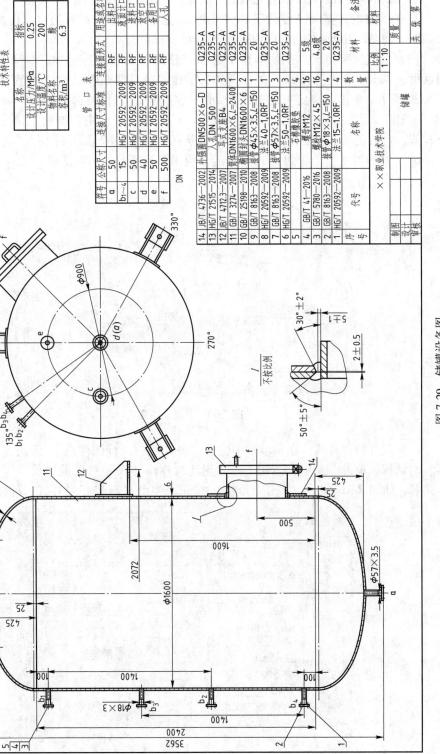

图 7-29　储罐设备图

（2）选择绘图比例及图纸幅面并绘制图框线。

1）根据容器的总高和总宽选择 A2 图纸，选用绘图比例为 1∶10。

2）在菜单栏中选择"绘图"→"矩形"，绘制 A2 图纸的外边框，再选择"修改"→"偏移"，将 A2 图纸的外边框向内偏移 10。

（3）设置文字样式。在菜单栏中选择"格式"→"文字样式"，弹出"文字样式"对话框。单击"新建"按钮，在"新建文字样式"对话框中设置"数字"为样式名，如图 7-30 所示，单击"确定"按钮，返回"文字样式"对话框。选择"isocp.shx"字体，"倾斜角度"设为"15""宽度因子"设为"1"，单击"应用"按钮，建立数字和字母文字样式。再新建汉字文字样式"仿宋体"，选择"仿宋 GB2312"字体，"宽度因子"设为"0.667"，"倾斜角度"设为"0"。单击"应用"按钮，关闭对话框。

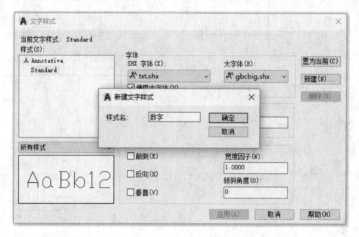

图 7-30　设置文字样式

（4）尺寸标注样式。在菜单栏中选择"格式"→"标注样式"，弹出"标注样式管理器"对话框。单击"新建"按钮，在"创建新标注样式"对话框中设置"标注 1"为新样式名，如图 7-31 所示。单击"继续"按钮，弹出"新建标注样式：标注 1"对话框。

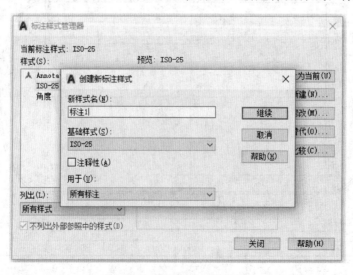

图 7-31　设置尺寸标注样式

根据制图国家标准的有关规定，在"线"选项卡中，将"基线间距"设为"8"；在"符号和箭头"选项卡中，将"箭头大小"设为"3.5"；在"文字"选项卡中，将"文字样式"设为"数字"。

二、布置图面

将"点画线"图层置于当前层，启动直线段和偏移命令，绘制主视图的基本定位线和俯视图的基本中心线。将"细实线"图层置于当前图层，启动矩形命令，绘制标题栏及各种表格的外框线，如图 7-32 所示。

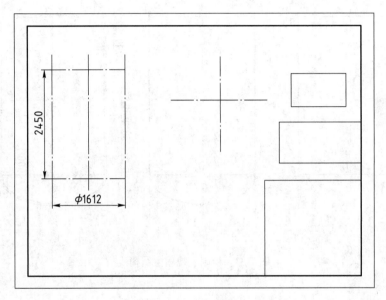

图 7-32　布置图面

三、绘制主体结构

（一）绘制简体主结构线

（1）启动偏移命令，将主视图上、下两条水平细点画线分别向上、向下偏移。

（2）将"粗实线"图层置于当前图层，启动直线段命令，利用对象捕捉功能，从 A 点开始，在已有的定位线上，绘制直线 AB、BC、CD 及 BB₁，如图 7-33（a）所示。

（3）启动镜像命令，以轴线为对称轴，对称复制已画好的简体结构线，如图 7-33（a）所示。

（二）绘制封头主结构线

（1）启动椭圆弧命令，指定椭圆弧的轴端点 B 及轴的另一个端点 E，输入另一条半轴长度"40"，输入指定起始角度"0"和终止角度"180"，绘制上封头。下封头及直边的画法与上封头类似，如图 7-33（b）所示。

（2）启动偏移命令，将画好的筒体和封头主结构线分别向里侧偏移 1.5（全图比例 1∶10，设备厚度采用夸大画法，采用 1∶4 比例，以后的其他接管也采用此比例），如图 7-33（c）所示。

（3）继续使用偏移命令，轴线向两侧偏移 45，并用拉长命令编辑偏移复制后的两条线的接管的定位线，同样方法得到其他结构的定位线，如图 7-33（c）所示。

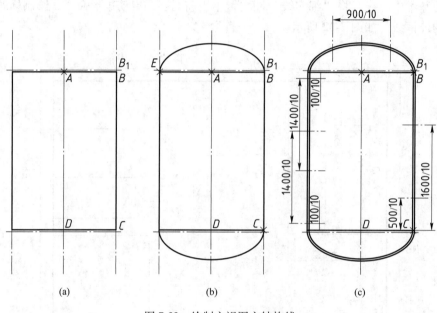

图 7-33　绘制主视图主结构线

（三）绘制所有接管在主视图和俯视图中的结构线

本设备共有各种接管八个，涉及三种公称直径，接管带有管法兰。根据明细栏和管口表及查阅相关的法兰标准，三种接管及法兰的数据见表 7-5。

表 7-5　三种接管及法兰的数据

公称直径	法兰外径 D	螺栓孔中心距 K	法兰厚度 b	接管外径 d	接管内径 d_0	接管厚度 t	长度 L
a、c、e 管：50	140/14	110/11	12/1.2	57/5.7	50/5	3.5/0.8	150/15
d 管：40	120/12	90/9	12/1.2	45/4.5	38/3.8	3.5/0.8	150/15
b 管：15	75/7.5	50/5	10/1.0	18/1.8	12/1.2	3/0.5	150/15

注：表中数据的第一项为实际大小，斜杠后面的数据为在绘图中的数据。

（1）绘制接管定位线：绘制接管的关键在于定位，主视图的定位线已在图 7-33 绘制完毕。将"点画线"图层置于当前图层，启动直线段命令，利用对象捕捉功能和相对极坐标方法（极长可取 100）绘制俯视图的接管定位线，如图 7-34 所示。

（2）绘制主视图上的接管 d：以 A 点为定位点，利用直线段、偏移、样条曲线、修剪、镜像等命令绘制接管局部剖视图，如图 7-35 所示。

（3）其他接管的绘制方法与接管 d 类似。

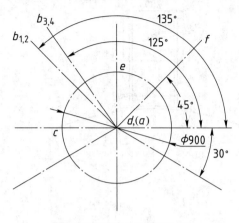

图 7-34　绘制接管定位线

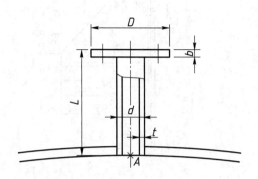

图 7-35　绘制主视图上的接管 d

（四）绘制支座的结构图

查 JB/T 4712.3—2007 获得支座的具体尺寸。

（1）绘制主视图上的支座：以 A 点为定位点，利用直线段、偏移、修等命令，绘制主视图上的支座，如图 7-36（a）所示。

（2）绘制俯视图上的支座：以 B 点为定位点，绘制支座的俯视图。

1）绘制支座的范围定位线。垫板的长度 250 是和筒体外壁紧贴的，为了便于绘制，需算出其圆弧度数值，计算公式如下：

$$圆弧度数 = \frac{250}{806} \times \frac{360}{2\pi} = 17.77$$

将"辅助线"图层置于当前层，用直线段命令绘制直线 l，再用旋转命令将直线 l 旋转 8.89°，得直线 l_1。启动镜像命令对称复制得到直线 l_2。

2）完成一个支座的俯视图。利用直线段、偏移、打断、修剪、镜像、圆等命令绘制支座俯视图，如图 7-36（b）所示。

3）完成三个支座的俯视图。利用阵列命令的环形阵列形式，完成三个支座俯视图。

（五）绘制人孔及补强圈的结构图

查 HG/T 21515—2014 得到人孔及补强圈的具体尺寸。

（1）绘制主视图上的人孔及补强圈：以 A 点为定位点，利用直线段、偏移、修剪等命令，绘制主视图上的人孔及补强圈，如图 7-37（a）所示。

（2）绘制俯视图上的人孔及补强圈：启动复制命令，以 A 点为基点，将主视图上的人孔及补强圈复制到俯视图上的 B 点，再启动旋转命令，将复制后的人孔及补强圈以 B 点为基点逆时针旋转 45°，如图 7-37（b）所示。利用删除、修剪、延伸、圆、直线段等命令，修改并绘制人孔及补强圈的俯视图，如图 7-37（c）所示。

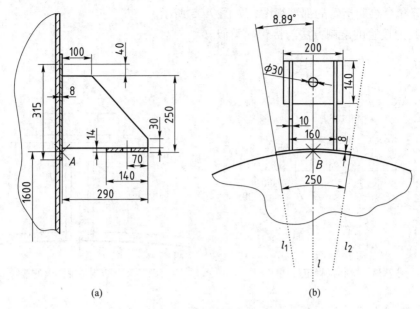

(a)　　　　　　　　　　　　(b)

图 7-36　绘制支座的结构图

（a）主视图；（b）俯视图

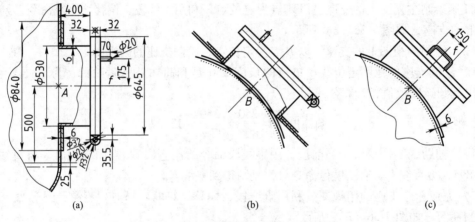

(a)　　　　　　　　　(b)　　　　　　　　　(c)

图 7-37　绘制人孔及补强圈的结构图

（a）主视图；（b）复制、旋转人孔及补强圈；（c）俯视图

四、绘制局部放大图

将俯视图上人孔处的局部复制到俯视图下方，启动缩放命令，将复制后的图形放大 6 倍，再利用直线段、圆弧、修剪等命令编辑并绘制焊缝处的细节，结果如图 7-38 所示。

五、绘制剖面线及焊接缝

将"剖面线"图层置于当前层，启动图案填充命

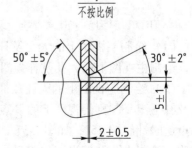

图 7-38　绘制局部放大图

令，填充"ANSI31"剖面线图案，比例为 1，角度分别为 0°和 90°。注意，同一部件的剖面线角度必须保持一致，相邻两部件的剖面线角度应取不同值。

六、标注尺寸及序号

（1）将"尺寸"图层置于当前层，设定尺寸标注"样式 1"的字高为 3.5，箭头大小为 3.5，然后根据设备的实际大小标注尺寸，千万不要根据所画图形大小标注尺寸。

（2）设置"样式 1"的"替代样式"字高为 5，启动快速引线命令，从主视图左下角开始，按顺时针方向，标注零部件序号。

七、注写技术要求，制管口表、标题栏、明细栏、技术特性表等

（1）注写技术要求。将"文字"图层置于当前层，启动多行文字命令，在多行文字编辑器中输入文字，"技术要求"字高设为 5，正文说明字高设为 3.5。

（2）各类表格的编制方法。

1）启动矩形命令，绘制表格外框，并用分解命令将其分解。

2）利用偏移命令偏移表格外框产生内部线条。

3）利用修剪、打断命令生成表格的基本框架。

4）利用"图层"工具栏的"图层控制"下拉列表置换图层，改变线条的线型。

各种表格的样式及尺寸如图 7-39 所示。

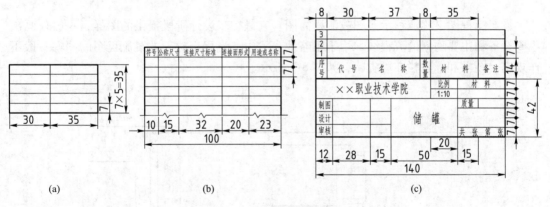

图 7-39　各种表格的格式及尺寸

(a) 技术特性表；(b) 管口表；(c) 标题栏及明细表

（3）填写表格中文字。

1）将"文字"图层置于当前层，用多行文字命令，采用"汉字"样式，字高设为 3.5，填写技术特性表和管口表的文字，其"对齐格式"采用"居中"和"中央对齐"格式。

2）同样用多行文字命令，采用"汉字"样式，字高分别设为 3.5、7、10，填写标题栏，明细栏字高设为 3.5。

项目八　化工工艺图的识读及绘制

表达化工生产过程与联系的图样称为化工工艺图。它是化工工艺人员进行工艺设计的主要内容，也是化工厂进行工艺安装和指导生产的重要技术文件。化工工艺图主要包括工艺流程图、设备布置图和管路布置图，下面分别加以介绍。

任务一　化工工艺流程图

化工工艺流程图是用图示的方法，把化工工艺流程和所需的全部设备、机器、管道、阀门、管件和仪表表示出来，即按照工艺流程的顺序，将生产中采用的设备和管路从左至右展开画在同一平面上，并辅以必要的标注和说明。它主要表示化工生产中由原料转变为成品或半成品的来龙去脉及采用的设备。根据表达内容的详略，化工工艺流程图分为方案流程图和施工流程图。

一、方案流程图

方案流程图又称流程示意图或流程简图。它是初步设计阶段提供的图样，一般仅画出主要设备和主要物料的流程线，用于粗略地表示生产流程。对于方案流程图的图幅一般不作规定，图框和标题栏亦可省略，如图 8-1 所示。

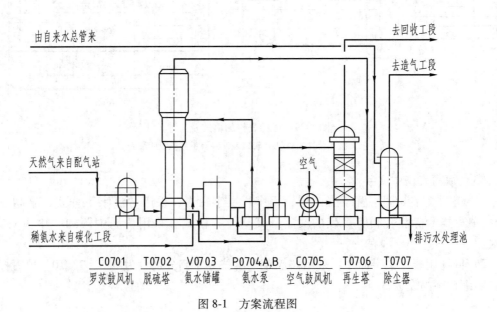

| C0701 | T0702 | V0703 | P0704A,B | C0705 | T0706 | T0707 |
| 罗茨鼓风机 | 脱硫塔 | 氨水储罐 | 氨水泵 | 空气鼓风机 | 再生塔 | 除尘器 |

图 8-1　方案流程图

（一）画法

（1）设备的画法。按工艺流程顺序将设备图形和工艺流程线自左至右展开画在同一平面上，尽量避免流程线过多的往复。用细实线画出设备示意图，一般设备只取相对比例，允许实际尺寸过大的设备比例适当缩小，实际尺寸过小的设备比例可适当放大，可相对示意出各设备位置的高低，设备之间留出绘制流程线的距离，相同的设备可只画一套。常用设备的示意画法可参见附表13。

（2）管道的画法。用粗实线画出主要物料流程线，中实线画出次要物料流程线，辅助物料流程线用细实线，如只有两种可用粗实线和中实线。每根管道都要标物料流向（箭头画在管线上）。管道应尽量水平与垂直画出，避免倾斜画出，管道交叉时以"主不断，辅断""先不断、后断"的原则，将后面的管道断开。

（二）标注

（1）在流程线的起始、终止位置注明物料的名称、来源、去向。

（2）在设备的正上方或正下方标注设备的位号和名称，图形上方或下方的标注自成一行，其标注方法如图8-2所示。设备的位号一般包括：设备分类号、工段号、设备顺序号和相同设备的尾号等，设备的分类代号见表8-1。

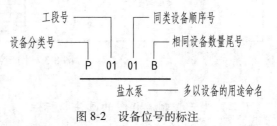

图 8-2　设备位号的标注

表 8-1　设备的分类代号

设备类别	塔	泵	工业炉	换热器	反应器	起重设备	压缩机	火炬烟囱	容器	其他机械	其他设备	计量设备
代号	T	P	F	E	R	L	C	S	V	M	X	W

二、生产控制流程图

生产控制流程图又叫工艺管路及仪表流程图或施工流程图，是在方案流程图的基础上绘制的，内容较为详细的一种工艺流程图。它是设备布置图和管路布置图的设计依据，又是施工安装的依据，同时也是操作运行及检修的指南，如图8-3所示。

（一）生产控制流程图的内容

（1）图形。应画出全部设备的示意图和各种物料的流程线以及阀门、管件、仪表控制点的符号等。

（2）标注。注写设备位号及名称、管段编号、控制点及必要的说明等。

（3）图例。说明阀门、管件、控制点等符号的意义。

（4）标题栏。注写图名、图号及签字等。

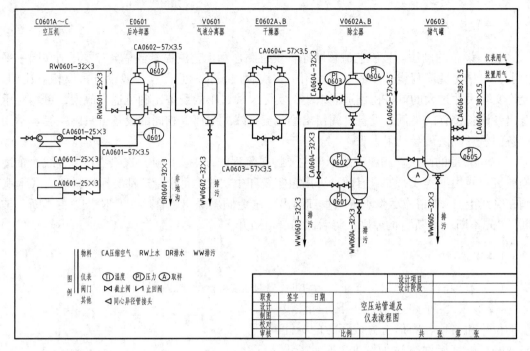

图 8-3　生产控制流程图

（二）生产控制流程图的画法与标注

1. 生产控制流程图的画法

（1）设备和管道的画法。设备和管道的画法与方案流程图中规定相同。

（2）阀门和管件的画法。管道上所有的阀门和管件用细实线按标准规定的图形符号在相应处画出。常用阀门与管件的图示如表 8-2 所示。

表 8-2　常用管件与阀门的图示

名称	符号	名称	符号
截止阀		放空帽（管）	
闸阀		阻火器	
旋塞阀		同心异径管	
球阀		偏心异径管	
减压阀		文氏管	
隔膜阀		疏水器	

（3）仪表控制点的画法。以细实线在相应的管道设备上用符号画出，仪表的图形符号是一个细实线圆圈，直径约为 10mm。图形符号上还可以表示仪表不同的安装位置，如表 8-3 所示。

表 8-3　仪表安装位置图形符号（摘自 HGJ/1987）

序号	安装位置	图形符号	备注	序号	安装位置	图形符号	备注
1	就地安装仪表	○		3	就地仪表盘面安装仪表	⊖	
		（嵌在管道中的符号）	嵌在管道中	4	集中仪表盘面后安装仪	⊜	
2	集中仪表盘面安装仪表	⊖		5	就地仪表盘面后安装仪表	⊜	

2. 生产控制流程图的标注

（1）设备的标注。设备的标注与方案流程图中规定相同。

（2）管道的标注。管道流程线上除应画出介质流向箭头，并用文字标明介质的来源或去向外，还应对每条管道进行标注。水平管道标注在管道的上方，垂直管道则标注在管道的左方（字头向左）。

管道代号一般包括物料代号（各种物料代号见表 8-4）、车间或工段号、管段序号、管径、壁厚等内容。如图 8-4 所示，必要时，还可注明管路压力等级、管路材料、隔热或隔声等代号。物料代号如表 8-4 所示。

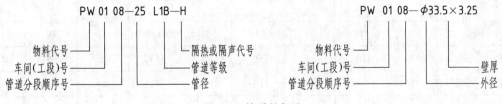

图 8-4　管道的标注

表 8-4　物料代号（摘自 HG 20519.36—1992）

代号	物料名称		代号	物料名称	
AR	空气	Air	LS	低压蒸汽	Low Pressure Steam
AG	气氨	Ammonia Gas	MS	中压蒸汽	Medium Pressure Steam
CSW	化学污水	Chemical Sewage Water	NG	天然气	Natural Gas
BW	锅炉给水	Botler Feed Water	PA	工艺空气	Process Air

代号	物料名称		代号	物料名称	
CWR	循环冷却水回水	Cooling Water Return	PG	工艺气体	Process Gas
CWS	循环冷却水上水	Cooling Water Suck	PL	工艺液体	Process Liguid
CA	压缩空气	Compress Air	PW	工艺水	Process Water
DNW	脱盐水	Demineralized Water	SG	合成气	Synthetic Gas
DR	排液、导淋	Drain	SC	蒸汽冷凝水	Steam Condensate
DW	饮用水	Drinking Water	SW	软水	Soft Water
FV	火炬排放气	Flare	TS	伴热蒸汽	Tracing Steam
FG	燃料气	Fuel Gas	TG	尾气	Tail Gas
IA	仪表空气	Instrument Air	VT	放空气	Vent
IG	惰性气体	Inert Gas	WW	生产废水	Waste Water

3. 仪表控制点的标注

　　每个仪表都应有自己的仪表位号，仪表位号由字母与阿拉伯数字组成：第一位字母表示被测变量，后继字母表示仪表的功能，一般用三位或四位数字表示工段号和仪表序号，如图 8-5 所示。字母代号表示被测变量和仪表功能。字母代号如表 8-5 所示。

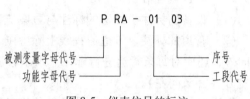

图 8-5　仪表位号的标注

表 8-5　被测变量及仪表功能代号

仪表功能 ＼ 被测变量	温度	温差	压力或真空	压差	流量	流量比率	分析	密度	黏度
指示	TI	TDI	PI	PDI	FI	FFI	AI	DI	VI
指示、控制	TIC	TDIC	PIC	PDIC	FIC	FFIC	AIC	DIC	VIC
指示、报警	TIA	TDIA	PIA	PDIA	FIA	FFIA	AIA	DIA	VIA
指示、开关	TIS	TDIS	PIS	PDIS	FIS	FFIS	AIS	DIS	VIS
记录	TR	TDR	PR	PDR	FR	FFR	AR	DR	VR
记录、控制	TRC	TDRC	PRC	PDRC	FRC	FFRC	ARC	DRC	VRC
记录、报警	TRA	TDRA	PRA	PDRA	FRA	FFRA	ARA	DRA	VRA
记录、开关	TRS	TDRS	PRS	PDRS	FRS	FFRS	ARS	DRS	VRS
控制	TC	TDC	PC	PDC	FC	FFC	AC	DC	VC
控制、变送	TCT	TDCT	PCT	PDCT	FCT	—	ACT	DCT	VCT

在图形符号中，字母填写在圆圈内的上部，数字填写在下部，仪表位号的标注方法如图8-6所示。

三、生产控制流程图的阅读

通过阅读生产控制流程图，要了解和掌握物料的工艺流程，设备的种类、数量、名称和位号，管路的编号和规格，阀门、控制点的功能、类型和控制部位等，以便在管路安装和工艺操作过程中做到心中有数。

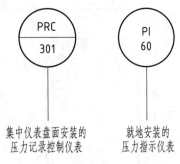

图8-6　仪表位号的标注

现以图8-3为例，介绍阅读生产控制流程图的方法与步骤。

（1）了解设备的数量、名称和位号。从图形上方的设备标注中可知空压站工艺设备有10台，其中动设备3台，即相同型号的3台空气压缩机（C0601A~C）；静设备7台，包括1台后冷却器（E0601）、1台气液分离器（V0601）、2台干燥器（E0602A、B）和1台储气罐（V0603）。

（2）分析主要物料的工艺流程。从空压机出来的压缩空气，经测温点TI0601进入后冷却器。冷却后的压缩空气经测温点TI0602进入气液分离器，除去油和水的压缩空气分两路进入2台干燥器进行干燥，然后分两路经测压点PI0601、PI0603进入两台除尘器。除尘后的压缩空气经取样点进入储气罐后，送去外管路供使用。

（3）分析其他物料的工艺流程。冷却水沿管路RW0601-25×3经截止阀进入后冷却器，与温度较高的压缩空气进行换热后，经管路DR0601-32×3排入地沟。

（4）了解阀门、仪表控制点的情况。从图中可看出，主要有5个止回阀，分别安装在空压机、干燥器的出口处，其他均是截止阀。

仪表控制点有温度显示仪表2个，压力显示仪表5个。这些仪表都是就地安装的。

（5）了解故障处理流程线。空气压缩机有3台，其中1台备用。假若压缩机C0601A出现故障，可先关闭该机的进口阀，再开启备用机C0601B的进口阀并启动。此时压缩空气经C0601B的出口沿管路IA0601-25×3进入后冷却器。

任务二　设备布置图

设计确定的工艺流程图中的全部设备，按生产要求和具体情况，在厂房建筑内外合理布置安装固定，以保证生产顺利进行。表达设备在厂房内外安装位置的图样，称为设备布置图，用于指导设备的安装施工，并且作为管路设计、绘制管路布置图的重要依据。

由于设备布置图主要表达的内容是建（构）筑物与设备，故这里有必要简单介绍厂房建筑图。

一、设备布置图

所谓设备布置图实际是在简化了的厂房建筑图上添加了设备布置的图样。它是指导设备的安装、布置的图样，并作为厂房建筑、管道布置设计的重要依据。如图8-7所示，为空压站岗位的设备布置图。由于设备布置图的表达重点是设备的布置情况，所以用粗实线

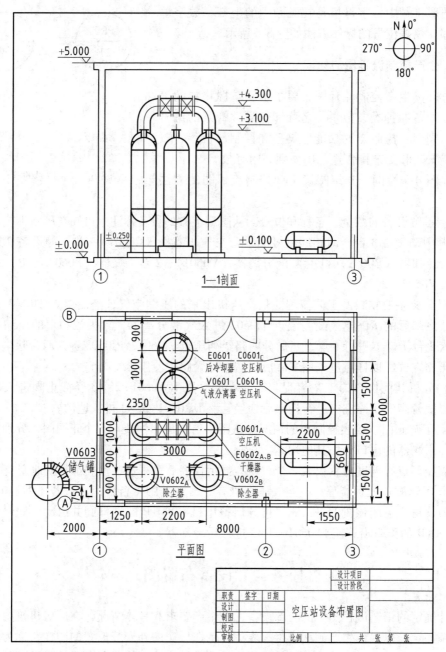

图 8-7　空压站岗位的设备布置图

表示设备，而厂房建筑的所有内容均用细实线表示。

（1）设备布置图的内容。从图 8-7 中可以看出，设备布置图包括以下内容：

1）一组视图：表示厂房建筑的基本结构及设备在其内外的布置情况。

2）尺寸及标注：注写与设备布置有关的尺寸及建筑定位轴线编号，设备的位号及名称等。

3）安装方位标：表示安装方位基准的图标，一般将其画在图样的右上方或平面图的右上方。

4）标题栏：填写图号、比例、设计者等。

（2）设备布置平面图。设备布置平面图用来表示设备在水平面内的布置情况。当厂房为多层建筑时，应按楼层分别绘制平面图。设备布置平面图通常要表达出如下内容：

1）厂房建筑构筑物的具体方位、占地大小、内部分隔情况以及与设备安装定位有关的厂房建筑结构形状和相对位置尺寸。

2）厂房建筑的定位轴线编号和尺寸。

3）画出所有设备的水平投影或示意图，反映设备在厂房建筑内外的布置位置，并标注出位号和名称。

4）各设备的定位尺寸以及设备基础的定形和定位尺寸。

（3）设备布置剖视图。设备布置剖面图是在厂房建筑的适当位置纵向剖切绘出的剖视图，用来表达设备沿高度方向的布置安装情况。剖视图一般反映如下的内容：

1）厂房建筑高度方向上的结构，如楼层分隔情况、楼板的厚度及开孔等，以及设备基础的立面形状（注出定位轴线尺寸和标高）。

2）画出有关设备的立面投影或示意图反映其高度方向上的安装情况。

3）厂房建筑各楼层、设备和设备基础的标高。

（4）设备布置图阅读。通过对设备布置图的阅读，主要了解设备与建筑物、设备与设备之间的相对位置。

图 8-7 所示为空压站岗位的设备布置图，包括设备布置平面图和 1—1 剖视图。从设备布置平面图可知，本系统的 3 台压缩机 C0601$_A$、C0601$_B$、C0601$_C$ 布置在距③轴 1550mm，距Ⓐ轴分别为 1500mm、3000mm、4500mm 的位置处；1 台后冷却器 E0601 布置在距Ⓑ轴 900mm，距①轴为 2350 的位置处；1 台气液分离器 V0601 布置在距Ⓑ轴 1900mm，距①轴为 2350mm 的位置处；2 台干燥器 E0602$_A$、E0602$_B$ 布置在距Ⓐ轴 1800mm，距①轴分别为 1250mm、3450mm 的位置处；2 台除尘器 V0602$_A$、V0602$_B$ 布置在距Ⓐ轴 900mm，距①轴分别为 1250mm、3450mm 的位置处；1 台储气罐 V0603 布置在室外，距Ⓐ轴为 750mm，距①轴为 2000mm 的位置处。在 1—1 剖面图中，反映了设备的立面布置情况，如后冷却器 E0601、气液分离器 V0601 布置在标高 +0.250m 的基础平面上；压缩机 C0601、干燥器 E0602 以及除尘器 V0602 布置在标高 +0.100 的平面上。

二、管口方位图

管口方位图是制造设备时确定管口方位、管口与支座及地脚螺栓等相对位置的图样，也是安装设备时确定安装方位的依据。

管口方位图中用粗实线画出设备轮廓、管口及地脚螺栓孔，用点画线画出各管口的中心位置，图上标出管口及有关零部件的方位角度，注明各管口的符号，用小写拉丁字母顺序编写，在标题栏的上方列出管口表，如图 8-8 所示。管口方位图上应画出与设备布置图上相一致的方向标。

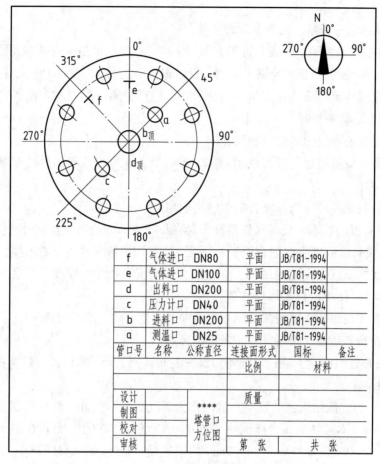

f	气体进口	DN80	平面	JB/T81-1994	
e	气体进口	DN100	平面	JB/T81-1994	
d	出料口	DN200	平面	JB/T81-1994	
c	压力计口	DN40	平面	JB/T81-1994	
b	进料口	DN200	平面	JB/T81-1994	
a	测温口	DN25	平面	JB/T81-1994	
管口号	名称	公称直径	连接面形式	国标	备注

图 8-8　管口方位图

任务三　管路布置图

一、管路布置图的内容

图 8-9 所示为××管段管路布置图，从中看出，管路布置图一般包括以下内容。

（1）一组视图。按正投影原理，画出平面图、剖面图、以表达车间的建筑物、设备简单轮廓和管道、管件、阀门、仪表控制点等的布置情况。

（2）尺寸标注。标注出管道及某些管件、阀门、控制点等的平面位置尺寸和标高，标注建筑轴线编号，设备位号，管道编号，仪表控制点代号等。

（3）方位标。表示管路安装的方位基准。

（4）标题栏。注写图名、比例、图号、责任者签字等。

二、管路的表示方法

（1）管路的规定画法。管路一般以粗实线表示，在管道的断裂处画上断裂符号。为了

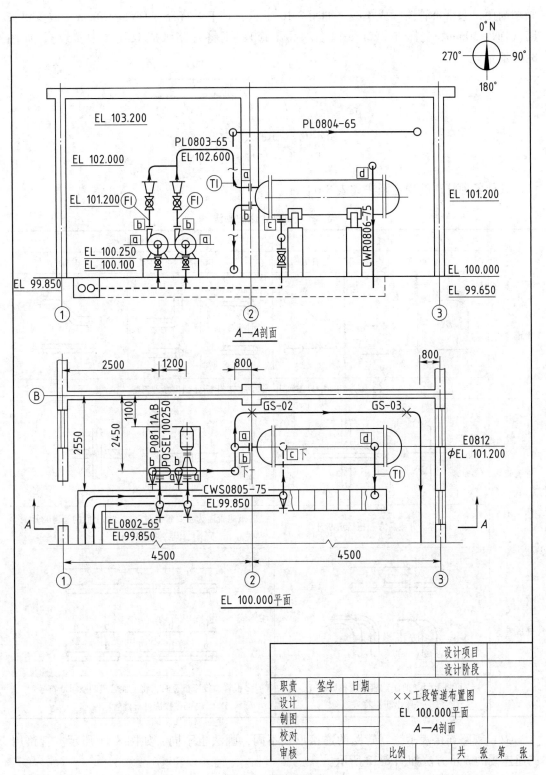

图 8-9 管路布置图

画图简便，通常将管路画成单线，如图 8-10 所示。对于大直径（DN≥250mm）或重要管路（DN≥50mm，受压在 12MPa 以上的高压管），则将管路画成双线（中实线），如图 8-10 所示。

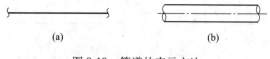

（a）　　　　　　　　　　　　　　　　（b）

图 8-10　管道的表示方法

（a）单线；（b）双线

其他各种管道的规定画法如表 8-6 所示。

表 8-6　各种管道的画法

名称	单线图		双线图	
	90°角	大于 90°角	90°角	大于 90°角
管道弯折 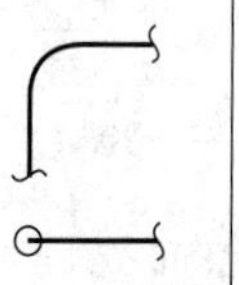 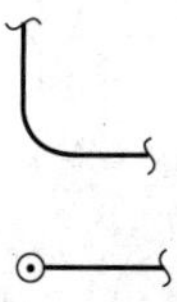 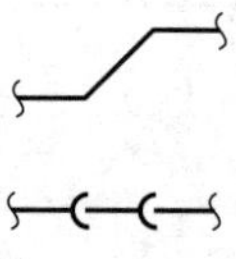 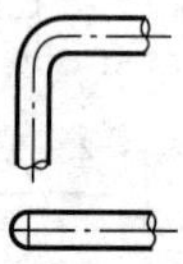 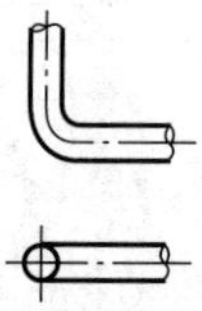 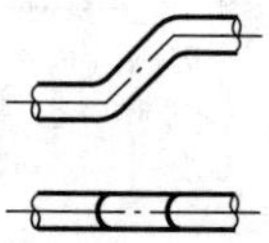				
	管子在图中只需画出一段时，在中断处画出断裂符号			
管道交叉 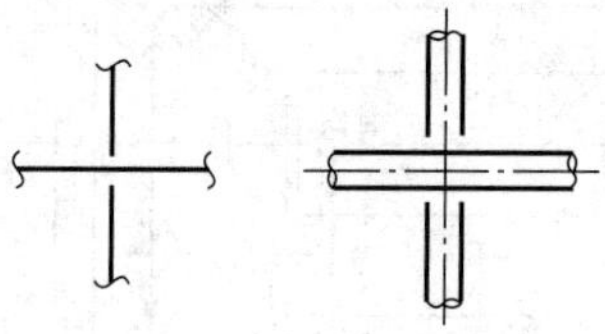 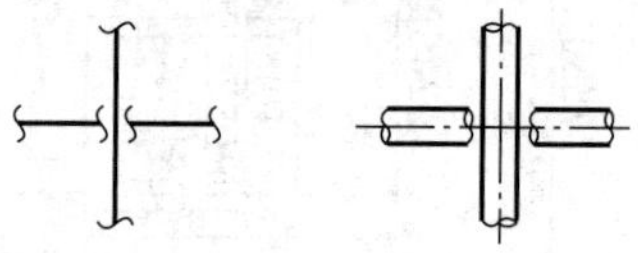				
	可将下方或后方一根管道断开		若被遮管道为主要管道时，也可将上面的管道断开，但必须画断裂符号	
管道重叠 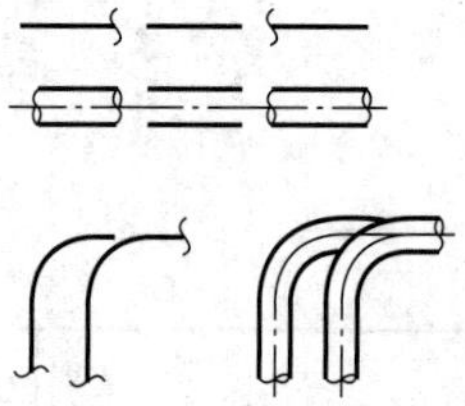 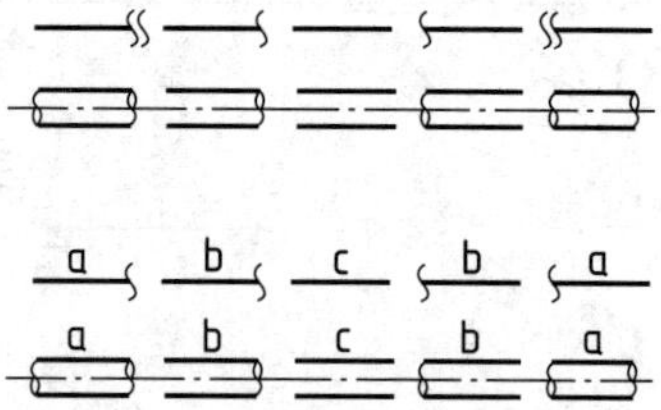				
	可将上面（前面）管道的投影断开，画出断裂符号		多根管道投影重叠时，将上面管道画双重断符号，也可在投影处标注管段编号	

（2）管路连接表示法。管路的连接形式不同，画法也不同，如图 8-11 所示。管路用三通连接的表示方法如图 8-12 所示。

（3）管件。管路中除管子外还有许多其他管件，如弯头、三通等，管件一般不画出真实投影，而用简单的图形符号表示，如图 8-13 所示。

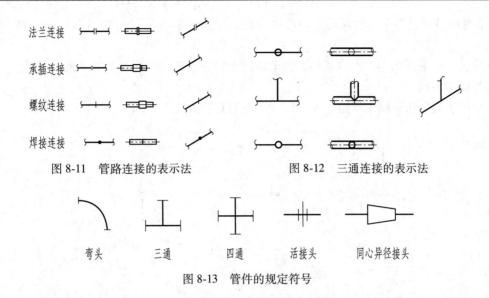

图 8-11　管路连接的表示法　　　　图 8-12　三通连接的表示法

图 8-13　管件的规定符号

（4）控制点、阀门。阀门、仪表、控制点一般用细实线画出，画法与工艺流程图中一致。但一般在阀门符号上表示出控制方式，如图 8-14（a）所示。图 8-14（b）所示为阀门的安装方位不同时的画法。阀门与管路的连接方式如图 8-14（c）所示。

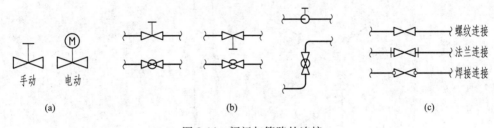

图 8-14　阀门与管路的连接

（5）管架。管架是用来支承和固定管道的。管架用符号在管路布置图中表示，并在其旁标注管架的编号，如图 8-15（a）所示，管架编号由五部分组成，如图 8-15（b）所示。

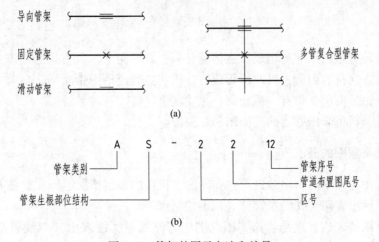

图 8-15　管架的图示方法和编号

【例8-1】 已知一段管路的平面图和立面图，如图8-16所示，试画出 A—A、B—B 剖面图。

分析：由平面图和立面图可知，管道空间走向为自上向下再拐向左，然后向后，又向右拐最后向下拐。

根据上述分析可画出管道的 A—A、B—B 剖面图。

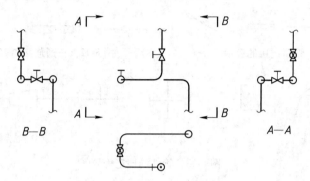

图8-16　由平、立面图绘制剖面图

【例8-2】 已知一段管路的轴测图，如图8-17所示，试画出其平面图和立面图。

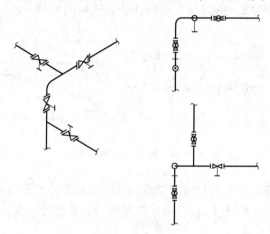

图8-17　由轴测图绘制平、立面图

分析：这段管道由三部分组成，主体部分为：自下向上，向右拐弯，该主管上有两个截止阀，手轮方向都为向前；另两段管道，一段在主管道后面带阀门，自前向后，一段在主管道前方，由后向前，带有一截止阀，手轮向上。

根据上述分析可画出管道的平面图和立面图。

三、管路布置图的画法

管路布置图应表示出厂房建筑的主要轮廓和设备的布置情况，即在设备布置图的基础上再清楚地表示出管路、阀门及管件、仪表控制点等。

管路布置图的表达重点是管路，因此图中管路用粗实线表示（双线管路用中实线表示），而厂房建筑、设备的轮廓一律用细实线表示，管路上的阀门、管件、控制点等符号用细实线表示。

管路布置图的一组视图以管路布置平面图为主。平面图的配置一般应与设备布置图中的平面图一致，即按建筑标高平面分层绘制。各层管路布置平面图将厂房建筑剖开，而将楼板以下的设备、管路等全部画出，不受剖切位置的影响。当某一层管路上、下重叠过多，布置比较复杂时，也可再分层分别绘制。

在平面图的基础上，选择恰当的剖切位置画出剖面图，以表达管路的立面布置情况和标高。必要时还可选择立面图、向视图或局部视图对管路布置情况进一步补充表达。为使表达简单且突出重点，常采用局部的剖面图或立面图。管路布置图的绘图步骤如下：

（1）确定表达方案。管路布置图可以车间（装置）或工段为单元进行绘制。一般只绘平面图，多层建筑按楼层绘制管路布置图。平面图要求将楼板以下与管路布置安装有关的建筑物、设备、管道全部画出。平面图上不能表达清楚的部分，可按需要采用剖面图或绘轴测图。

（2）选比例、定图幅、合理布图。表达方案确定之后，根据尺寸大小及管路布置的复杂程度，选择恰当的比例和图幅，合理布置视图。

（3）绘制视图。

1）用细实线按比例，根据设备布置图画出墙、柱、楼板等建筑物。

2）用细实线按比例及设备布置图所确定的位置，画出带管口设备的简单外形轮廓和基础、平台、梯子等。动设备可只画基础、驱动机位置及特征管口。

3）根据管道的图示方法按流程顺序、管道布置原则画出全部工艺物料管道（粗实线）、辅助物料管道（中实线），管道通径 $DN \leqslant 50mm$ 或 2 英寸（50.8mm）的弯头，用直角表示。

4）用细实线按规定符号画出管道上的管件、阀门、仪表控制点等。控制点的符号与工艺管道及仪表流程图相同。几套设备和管道布置完全相同时，允许只画一套设备的管道。

当厂房为多层建筑时，则按楼层和标高分别绘制各层平面图，在图形下方注明标高，如 EL105.00 平面，如图形较大而图幅有限时，管道布置情况可分区绘制，图中要画出全部容器、换热器等设备和基础支架，画出设备上连接管口的位置，对于定型设备，外形可画得更简单。

管路布置剖面图：当在平面图上不能表达清楚高度方向的管路布置情况时，绘制管路布置剖面图，剖面图下方用"X—X 剖面"表示，并在平面图上标注剖切位置，管路布置剖面图可与管路布置平面图画在同一张图纸上，或绘在单独的图纸上。

（4）标注。

1）建筑物。作为管路定位的定位基准，必须标出建筑定位轴线的编号及间距尺寸，注出地面、楼板、平台及构筑物的标高。

2）设备。设备中心线上方标注与流程图一致的设备位号，下方标注支承点的标高（如 POS EL100.500）或中轴中心高（如 EL100.900）。剖面图上设备的位号注在设备近侧或设备内，按设备布置图标注设备的定位尺寸，以及设备的管口符号。

3）管道。管道上方要标注与流程图一致的管道编号，下方标注管道标高，管道布置图以平面图为主，标出所有管道的定位尺寸及标高，管道的标高以中心线为基准时，标注

EL+104.000，以管底为基准标注时，标注 BOP EL+104.000。在管道的适当位置画箭头表示物料的流向，管道的定位尺寸以建筑定位轴线、设备中心线，设备管口法兰为基准进行标注。

4）标注管架的编号、定位尺寸、标高。管道上的管道附件一般不标注尺寸，对有特殊要求的管件，应标注出某些要求与说明。此外，在剖面图上除标出管道等标高外，还需标出竖管上阀门的标高。

（5）绘方向标、填写标题栏。

四、管路布置图的阅读

阅读管路布置图，应了解和掌握以下内容：

（1）平面图、剖面图的数量及配置情况。

（2）厂房建筑物的大小、布置、各楼面平台的标高。

（3）设备的数量、位号、名称及定位情况。

（4）管路内的介质、管路的空间走向、规格、布置、定位尺寸、标高。

（5）管件、管架、阀门、控制点的数量、位置和标注方法。

管路布置图是在设备布置图的基础上增加了管路布置的图样，因此读图前，应通过工艺管路及仪表流程图（PID图）和设备布置图了解生产工艺过程及设备配置情况，读图时以平面布置图为主，配以剖面图，逐一搞清管路的空间走向。

下面以图8-9为例，说明读管路布置图的步骤。

（1）概括了解。图中包括 EL100.00 平面图和 A—A 剖面图，剖面图与平面图按投影关系配置。

（2）详细分析。

1）了解厂房及设备布置情况。图中厂房横向定位轴线①、②、③，其间距为4.5m，纵向定位轴线为Ⓑ，离心泵基础标高 EL100.250m，冷却器中心线标高 EL101.200m。

2）分析管路走向。图中离心泵有进出两部分管路，一段是从地沟中出来的原料管道，编号为 PL0802-65，分别进入两台离心泵；另一段从泵出口出来后汇集在一起，经过编号为 PL0803-65 的管道，从冷凝器左端下部进入管程，由左上部出来后，向上在标高为 EL103.200m 处向后拐，再向右至冷凝器右上方，最后向前离去。编号为 CWS0805-75 的循环上水管道从地沟向上出来，再向后、向上进入冷凝器底部入口。编号为 CWR0806-75 的循环回水管道，从冷凝器上部出来向前，再向下进入地沟。

3）了解管路上的阀门、管件、管架安装情况。两台离心泵的入口和出口，分别安装有四个阀门，在泵出口阀门后的管道上，还有同心异径管接头。在冷凝器上水入口处，装有一个阀门。在冷凝器物料出口编号为 PL0804-65 的管道两端，有编号为 GS-02、GS-03 的通用型托架。

4）了解仪表、取样口、分析点的安装情况。在离心泵出口处，装有流量指示仪表。在冷凝器物料出口及循环回水出口处，分别装有温度指示仪表。

（3）归纳总结。对所有管路分析完毕后，再综合地全面了解管道及附件的安装布置情况，检查有无错漏之处。

任务四 在 AutoCAD 中绘制化工工艺流程图

抄画如图 8-18 所示脱硫系统工艺流程图。

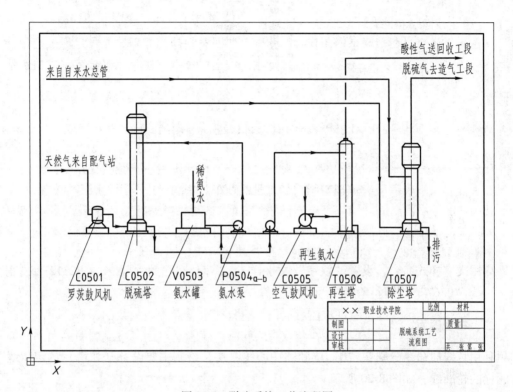

图 8-18 脱硫系统工艺流程图

一、设置绘图环境

（一）设置图层及线型

点击功能区或"图层"工具栏中的"图层特性管理器"按钮，打开"图层特性管理器"对话框，创建并设置如图 8-19 所示的图层及线型，其中"辅助物料管道"层的线宽为 0.30，"粗实线"层的线宽为 0.50，"物料管道"层的线宽为 0.40，其余图层的线宽为默认值。

（二）选择图纸幅面并绘制图框线

（1）化工工艺流程图一般采用 A1 或 A2 图纸，本任务采用 A2 图纸。

（2）将"0"图层置为当前层，利用矩形命令，绘制 A2 图纸的外边框，再用偏移命令将 A2 图纸的外边框向内偏移 10 得到内框线，最后将内框线置换到"粗实线"图层。

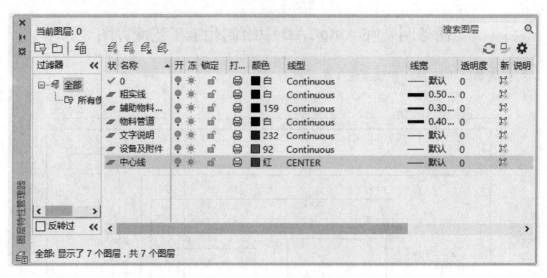

图 8-19　化工工艺图的图层和线型

（三）设置文字样式

启用文字样式命令，设置"汉字"文字样式，"字体名"为"仿宋_GB2312"，"宽度因子"为"0.67"，"倾斜角度"为"0"。

二、布置图面

利用直线段命令分别在"0"层和"中心线"层，绘制主要设备（如塔）的定位线及标题栏的轮廓线，如图 8-20 所示。

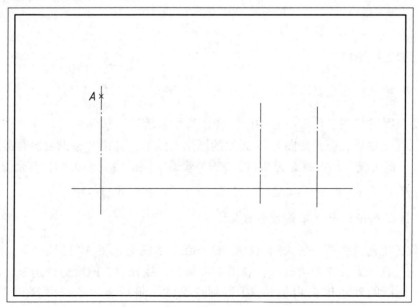

图 8-20　布置图面

三、绘制主要设备的示意图

将"设备及附件"图层置为当前层,利用直线段、镜像、修剪、椭圆弧、延伸、复制、拉长等命,令从左向右,按流程顺序画出反应设备大致轮廓的示意图,一般不按比例,注意保持设备相对大小及位置高低关系。

下面以脱硫塔为例介绍设备示意图的画法,如图 8-21 所示。

(1) 启动直线段命令,由 A 点开始,利用捕捉功能(可将捕捉间距设为 2)画折线 AB,如图 8-21(a)所示。

(2) 启动对象捕捉功能,利用直线段命令,分别由 AB 折线的每个折点开始向轴线作垂线,如图 8-21(b)所示。

(3) 利用镜像命令,以轴线为镜像线,镜像复制所画图形,如图 8-21(c)所示。

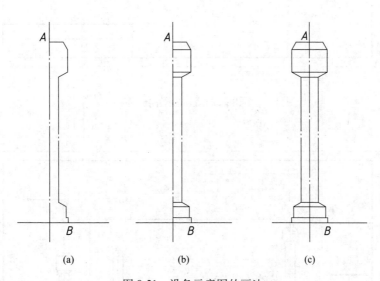

(a)　　　　　　　(b)　　　　　　　(c)

图 8-21　设备示意图的画法

以此类推,画其他设备的示意图,如图 8-22 所示。

四、绘制主要物料管道流程线

将"物料管道"图层置为当前层,启用直线命令,利用正交功能,绘制主要物料管道流程线,如图 8-23 所示。

五、绘制辅助物料管道流程线

将"辅助物料管道"图层置为当前层,启用直线命令,利用正交功能,绘制辅助物料管道流程线,如图 8-24 所示。

六、绘制并复制流向箭头

(1) 绘制箭头。启用多段线命令,指定起点线宽为"3",端点宽度为"0",长度为"7",在图纸空白位置,绘制箭头,用复制命令将绘制的箭头复制三个,再利用旋转功能

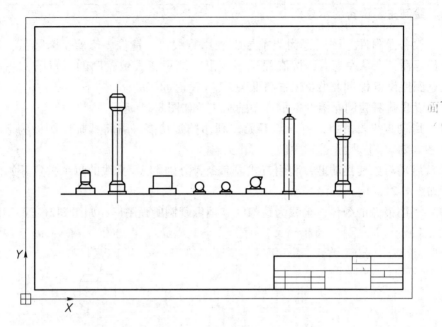

图 8-22　设备示意图

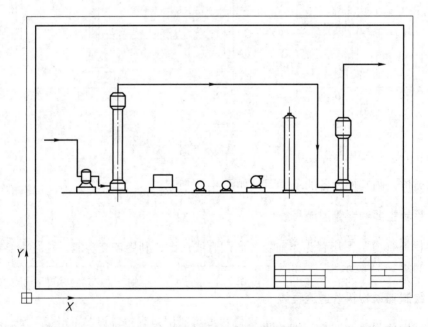

图 8-23　绘制主要物料管道流线图

使箭头旋转，四个箭头分别呈四个方向，如图 8-25 所示。

（2）复制箭头。

1）启用复制命令，根据流程线的走向，分别将不同方向的箭头复制到辅助物料管道流程线上（箭头在"辅助物料管道"层上绘制）。同一方向的箭头可连续复制，这样可加

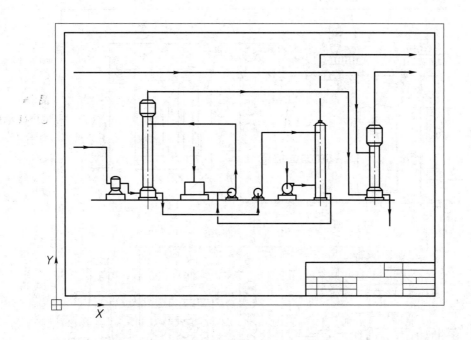

图 8-24　绘制辅助物料管道流线图

快绘图速度。

2）将四个方向的箭头置换到"物料管道"层，用同样的方法，将箭头复制到主要物料管道流程线上。

七、文本标注

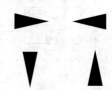

图 8-25　绘制箭头

将"文字说明"图层置为当前层，标注文本。

（1）设备位号和名称标注。

1）启用快速引线命令。在"引线设置"对话框的"引线和箭头"选项卡中，设置"点数"为"3"，"角度约束"中"第一段"为"任意角度"，第二段为"水平"；在"附着"选项卡中，选中"最后一行加下划线"复选项，标注设备位号。

2）启动多行文字命令，选用"汉字"样式，字高设为"6"，在设备位号下划线下面注写设备名称。

（2）流程线上方文字说明的标注。启动多行文字命令，选用"汉字"样式，字高设为"6"，在流程线上方注写文字说明。

（3）标注标题栏。操作步骤略。

 习题

抄画图 8-26 所示的烟气处理流程图。

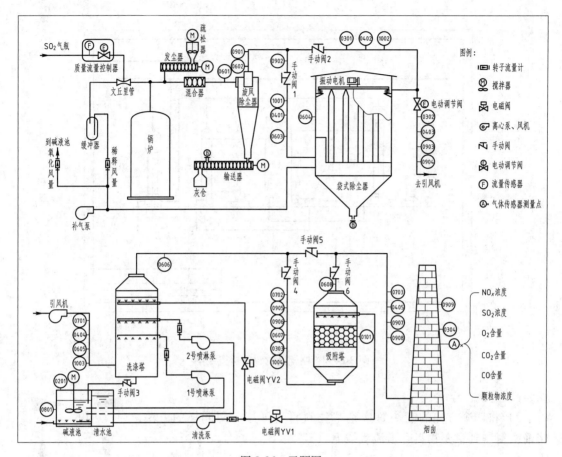

图 8-26　习题图

附　　　录

附录一　标准件及常用件

附表 1　普通螺纹牙型、直径与螺距（摘自 GB/T 192—2003、GB/T 193—2003）（mm）

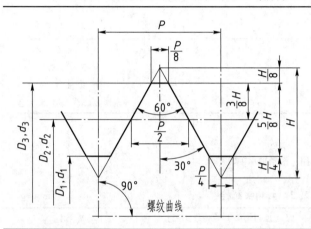

D_3—内螺纹基本大径（公称直径）；

d_3—外螺纹基本大径（公称直径）；

D_2—螺纹基本中径；

d_2—外螺纹基本中径；

D_1—内螺纹基本小径；

d_1—外螺纹基本小径；

P—螺距；

H—原始三角形高度

标记示例：

M10（粗牙普通外螺纹、公称直径 $d=10$、中径及大径公差带均为 6g、中等旋合长度、右旋）；

M10×1-LH（细牙普通内螺纹、公称直径 $D=10$、螺距 $P=1$、中径及大径公差带均为 6H、中等旋合长度、左旋）

公称直径 D、d			螺距 P	
第一系列	第二系列	第三系列	粗牙	细牙
4	3.5		0.7	0.5
5		5.5	0.8	0.5
6			1	0.75
8	7	9	1	0.75
			1.25	1、0.75
			1.25	1、0.75
10		11	1.5	1.25、1、0.75
12			1.5	1.5、1、0.75
			1.75	1.25、1
16	14	15	2	1.5、1.25、1
			2	1.5、1
				1.5、1
20	18	17	2.5	1.5、1
			2.5	2、1.5、1
				2、1.5、1

公称直径 D、d			螺距 P	
第一系列	第二系列	第三系列	粗牙	细牙
24	22	25	2.5 3	2、1.5、1
	27	26 28	3	1.5 2、1.5、1 2、1.5、1
30	33	32	3.5 3.5	(3)、2、1.5、1 2、1.5 (3)、2、1.5
36	39	35 38	4	1.5 3、2、1.5 1.5 3、2、1.5

注：1. 螺纹公称直径应优先选用第一系列。

2. 括号内的尺寸尽量不用。

3. M14×1.25 仅用于火花塞；M35×1.5 仅用于滚动轴承锁紧螺母。

附表 2　六角头螺栓　　　　　　　　　　　　　　　（mm）

六角头螺栓——C 级（摘自 GB/T 5780—2016）

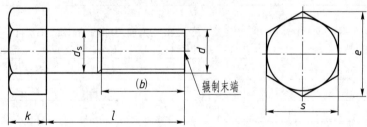

标记示例：

螺栓 GB/T 5780　M20×100

（螺纹规格 d=M12、公称长度 l=100 右旋、性能等级为 4.8 级、不经表面处理、杆身半螺纹、C 级的六角头螺栓）

六角头螺栓——全螺纹——C 级（摘自 GB/T 5781—2016）

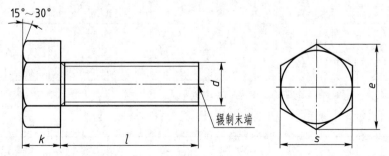

标记示例：

螺栓 GB/T 5781 M12×80

（螺纹规格 d=M12、公称长度 l=80 右旋、性能等级为 4.8 级、不经表面处理、全螺纹、C 级的六角头螺栓）

续附表2

螺纹规格 d		M5	M6	M8	M10	M12	M16	M20	M24	M30	M36	M42	M48
$b_{参考}$	$l \leqslant 125$	16	18	22	26	30	38	40	54	66	78	—	—
	$125 < l \leqslant 200$	—	—	28	32	36	44	52	60	72	84	96	108
	$l > 200$						57	65	73	85	97	109	121
$k_{公称}$		3.5	4.0	5.3	6.4	7.5	10	12.5	15	18.7	22.5	26	30
s_{max}		8	10	13	16	18	24	30	36	46	55	65	75
e_{max}		8.63	10.9	14.2	17.6	19.9	26.2	33.0	39.6	50.9	60.9	72.0	82.6
d_{smax}		5.48	6.48	8.58	10.6	12.7	16.7	20.8	24.8	30.8	37.0	45.0	49.0
$l_{范围}$	GB/T 5780—2000	25~50	30~60	35~80	40~100	45~120	55~160	65~200	80~240	90~300	110~300	160~420	180~480
	GB/T 5781—2000	10~40	12~50	16~65	20~80	25~100	30~100	40~100	50~100	60~100	70~100	80~420	90~480
$l_{系列}$		10、12、16、20~50（5进位）、(55)、60 (65)、70~160（10进位）、180、220~500（20进位）											

注：1. 括号内的规格尽可能不用。末端按 GB/T 2—2016 规定。

2. 螺纹公差：8g（GB/T 5780—2016）；6g（GB/T 5781—2016）；机械性能等级：4.6、4.8；产品等级：C。

附表3 双头螺柱（GB/T 897~900—1988） (mm)

$b_m = 1d$（GB/T 897—1988）；$b_m = 1.25d$（GB/T 898—1988）；$b_m = 1.5d$（GB/T 899—1988）；$b_m = 2d$（GB/T 900—1988）

$D_{smax} = d$ $d_s \approx$ 螺纹中径

标记示例：螺柱 GB/T 900 M10×50（两端均为粗牙普通螺纹、$d=10$、$l=50$、性能等级为 4.8 级、不经表面处理、B 型、$b_m = 2d$ 的双头螺柱）

螺柱 GB/T 900 AM10-10×1×50（旋入机体一端为粗牙普通螺纹、旋螺母端为螺距 $p=1$ 的细牙普通、$d=10$、$l=50$、性能等级为 4.8 级、不经表面处理、A 型、$b_m = 2d$ 的双头螺柱）

螺纹规格（d）	b_m（旋入机体端长度）				l/b（螺柱长度/旋入螺母端长度）	
	GB/T 897	GB/T 898	GB/T 899	GB/T 900		
M4	—	—	6	8	$\dfrac{16 \sim 22}{8}$	$\dfrac{25 \sim 40}{14}$
M5	5	6	8	10	$\dfrac{16 \sim 22}{8}$	$\dfrac{25 \sim 50}{16}$

螺纹规格(d)	b_m（旋入机体端长度）				l/b（螺柱长度/旋入螺母端长度）				
	GB/T 897	GB/T 898	GB/T 899	GB/T 900					
M6	6	8	10	12	$\dfrac{20\sim22}{10}$	$\dfrac{25\sim30}{14}$	$\dfrac{32\sim75}{18}$		
M8	8	10	12	16	$\dfrac{20\sim22}{12}$	$\dfrac{25\sim30}{16}$	$\dfrac{32\sim90}{22}$		
M10	10	12	15	20	$\dfrac{25\sim28}{14}$	$\dfrac{30\sim38}{16}$	$\dfrac{40\sim120}{26}$	$\dfrac{130\sim180}{32}$	
M12	12	15	18	24	$\dfrac{25\sim30}{14}$	$\dfrac{32\sim40}{26}$	$\dfrac{45\sim120}{26}$	$\dfrac{130\sim180}{32}$	
M16	16	20	24	32	$\dfrac{30\sim38}{16}$	$\dfrac{40\sim55}{20}$	$\dfrac{60\sim120}{30}$	$\dfrac{130\sim200}{36}$	
M20	20	25	30	40	$\dfrac{35\sim40}{20}$	$\dfrac{45\sim65}{30}$	$\dfrac{70\sim120}{38}$	$\dfrac{130\sim200}{44}$	
(M24)	24	30	36	48	$\dfrac{45\sim50}{25}$	$\dfrac{55\sim75}{35}$	$\dfrac{80\sim120}{46}$	$\dfrac{130\sim200}{52}$	
(M30)	30	38	45	60	$\dfrac{60\sim65}{40}$	$\dfrac{70\sim90}{50}$	$\dfrac{95\sim120}{66}$	$\dfrac{130\sim200}{72}$	$\dfrac{210\sim250}{85}$
M36	36	45	54	72	$\dfrac{65\sim75}{45}$	$\dfrac{80\sim110}{60}$	$\dfrac{120}{78}$	$\dfrac{130\sim200}{84}$	$\dfrac{210\sim300}{97}$
M42	42	52	63	84	$\dfrac{70\sim80}{50}$	$\dfrac{85\sim110}{70}$	$\dfrac{120}{90}$	$\dfrac{130\sim200}{96}$	$\dfrac{210\sim300}{109}$
M48	48	60	72	96	$\dfrac{80\sim90}{60}$	$\dfrac{95\sim110}{80}$	$\dfrac{120}{102}$	$\dfrac{130\sim200}{108}$	$\dfrac{210\sim300}{121}$
L系列	12、(14)、16、(18)、20、(22)、25、(28)、30、(32)、35、(38)、40、45、50、55、60、(65)、70、75、80、(85)、90、(95)、100～260(10 进位)、280、300								

注：1. 尽可能不采用括号内的规格。末端按 GB/T 2—2016 规定。

2. $b_m=1d$，一般用于钢对钢；$b_m=(1.25\sim1.50)d$，一般用于钢对铸铁；$b_m=2d$，一般用于钢对铝合金。

附表 4　平垫圈　　　　　　　　　　　　　　　　　（mm）

平垫圈—A 级（GB/T 97.1—2002）　　　　平垫圈　倒角型—A 级（GB/T 97.2—2002）

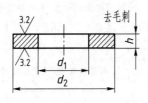
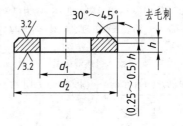

标记示例

标准系列、公称尺寸 $d=80\text{mm}$、性能等级为 140HV 级、不经表面处理的平垫圈：

垫圈　GB/T 97.18—140HV

公称尺寸 （螺纹规格）d	3	4	5	6	8	10	12	14	16	20	24	30	36
内径 d_1	3.2	4.3	5.3	6.4	8.4	10.5	13	15	17	21	25	31	37
外径 d_2	7	9	10	12	16	20	24	28	30	37	44	56	66
厚度 h	0.5	0.8	1	1.6	1.6	2	2.5	2.5	3	3	4	4	5

附表 5　滚 动 轴 承（摘自 GB/T 272—2017）　　　　　　　（mm）

深沟球轴承
（摘自 GB/T 276—2013）

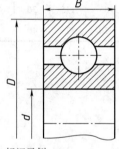

标记示例：
深沟球轴承 6212 GB/T 276

圆锥滚子轴承
（摘自 GB/T 297—2015）

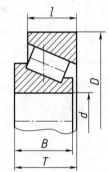

标记示例：
滚动轴承 30212 GB/T 297

推力球轴承
（摘自 GB/T 301—2015）

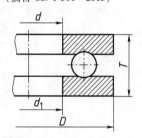

标记示例：
滚动轴承 51305 GB/T 301

轴承 型号	尺寸/mm			轴承 型号	尺寸/mm					轴承 型号	尺寸/mm			
	d	D	B		d	D	B	l	T		d	D	T	d_1
尺寸系列 [02]				尺寸系列 [02]						尺寸系列 [12]				
6202	15	35	11	30203	17	40	12	11	13.25	51202	15	32	12	17
6203	17	40	12	30204	20	47	14	12	15.25	51203	17	35	12	19
6204	20	47	14	30205	25	52	15	13	16.25	51204	20	40	14	22
6205	25	52	15	30206	30	62	16	14	17.25	51205	25	47	15	27
6206	30	62	16	30207	35	72	17	15	18.25	51206	30	52	16	32
6207	35	72	17	30208	40	80	18	16	19.75	51207	35	62	18	37
6208	40	80	18	30209	45	85	19	16	20.75	51208	40	68	19	42
6209	45	85	19	30210	50	90	20	17	21.75	51209	45	73	20	47
6210	50	90	20	30211	55	100	21	18	22.75	51210	50	78	22	52
6211	55	100	21	30212	60	110	22	19	23.75	51211	55	90	25	57
6212	60	110	22	30213	65	120	23	20	24.75	51212	60	95	26	62

轴承型号	尺寸/mm			轴承型号	尺寸/mm					轴承型号	尺寸/mm			
	d	D	B		d	D	B	l	T		d	D	T	d_1
尺寸系列 [03]				尺寸系列 [03]						尺寸系列 [13]				
6302	15	42	13	30302	15	42	13	11	14.25	51304	20	47	18	22
6303	17	47	14	30303	17	47	14	12	15.25	51305	25	52	18	27
6304	20	52	15	30304	20	52	15	13	16.25	51306	30	60	21	32
6305	25	62	17	30305	25	62	17	15	18.25	51307	35	68	24	37
6306	30	72	19	30306	30	72	19	16	20.75	51308	40	78	26	42
6307	35	80	21	30307	35	80	21	18	22.75	51309	45	85	28	47
6308	40	90	23	30308	40	90	23	20	25.25	51310	50	95	31	52
6309	45	100	25	30309	45	100	25	22	27.25	51311	55	105	35	57
6310	50	110	27	30310	50	110	27	23	29.25	51312	60	110	35	62
6311	55	120	29	30311	55	120	29	25	31.50	51313	65	115	36	67
6312	60	130	31	30312	60	130	31	26	33.50	51314	70	125	40	72

注：圆括号中的尺寸系列代号在轴承代号中省略。

附录二　化工设备常用的标准零部件

附表 6　椭圆形封头（摘自 JB/4737—1995）　　　　　（mm）

以内径为公称直径的封头　　　　　　　　　　以外径为公称直径的封头

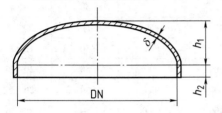
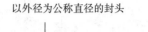

公称直径 DN	曲面高度 h_1	直边高度 h_2	厚度 δ	公称直径 DN	曲面高度 h_1	直边高度 h_2	厚度 δ
			以内径为公称直径的封头				
300	75	25	4~8			25	6~8
350	88	25	4~8	1600	400	40	10~18
400	100	25	4~8			50	20~42
		40	10~16			25	8
450	125	25	4~8	1700	425	40	10~18
		40	10~18			50	20~50
500	125	25	4~8			25	8
		40	10~18	1800	450	40	10~18
		50	20			50	20~50
550	137	25	4~8	1900	475	25	8
		40	10~18			40	10~18
		50	20~22			25	8
600	150	25	4~8	2000	500	40	10~18
		40	10~18			50	20~50
		50	20~24	2100	525	40	10~14
650	162	25	4~8			25	8, 9
		40	10~18	2200	550	40	10~18
		50	20~24			50	20~50
700	175	25	4~8	2300	575	40	10~14
		40	10~18	2400	600	40	10~18
		50	20~24			50	20~50
750	188	25	4~8	2500	625	40	12~18
		40	10~18			50	20~50
		50	20~26	2600	650	40	12~18
800	200	25	4~8			50	20~50
		40	10~18	2800	700	40	12~18
		50	20~26			50	20~50

续附表 6

公称直径 DN	曲面高度 h_1	直边高度 h_2	厚度 δ	公称直径 DN	曲面高度 h_1	直边高度 h_2	厚度 δ
900	225	25	4~8	3000	750	40	12~18
		40	10~18			50	20~46
		50	20~28	3200	800	40	14~18
1000	250	25	4~8			50	20~42
		40	10~18	3400	850	50	20~36
		50	20~30	3500	875	50	12~38
1100	275	25	6~8	3600	900	50	20~36
		40	10~18	3800	950	50	20~36
		50	20~24	4000	1000	50	20~36
1200	300	25	4~8	4200	1050	50	12~38
		40	10~18	4400	1100	50	12~38
		50	20~34	4500	1125	50	20~38
1300	325	25	6~8	4600	1150	50	20~38
		40	10~18	4800	1200	50	20~38
		50	20~24	5000	1250	50	20~38
1400	350	25	4~8	5200	1300	50	20~38
		40	10~18	5400	1350	50	20~38
		50	20~38	5500	1375	50	20~38
1500	375	25	6~8	5600	1400	50	20~38
		40	10~18	5800	1450	50	20~38
		50	20~24	6000	1500	50	20~38
以外径为公称直径的封头							
159	40	25	4~8	325	81	25	8
219	55	25	4~8			40	10~12
273	68	25	4~8	377	94	40	10~12
		40	10~12	426	106	40	10~12

附表 7　管路法兰及垫片　　　　　　　　　　　　　　　　（mm）

凸面板式平焊钢制管法兰
（摘自 JB/T 81—1994）

管道法兰用石棉橡胶垫片
（摘自 JB/T 87—1994）

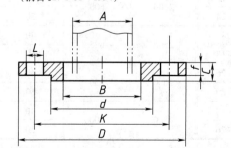
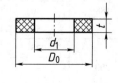

凸面板式平焊钢制管法兰

PN/MPa	公称直径 DN	10	15	20	25	32	40	50	65	80	100	125	150	200	250	300
	直　　径															
0.25 0.6 1.0 1.6	管子外径 A	14	18	25	32	38	45	57	73	89	108	133	159	219	273	325
	法兰内径 B	15	19	26	33	39	46	59	75	91	110	135	161	222	276	328
	密封面厚度 f	2	2	2	2	2	3	3	3	3	3	3	3	3	3	3
0.25 0.6	法兰外径 D	75	80	90	100	120	130	140	160	190	210	240	265	320	375	440
	螺栓中心直径 K	50	55	65	75	90	100	110	130	150	170	200	225	280	335	395
	密封面直径 d	32	40	50	60	70	80	90	110	125	145	175	200	255	310	362
1.0 1.6	法兰外径 D	90	95	105	115	140	150	165	185	200	220	250	285	340	395	445
	螺栓中心直径 K	60	65	75	85	100	110	125	145	160	180	210	240	295	350	400
	密封面直径 d	40	45	55	65	78	85	100	120	135	155	185	210	265	320	368
	厚　　度															
0.25	法兰厚度 C	10	10	12	12	12	12	12	14	14	14	16	18	22	22	
0.6		12	12	14	14	16	16	16	16	16	18	20	20	22	24	24
1.0		12	12	14	14	16	16	18	20	20	22	24	24	24	26	28
1.6		14	14	16	18	18	20	22	24	24	26	28	28	30	32	32
	螺　　栓															
0.25	螺栓数量 n	4	4	4	4	4	4	4	4	4	8	8	8	8	12	12
1.0		4	4	4	4	4	4	4	4	8	8	8	8	8	12	12
1.6		4	4	4	4	4	4	4	8	8	8	8	12	12	12	
0.25 0.6	螺栓孔直径 L	12	12	12	12	14	14	14	14	18	18	18	18	18	18	23
	螺栓规格	M10	M10	M10	M10	M12	M12	M12	M12	M16	M16	M16	M16	M16	M16	M20
1.0	螺栓孔直径 L	14	14	14	14	18	18	18	18	18	18	23	23	23	23	
	螺栓规格	M12	M12	M12	M12	M16	M16	M16	M16	M16	M16	M16	M20	M20	M20	M20
1.6	螺栓孔直径 L	14	14	14	14	18	18	18	18	18	18	23	23	26	26	
	螺栓规格	M12	M12	M12	M12	M16	M16	M16	M16	M16	M16	M20	M20	M24	M24	
	管路法兰用石棉橡胶垫片															
0.25 0.6	垫片外径 D_0	38	43	53	63	76	86	96	116	132	152	182	207	262	317	372
1		46	51	61	71	82	92	107	127	142	162	192	217	272	327	377
1.6		46	51	61	71	82	92	107	127	142	162	192	217	272	330	385
	垫片内径 d_1	14	18	25	32	38	45	57	76	89	108	133	159	219	273	325
	垫片厚度 t	2														

附表 8　法兰设备及垫片

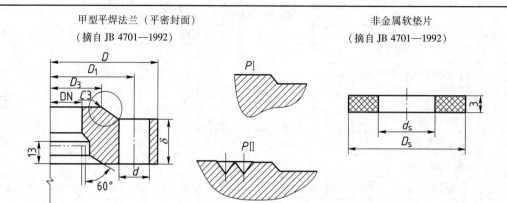

甲型平焊法兰（平密封面）　　　　　　　　非金属软垫片
（摘自 JB 4701—1992）　　　　　　　　（摘自 JB 4701—1992）

公称直径	甲型平焊法兰/mm					螺柱		非金属垫片/mm	
DN/mm	D	D_1	D_3	δ	d	规格	数量	D_s	d_s
PN = 0.25MPa									
700	815	780	740	36			28	739	703
800	915	880	840	36	18	M16	32	839	803
900	1015	980	940	40			36	939	903
1000	1030	1090	1045	40			32	1044	1004
1200	1330	1290	1241	44			36	1240	1200
1400	1530	1490	1441	46			40	1440	1400
1600	1730	1690	1641	50	23	M20	48	1640	1600
1800	1930	1890	1841	56			52	1840	1800
2000	2130	2090	2041	60			60	2040	2000
PN = 0.6MPa									
500	615	540	540	30	18	M16	20	539	503
600	715	640	640	32			24	639	603
700	830	790	745	36			24	744	704
800	930	890	845	40			24	844	804
900	1030	990	945	44	23	M20	32	944	904
1000	1130	1090	1045	48			36	1044	1004
200	1330	1290	1241	60			52	1240	1200
PN = 1.0MPa									
300	415	380	340	4、26	18	M16	16	339	303
400	515	480	440	30			20	439	403
500	630	590	545	34			20	544	504
600	730	690	645	40			24	644	604
700	830	790	745	46	23	M20	32	744	704
800	930	890	845	54			40	844	804
900	1030	990	945	60			48	944	904

续附表8

公称直径	甲型平焊法兰/mm					螺柱		非金属垫片/mm	
DN/mm	D	D_1	D_3	δ	d	规格	数量	D_s	d_s
PN=1.6MPa									
300	430	390	345	30			16	344	304
400	530	490	445	36	23	M20	20	444	404
500	630	590	545	44			28	544	504
600	730	690	645	54			40	644	604

附表9 人孔与手孔 （mm）

常压人孔（摘自 HG/T 21515—2014）

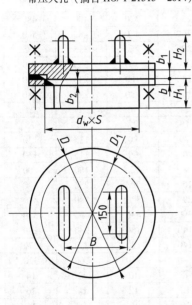

平盖手孔（摘自 HG/T 21602—2014）

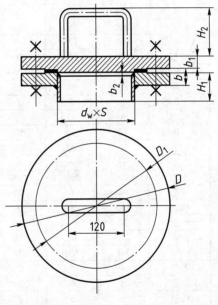

常 压 人 孔											螺栓	
公称压力	公称直径	$d_w \times S$	D	D_1	b	b_1	b_2	H_1	H_2	B	数量	规格
常压	400	426×6	515	480	14	10	12	150	90	250	16	M16×50
	450	480×6	570	535	14	10	12	160	90	250	20	M16×50
	500	530×6	620	585	14	10	12	160	92	300	20	M16×50
	600	630×6	720	685	16	12	14	180	92	300	24	M16×50
平 盖 手 孔												
1	150	159×4.5	280	240	24	16	18	160	82	—	8	M20×65
	250	273×8	390	350	26	18	20	190	84	—	12	M20×70
1.6	150	159×6	280	240	28	18	20	170	84	—	8	M20×70
	250	273×8	405	355	32	24	26	200	90	—	12	M22×85

附表 10　耳式支座（摘自 JB/T 4712.3—2007）　　　　　　（mm）

支座号		1	2	3	4	5	6	7	8
适用容器公称直径 DN		300~600	500~1000	700~1400	1000~2000	1300~2600	1500~3000	1700~3400	2000~4000
高度 H	A、B 型	125	160	200	250	320	400	480	600
	C 型	200	250	300	360	430	480	540	650
底板 l_1	A、B 型	100	125	160	200	250	315	375	480
	C 型	130	160	200	250	300	360	440	540
b_1	A、B 型	60	80	105	140	180	230	280	360
	C 型	80	80	105	140	180	230	280	360
δ_1	A、B 型	6	8	10	14	16	20	22	36
	C 型	8	12	14	18	22	24	28	30
S_1	A、B 型	30	40	50	70	90	115	130	145
	C 型	40	40	50	70	90	115	130	140
c	C 型	—	—	—	90	120	160	200	280
肋板 l_2	A 型	80	100	125	160	200	250	300	380
	B 型	160	180	205	290	330	380	430	510
	C 型	250	280	300	390	430	480	530	600
b_2	A 型	70	90	110	140	180	230	280	350
	B 型	70	90	110	140	180	230	270	350
	C 型	80	100	130	170	210	260	310	400
δ_2	A 型	4	5	6	8	10	12	14	16
	B 型	5	6	8	10	12	14	16	18
	C 型	6	6	8	10	12	14	16	18
垫板 l_3	A、B 型	160	200	250	315	400	500	600	700
	C 型	260	310	370	430	510	570	630	750
b_3	A、B 型	125	160	200	250	320	400	480	600
	C 型	170	210	260	320	380	450	540	650
δ_3	A、B、C 型	6	6	8	8	10	12	14	16
e	A、B 型	20	24	30	40	48	60	70	72
	C 型	30	30	35	35	40	45	45	50
盖板 b_4	A 型	30	30	30	30	30	50	50	50
	B、C 型	50	50	50	70	70	100	100	100
δ_4	A 型	—	—	—	—	—	12	14	16
	B 型	—	—	—	—	—	14	16	18
	C 型	8	10	12	12	14	14	16	18
地脚螺栓 d	A、B 型	24	24	30	30	30	36	36	36
	C 型	24	30	30	30	30	36	36	36
规格	A、B 型	M20	M20	M24	M24	M25	M30	M30	M30
	C 型	M20	M24	M24	M24	M25	M30	M30	M30

附表 11 鞍式支座 （mm）

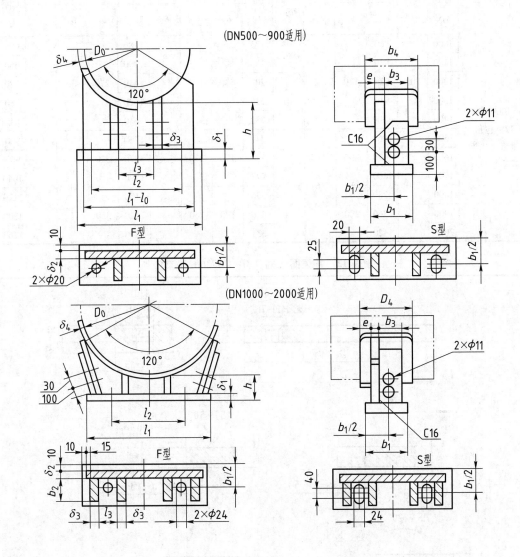

形式特征	公称直径 DN	鞍座高度 h	底板			腹板 δ₂	肋板				垫板				螺栓间距
			l_1	b_1	δ_1	δ_2	l_3	b_2	b_3	δ_3	弧长	b_4	δ_4	e	l_2
DN500~900 120°包角 重型带垫板 或不带垫板	500	200	460	150	10	8	250	—	120	8	590	200	6	36	330
	550		510				275				650				360
	600		550				300				710				400
	650		590				325				770				430
	700		640				350				830				460
	800		720			10	400			10	940				530
	900		810				450				1060				590

| 形式特征 | 公称直径 DN | 鞍座高度 h | 底板 | | | 腹板 δ_2 | 肋板 | | | | 垫板 | | | | 螺栓间距 l_2 |
			l_1	b_1	δ_1		l_3	b_2	b_3	δ_3	弧长	b_4	δ_4	e	
DN1000~2000 120°包角 重型带垫板 或不带垫板	1000	200	760	170	12	8	175	140	180	8	1180	270	80		600
	1100		820				185				1290				660
	1200		880				200				1410				720
	1300		940			10	215			10	1520				780
	1400		1000				230				1640				840
	1500	250	1060	200		12	242	170	230		1760	320		40	900
	1600		1120				257				1870				960
	1700		1200		16		277			12	1990		10		1040
	1800		1280				296				2100				1120
	1900		1360	220		14	316	190	260		2220	350			1200
	2000		1420				331				2330				1260

附表 12　补强圈（摘自 JB/T 4736—2002）　　　　　　　　　（mm）

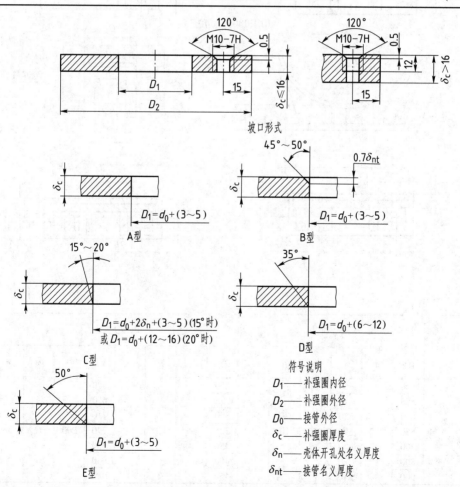

坡口形式

A 型

B 型

C 型

D 型

E 型

符号说明

D_1—— 补强圈内径

D_2—— 补强圈外径

D_0—— 接管外径

δ_c—— 补强圈厚度

δ_n—— 壳体开孔处名义厚度

δ_{nt}—— 接管名义厚度

接管公称直径 DN	50	65	80	100	125	150	175	200	225	250	300	350	400	450	500	600
外径 D_2	130	160	180	200	250	300	350	400	440	480	550	620	680	760	840	980
内径 D_1	按补强圈坡口类型确定															
厚度系列 δ_c	4，6，8，10，12，14，16，18，20，22，24，26，28，30															

附表 13　化工工艺图常用设备代号和图例

名称	符号	图例	名称	符号	图例
容器	V	 立式容器　卧式容器　球罐 锥顶罐　平顶容器　固定床过滤器	反应器	R	 固定床反应器　列管式反应器 流化床反应器　反应釜(带搅拌、夹套)
塔器	T	 填料塔　板式塔　喷洒塔	压缩机	C	 (卧式)　(立式) 旋转式压缩机 离心式压缩机　往复式压缩机
换热器	E	 固定管板列管换热器　U形管换热器 浮头式列管换热器　板式换热器	泵	P	 离心泵　齿轮泵 往复泵　喷射泵

名称	符号	图例	名称	符号	图例
动力机		Ⓜ 电动机　Ⓔ 内燃机、燃气轮机　Ⓢ 汽轮机　Ⓓ 其他动力机 离心式膨胀机　　　活塞式膨胀机	火炬烟囱		火炬　　　烟囱

参 考 文 献

[1] 樊启永，廖小吉. 工程制图及 CAD 绘图［M］. 北京：机械工业出版社，2020.

[2] 李小琴. 工程制图与 CAD［M］. 北京：机械工业出版社，2017.

[3] 胡建生. AutoCAD 绘图实训教程［M］. 北京：机械工业出版社，2007.

[4] 王爱兵，胡仁喜. AutoCAD2021 中文版从入门到精通［M］. 北京：中国邮电出版社，2020.

[5] 张秀玲，孙志敏. 工程制图［M］. 北京：化学工业出版社，2012.

[6] 张晖，侯海晶. 化工制图与 CAD［M］. 大连：大连理工大学出版社，2019.